銷售AI化！看資料科學家如何思考

用Python打造能賺錢的機器學習模型

銷售AI化！

看資料科學家如何思考

用Python打造能賺錢的機器學習模型

銷售AI化！看資料科學家如何思考

用Python打造能賺錢的機器學習模型

世界500大Accenture
AI集團資深總監
Masanori Akaishi

感謝您購買旗標書,
記得到旗標網站
www.flag.com.tw
更多的加值內容等著您…

- FB 官方粉絲專頁:旗標知識講堂、從做中學AI
- 旗標「線上購買」專區:您不用出門就可選購旗標書!
- 如您對本書內容有不明瞭或建議改進之處, 請連上旗標網站, 點選首頁的 聯絡我們 專區。

  若需線上即時詢問問題，可點選旗標官方粉絲專頁留言詢問, 小編客服隨時待命, 盡速回覆。

  若是寄信聯絡旗標客服email, 我們收到您的訊息後, 將由專業客服人員為您解答。

  我們所提供的售後服務範圍僅限於書籍本身或內容表達不清楚的地方, 至於軟硬體的問題, 請直接連絡廠商。

  學生團體　訂購專線：(02)2396-3257 轉 362
  　　　　　傳真專線：(02)2321-2545

  經銷商　服務專線：(02)2396-3257 轉 331
  　　　　將派專人拜訪
  　　　　傳真專線：(02)2321-2545

國家圖書館出版品預行編目資料

銷售AI化!看資料科學家如何思考，用Python打造能賺錢的機器學習模型 /
Masanori Akaishi 作；王心薇譯. 施威銘研究室監修
-- 臺北市: 旗標科技股份有限公司, 2022.02　面；　公分

ISBN 978-986-312-702-4 (平裝)

1.CST: 機器學習 2.CST: 資料探勘 3.CST: Python(電腦程式語言)

312.831　　110022155

作　　者／Masanori Akaishi

翻譯著作人／旗標科技股份有限公司

發行所／旗標科技股份有限公司

台北市杭州南路一段15-1號19樓

電　　話／(02)2396-3257(代表號)

傳　　真／(02)2321-2545

劃撥帳號／1332727-9

帳　　戶／旗標科技股份有限公司

監　　督／陳彥發

執行編輯／孫立德

美術編輯／陳慧如

封面設計／陳慧如

校　　對／施威銘研究室

新台幣售價：620 元

西元 2022 年 2 月 初版

行政院新聞局核准登記-局版台業字第 4512 號

ISBN 978-986-312-702-4

讀者專用　本書範例程式

本書示範的開發環境是 Google Colaboratory 雲端服務，操作方式請參考本書最後的「講座 1」。

本書範例程式有兩種取得管道，您可以從旗標網址取得已中文化的範例檔，包括程式註解改為中文，以及支援中文字輸出。也可以連到作者的 Github 網站下載日文版範例檔，作者會持續維護 Github，裡面也包括額外補充資料，懂日文的讀者可自行閱讀：

- 旗標網址，請依指示引導取得範例檔：

  https://www.flag.com.tw/bk/st/F2323

- 作者 Masanori Akaishi Github 網址，然後點進 notebooks 資料夾：

  https://github.com/makaishi2/profitable_ai_book_info/

編註：Google Colaboratory 會自動更新套件

因為 Python 用到的套件會不定期改版，有時候是改變函式的參數預設值，極少數情況會將某函式捨棄或換掉，Google Colaboratory 通常也會隨之更新套件。本書程式檔用到的主要套件版本分別是 matplotlib 3.2.2、numpy 1.19.5、scikit-learn 1.0.1、pandas 1.1.5。您可以在開發環境中輸入「pip list」察看當前安裝的套件版號。

前言

由於筆者從事協助企業導入 AI 的工作，因而經常收到像這樣的詢問：「我們也考慮（或上司要求）在公司內建立 AI 系統，但請問該從何處著手？」也因此產生寫這本書來完整回覆此類問題的想法。

在近距離觀察過許多成功與失敗的 AI 專案之後，筆者從經驗中體會到「其實 AI 是否能成功進入企業，取決於組織中第一線主管是否清楚哪些工作可以 AI 化並具備妥善規劃的能力。而且引入 AI 所需的技能與過往 IT 系統有很大的不同」。那麼要引入能對工作助益的 AI 需要具備什麼技能呢？筆者認為必須**同時具備「實務觀點」與「技術觀點」的能力**。

具備「實務觀點」能力代表能夠掌握目前實務工作面臨到的課題，並了解該如何改善與提升效率等。另一項是「技術觀點」能力，第一線主管（或其輔助人員）對於技術元素的理解程度，是規劃 AI 時的關鍵。因為必須判斷實務工作面臨的課題是否真的適合用 AI 解決。若是，則需判斷該使用哪種 AI，為此又應準備哪些工作資料（訓練資料）等，簡而言之就是需要具備「**AI 鑑別力**」。也因此，技術觀點要求的層次會比過往導入 IT 系統時要來得高。

筆者曾經看過許多在 PoC（Proof of Concept，概念驗證）階段就不得不提前中止的專案。大部分都是因為在系統規劃階段未能擁有充分的 AI 鑑別力，導致選擇了原本就不適合用 AI 解決的工作。因此，專案成功的前提便是從實務觀點及技術觀點都確認可行才會繼續投入。本書的目的就是培養出讀者的鑑別力，能夠自行建出真正對實務工作有益、能幫助企業提高績效的 AI。

銷售 AI 化，用 Python 就能輕鬆做到

企業如果要導入 AI，就必須考慮哪些工作適合 AI 化。一般來說，業務往來擁有大量的銷售與客戶資料，最適合讓 AI 自動找出其中隱藏的業績密碼，而且分析出來的結果可以直接運用在業務與行銷工作中做驗證，因此本書就將主軸放在如何將銷售 AI 化。

本書會利用 Python 編寫出真正可以改善績效的機器學習程式。這一點可能會讓某些讀者退卻：「需要自己寫程式嗎？會不會很難啊？」事實上並沒有各位想像中的那麼困難。原本要寫複雜程式的時代已經過去了，現在只需要具備 Python 基礎，就能利用套件輕鬆建出商用 AI 了。

而且本書會按照標準作業流程（SOP），從選擇適用 AI 的工作開始，一路介紹到訓練資料的取得、加工與程式的開發及評估等。過程中也會以實務觀點評估必須具備的技術並詳細解說。

實作範例中用到的所有 Python 程式皆可從本書網站下載。讀者取得檔案之後，便可利用 Google 的雲端服務「Google Colaboratory」，在瀏覽器上逐列執行程式。這項服務可讓讀者省去安裝開發環境等步驟，直接查看程式的運作情形（書末講座會介紹 Google Colaboratory 基本操作）。**實際觀察 Python 程式的行為**是培養 AI 鑑別力非常有效的方法。

書中提供的所有 Python 程式都是可以運用在實務工作上的系統原型。若需要的系統不會太複雜，第一線主管或團隊人員自己就能利用這些原型建出可用的模型了。擁有這些技能之後，即使將來要向供應商採購 AI 系統，也能避免走冤枉路。了解如何從實務觀點建立 AI，對資料科學家也非常重要，因此藉由本書了解 Python 程式的實作方式，也等同於邁出成為資料科學家的第一步。

為了培養實作的能力，本書特別重視以下 3 點：

- 透過實務觀點以真實資料建立機器學習模型
- 提供適合資料科學家入門的實作範例
- 不以數學解說，以降低進入的難度

透過實務觀點以真實資料建立機器學習模型

要了解如何從實務觀點建立 AI，最好的方法就是以現實中常見的工作為題材。因此本書針對「預測潛在客戶」及「根據天氣等資訊預測銷量或來客數」等 5 種典型的工作內容，分別建立適合使用的機器學習模型。相關說明請見第 5 章，這是本書最重要的核心。

範例中使用的都是真實企業產生的工作資料。例如預測潛在客戶時，會使用某銀行客戶群的職業、年齡與過去的銷售實績等等。因為有這些企業的無私分享，才讓我們有機會藉由實際案例做演練與學習。

銷售 AI 化最關鍵的是建立模型之後該如何調整。舉例來說，假設預測潛在客戶的機器學習模型一開始挑選出 100 位客戶，成交率估計為 7 成，但實際上業務部門的人力足以拜訪到 300 位客戶，此時若將預測的潛在客戶數放寬到 300 位，則估計成交數是 150 位。如此一來，雖然成交率降為 5 成，但成交數增加了 1 倍以上。由此可見，AI 運用大量資料運算並預測出來的結果，仍然需要人為考量現有資源並做出調整，才能制定出最佳策略。

提供適合資料科學家入門的實作範例

本書假設讀者已具備基本的 Python 程式能力，也用過 NumPy、Pandas 與 Matplotlib 等機器學習必備的 Python 套件。但如果您還不熟悉，可以搭配書末的講座來閱讀本書，可大幅提高對範例程式的理解程度，而且將來也可以將本書的範例原型，修改成符合自己的需求。

不以數學解說，以降低進入的難度

講解 AI 的重點之一就是如何處理數學的角色。因為 AI 演算法本身就是數學知識的結晶，想要完全避開極為困難。因此，筆者在之前出版的《深度學習的數學地圖》一書（旗標科技出版），就全部是從數學的角度切入，並利用 Python 將數學式實作出來，該書很榮幸獲得普遍的正面評價，有興趣者可參考。

但既然本書已將重心轉移到商業應用，解說方式當然也會隨之改變。由於 Python 許多套件已經將各種數學演算法都做成一個個函式，我們在使用時直接呼叫函式即可快速完成，所以重點會放在理解並熟練開發的流程。在此原則之下，即使是對數學沒有自信的讀者，也絕對可以挑戰！

雖說不會用到多少數學，但讀者仍然要對數字有敏銳的觀察力，因為建立 AI 固然不難，但之後的調整與評估，就需要統計的概念才能做出適當的判斷，這部分也是本書的核心。

最後要感謝日經 BP 社的安東一真先生在出版過程中的鼎力相助。雖然難免會客套一番，但本書真的是與編輯團隊密切合作才有此成果，單憑筆者一已之力絕對無法做到這種完成度。此外也要感謝同樣在日經 BP 社的久保田浩先生，對本書在方向性與結構的構思階段給予的幫助。

筆者任職於日本 IBM 的資料科學產品部門時，便承蒙同事西牧洋一郎先生提供許多使用案例的靈感，這次書中所有技術檢查也都仰賴他協助。前幾年由於擔任 Watson 與資料科學等 AI 產品的銷售工程師，有幸能從來往客戶的談話中獲得許多寶貴的想法、知識與資訊。在 2018 到 2019 年期間，於金澤工業大學研究所虎之門校區（在職專班）教授 AI 技術專論時，也從學生獲得了許多意見回饋。

在此要誠摯感謝這些協助本書出版的人們。

Masanori Akaishi

目 錄

讀者專用 本書範例程式 III
前言 IV

第 1 章 實務的機器學習應用

1.1 本書目的 1-2
1.2 參與機器學習專案的人員 1-3
1.3 機器學習開發流程 1-6
1.4 未來實務專家需具備的技能 1-11
1.5 本書架構 1-12

第 2 章 解決問題的處理模式

2.1 AI 與機器學習的關係 2-2
2.2 機器學習的三種學習方式 2-4
2.3 監督式學習的處理模式 2-7
2.3.1 分類（Classification） 2-8
2.3.2 迴歸（Regression） 2-8
2.3.3 時間序列 （Time series ） 2-9
2.4 非監督式學習的處理模式 2-10
2.4.1 關聯分析（Association analysis） 2-10

2.4.2 分群（Clustering）...... 2-11
2.4.3 降維（Dimension reduction）...... 2-13
2.5 選擇正確的處理模式...... 2-14
2.6 深度學習與結構化、非結構化資料...... 2-15

第 3 章 機器學習模型的開發流程

3.1 模型開發流程...... 3-2
3.2 範例資料與目的說明...... 3-7
3.2.1 範例資料說明...... 3-7
3.2.2 模型的目的...... 3-9
3.3 模型的實作...... 3-9
3.3.1 （1）載入資料...... 3-12
3.3.2 （2）確認資料...... 3-14
3.3.3 （3）預處理資料...... 3-20
3.3.4 （4）分割資料...... 3-21
3.3.5 （5）選擇演算法...... 3-24
3.3.6 （6）訓練...... 3-24
3.3.7 （7）預測...... 3-25
3.3.8 （8）評估...... 3-26
3.3.9 （9）調整...... 3-30
專欄 關於公開資料集...... 3-32

第 4 章　開發流程的深入探討

4.1　確認資料 4-3

4.1.1　以數值或統計方式進行分析 4-3

4.1.2　視覺化的分析與確認方法 4-14

4.2　預處理資料 4-25

4.2.1　刪除多餘的資料欄位 4-27

4.2.2　處理缺失值 4-29

4.2.3　二元資料數值化 4-34

4.2.4　多元資料數值化 4-36

4.2.5　資料標準化 4-40

4.2.6　其它預處理資料的做法 4-43

4.3　選擇演算法 4-43

4.3.1　分類模型的代表性演算法與其特色 4-44

4.3.2　範例程式碼使用的資料 4-46

4.3.3　邏輯斯迴歸（Logistic regression）.......... 4-50

4.3.4　支援向量機（SVM）- Kernel method 4-53

4.3.5　神經網路演算法（Neural network）.......... 4-55

4.3.6　決策樹（Decision tree）.......... 4-58

4.3.7　隨機森林（Random forests）.......... 4-62

4.3.8　XGBoost 4-64

4.3.9　如何選擇演算法 4-67

4.4　評估 4-68

4.4.1　混淆矩陣（confusion matrix）.......... 4-69

4.4.2 正確率、精確性、召回率、F 分數 4-75
4.4.3 機率值與閾值 4-82
4.4.4 PR 曲線與 ROC 曲線 4-88
4.4.5 輸入特徵（資料欄位）的重要性 4-97
4.4.6 迴歸模型的評估方法 4-102
4.5 調整 4-108
4.5.1 多試幾種演算法 4-109
4.5.2 演算法參數最佳化 4-113
4.5.3 交叉驗證 4-117
4.5.4 網格搜尋 4-121

第 5 章 銷售 AI 化的案例實作

5.1 銷售成交預測 － 分類模型 5-2
5.1.1 問題類型與實務工作場景 5-3
5.1.2 範例資料說明與使用案例 5-4
5.1.3 模型的概要 5-6
5.1.4 從載入資料到確認資料 5-7
5.1.5 預處理資料與分割資料 5-11
5.1.6 選擇演算法 5-16
5.1.7 訓練、預測、評估 5-18
5.1.8 調整 5-19
5.1.9 重要性分析 5-24
專欄 瑕疵與疾病判定模型 5-29

5.2 銷量或來客數預測 － 迴歸模型 5-30
5.2.1 問題類型與實務工作場景 5-30
5.2.2 範例資料說明與使用案例 5-30
5.2.3 模型的概要 5-32
5.2.4 從載入資料到確認資料 5-33
5.2.5 預處理資料與分割資料 5-41
5.2.6 選擇演算法 5-44
5.2.7 訓練與預測 5-45
5.2.8 評估 5-46
5.2.9 調整 5-50
5.2.10 重要性分析 5-52
5.3 季節週期性變化預測 － 時間序列模型 5-54
5.3.1 問題類型與實務工作場景 5-54
5.3.2 範例資料說明與使用案例 5-56
5.3.3 模型的概要 5-57
5.3.4 從載入資料到確認資料 5-57
5.3.5 預處理資料與分割資料 5-58
5.3.6 選擇演算法 5-60
5.3.7 訓練與預測 5-62
5.3.8 評估 5-64
5.3.9 調整（1） 5-69
5.3.10 調整（2） 5-75
5.3.11 迴歸與時間序列模型的選擇 5-79
專欄「冰淇淋消費預測」的時間序列模型 5-80

5.4 推薦商品提案 － 關聯分析模型 5-82
5.4.1 問題類型與實務工作場景 5-82
5.4.2 範例資料說明與使用案例 5-83
5.4.3 模型的概要 5-84
5.4.4 從載入資料到確認資料 5-89
5.4.5 預處理資料 5-92
5.4.6 選擇演算法與分析 5-103
5.4.7 調整 5-107
5.4.8 關係圖的視覺化 5-110
5.4.9 更高階的分析 － 協同過濾 5-111
專欄「尿布與啤酒」僅是都市傳說 5-112
5.5 根據客群制定銷售策略 － 分群、降維模型 5-113
5.5.1 問題類型與實務工作場景 5-113
5.5.2 範例資料說明與使用案例 5-114
5.5.3 模型的概要 5-115
5.5.4 從載入資料到確認資料 5-117
5.5.5 執行分群 5-121
5.5.6 分析分群結果 5-123
5.5.7 執行降維 5-127
5.5.8 降維的運用方式 5-129

第 6 章 AI 專案成敗的重要關鍵

6.1 選擇機器學習的適用問題 6-2
6.1.1 選擇適合解決問題的模型 6-2
6.1.2 取得標準答案是監督式學習的首要工作 6-3
6.1.3 勿對 AI 抱持 100% 的期待 6-4
6.2 取得並確認工作資料 6-5
6.2.1 確認資料來源 6-5
6.2.2 跨部門資料整合問題 6-6
6.2.3 資料的品質 6-6
6.2.4 One-Hot 編碼的問題 6-7
專欄 機器學習模型的自動建構工具 AutoML 6-7

講座 1 Google Colaboratory 基本操作 L-2

講座 2 機器學習的 Python 常用套件 L-6

講座 2.1 NumPy 入門 L-6
講座 2.2 Pandas 入門 L-15
講座 2.3 Matplotlib 入門 L-36

第 1 章

實務的機器學習應用

1.1 本書目的
1.2 參與機器學習專案的人員
1.3 機器學習開發流程
1.4 未來實務專家需具備的技能
1.5 本書架構

第 1 章 實務的機器學習應用

本書的目的是幫助讀者了解如何建立「能夠為企業提高銷售的 AI」，這才是真正對實務工作有幫助的 AI。因此開頭會先說明該由「擔任哪些職務的人」、「以什麼樣的流程」建立所需的 AI，以及為了達成此目的，應該具備哪些知識，同時也會介紹這些內容在往後各章節中的進行方式。

1.1 本書目的

面對近年來風起雲湧的 AI 浪潮，我們常聽到這樣的感嘆：「雖然很想將工作內容 AI 化，卻不知道該從何處著手」。因此本書的目的就是向讀者展示如何建立能在實務工作中派上用場的 AI。本書會以業務及行銷等實務主題為例，利用讀者便於取得的真實公開資料集與 Python 程式建立 AI 專案。

要如何做到「工作內容 AI 化」呢？其實方法不只一種，本書採用的是目前最受矚目的**機器學習**（Machine Learning）技術，因此更準確地來說就是「利用機器學習提升工作的效率」。機器學習在第 2 章有更詳細的說明，此處先將機器學習視為可達成工作 AI 化的一種方法即可。

但是要藉由機器學習改善工作流程或提升工作效率，還是必須先符合幾個條件。例如，並不是每一種工作類型都適用機器學習。事實上，能夠利用機器學習的工作類型很有限，若使用在不適合的工作目標，通常會以失敗收場。

而且即使選擇了適當的工作類型，機器學習專案的執行過程中也會有各種問題需要處理。比如說，「現有資料能否合併成機器學習可用的訓練資料（Training data）」、「已取得的資料品質是否有問題」或是「建立出來的 AI 正確率是否夠高」等。本書對這些問題都會提出具體的解決方法。

本書最大的特色是以具體工作範例來說明 AI 化的方法與程序。例如建立一個能夠根據客戶的職業、年齡及過去的銷售實績，預測新客戶成交機率的 AI，或是利用天氣、氣溫及星期幾等資料，預測銷量、來客數的 AI，或是分析消費者購買的品項、金額，區分成不同推廣群組的 AI 等等。透過這類與實務工作的連結，使讀者對 AI 化的方法更有概念。

另一項特色則是所有範例皆會附上 Python（Jupyter Notebook）程式碼，這些都是可以直接套用在實務工作上的原型。讀者也可以利用雲端工具 Google Colaboratory 執行範例程式，就不需要在電腦上安裝軟體了。即便只懂基本 Python 語言的讀者，也能藉由一步步執行範例來瞭解機器學習的程式在做哪些事。

1.2 參與機器學習專案的人員

接下來要介紹的是哪些人需要參與專案，以及他們主要負責的部分。

參與機器學習專案的人員與職務內容

實務專家

- 提出利用 AI 的構想
- 篩選輸入資料項目

資料工程師

- 工作資料的取得與加工
- 準備訓練資料

資料科學家

- 建立模型
- 優化模型

圖 1-1　機器學習專案中需要的專業人員職務

上面列出參與機器學習專案需要的職務範疇，可以看出正常來說需要 3 種專業人才的共同參與。不過，本書的目標是幫助讀者「能夠 1 個人完成所有的工作」（一般中小企業很可能就只有一兩個人力），因此閱讀過程中即使遇到非自己專長的內容也請不要跳過，務必繼續閱讀。

實務專家 (Business Experts)

首要的就是實務專家，也就是在需要 AI 化的工作領域具有豐富知識與經驗的專業人才。具體來說，就是負責該領域的主管。由於實務專家在專案執行過程中是負責提出各種構想的角色，因此必須確實了解工作上會面臨到的問題，才能判斷**目前的問題適合使用哪種機器學習來解決**，或是在建立解決問題的模型時，提出**較適合做為輸入資料的項目**。

資料工程師 (Data Engineer)

本書從第 3 章開始會利用實作範例來解說，因此各位之後就能看到建立模型時所使用的訓練資料。這些訓練資料都必須是整理得很「乾淨」的表格資料才能輸入到機器學習的模型中，然而實際上取得的資料並沒有那麼美好，很可能本身就不是表格資料而且還會有一些錯漏，因此必須先由資料工程師**將取得的資料整理成模型需要的表格形式**。

資料科學家 (Data Scientist)

資料科學家的工作是接收資料工程師準備好的表格資料，並據此建立出模型。**建立模型時，最重要的就是正確率**。經驗豐富的資料科學家會知道如何運用各種技巧建立出高正確率的模型。

本書預設的主要讀者是這 3 種專家當中的第 1 種，也就是**實務專家**。因為只有這個角色才能對工作內容 AI 化提出全盤化的想法與需求，而且當專案完成之後要全面推廣 AI 化時，最重要的也會是這個角色。

不過，實務專家即使對工作問題有充分的認知，也對改善計畫有自己的想法，如果未能進行概念性驗證（PoC，Proof of concept，判斷整體的可行性，包括技術、成本與風險等等），就草率開始進行專案，到最後可能會得不償失。

幸好近年來的技術發展使得準備資料與建立模型都變得相對容易。本書也利用最新技術，以當前機器學習領域主流的 Python 語言來進行標準模型開發實作。因此實務專家只要確實理解本書的內容，便能自行將各種構想建出模型，以更有效率的方式進行工作 AI 化，並培養出能夠鑑別 AI 優劣的專業能力。

本書預設的另一群目標讀者則是「擅長程式設計，但尚未具備機器學習模型開發經驗，**希望培養自身技能，未來朝著成為資料科學家發展**」者。雖然資料科學家必須精通的技能不可能只靠一本書就完全掌握，但本書對於資料科學家應該重視什麼，並需要何種判斷能力都有詳細的介紹，因此讀者只要能夠理解本書第 3、4、5 章中的實作程式碼，就等於踏上成為資料科學家之路的起點了。

1.3 機器學習開發流程

接下來我們會簡單說明機器學習專案的執行流程，首先請見下圖。

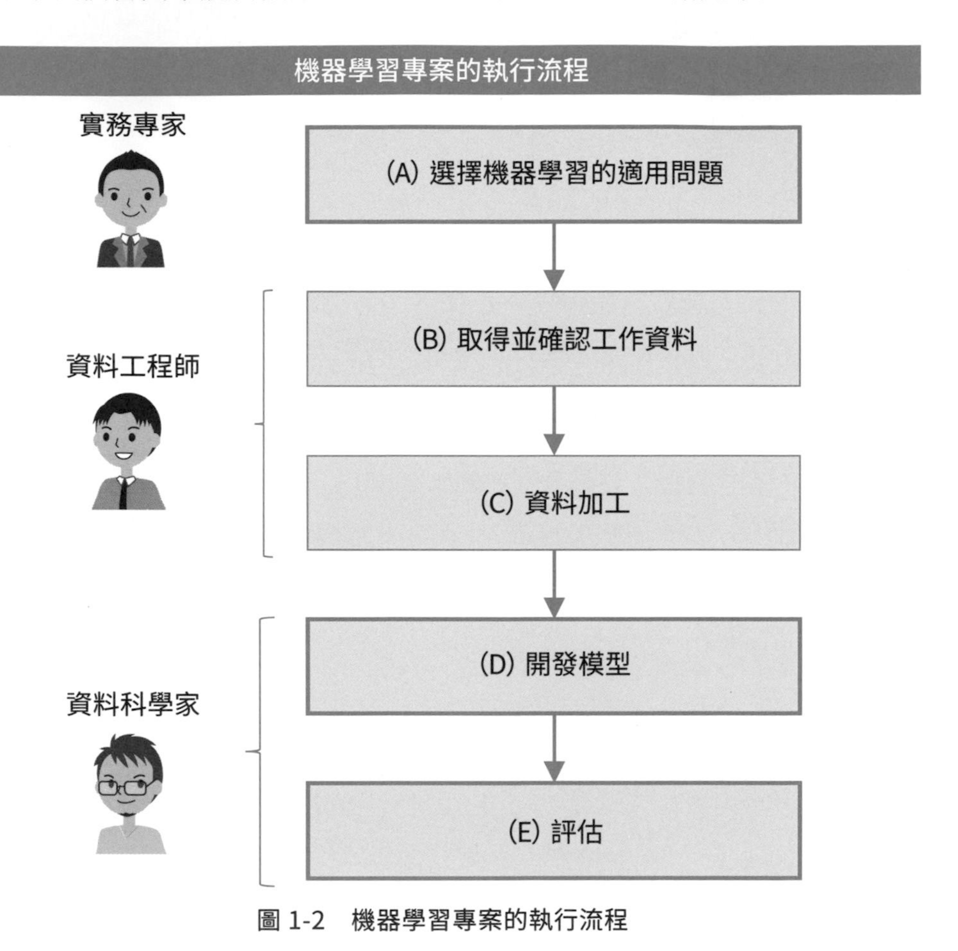

圖 1-2　機器學習專案的執行流程

此圖列出 3 個專家在機器學習專案中主要負責的任務概要，以下會依序針對各項任務的內容說明。

(A) 選擇機器學習的適用問題

機器學習專案的第一個步驟，就是由實務專家「**選擇機器學習的適用問題**」。

這項任務的內容是根據目前實務工作面臨的問題，選出可藉由機器學習提升效率的部分。乍看之下似乎與一般利用 IT 技術進行系統化的步驟沒有兩樣，但實際上兩者之間有一個非常重要的差異，那就是在選擇適用領域的同時，也必須「**選擇處理模式**」。機器學習有許多解決不同問題的做法，稱為**處理模式**（pattern）。我們在挑選解決方案時，最重要的任務就是確認**處理模式能否適用於解決工作的問題**。一定要先確認適用，才能開始進行。

機器學習的處理模式具體如下圖所示。

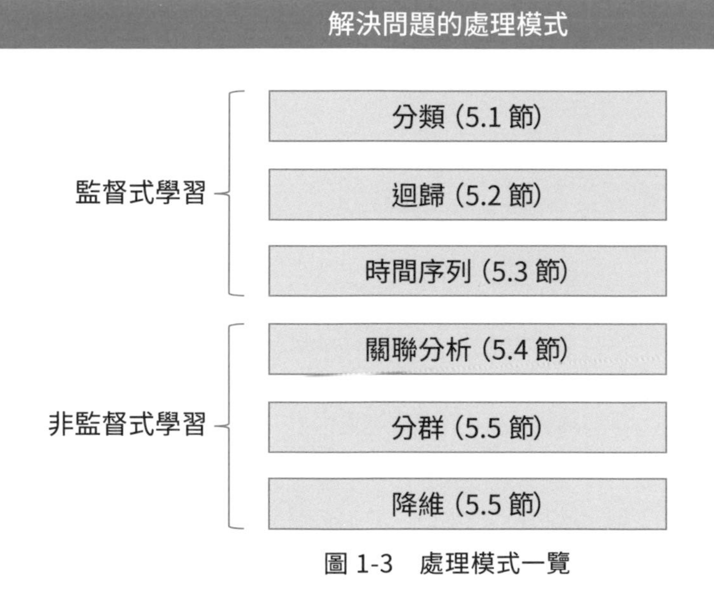

圖 1-3　處理模式一覽

這張圖中提到了許多機器學習的術語，第一次接觸的讀者應該還不了解是什麼含意。不過別擔心，本書會幫助讀者**理解處理模式並進而做出選擇**，因此現階段即使不大懂也沒有關係。但有件事請先記住：「**選擇適合工作內容的處理模式，是機器學習專案中特有且重要的任務**」。

上圖中提到的所有處理模式都會在第 2 章介紹。此外，第 5 章也會將各種處理模式套用到具體的銷售範例上，並利用 Python 進行實作。因此各位在跟著本書學習的過程中，就能逐漸理解此圖的意義了。

要特別注意一點！由於取得的資料品質會影響到機器學習的成果好壞，因此實務專家雖然可以將「取得工作資料」的任務交由資料工程師處理，但其自身也要能判斷「本次機器學習需要使用哪個部門的哪些資料」的能力，才不至於讓資料工程師整理了一大堆沒有助益的資料。

(B) 取得並確認工作資料

第二項任務是「**取得並確認工作資料**」，這是由**資料工程師**負責的工作。

我們直接以範例來說明實際上需要做哪些事吧！假設現在要根據下表的輸入資料項目，以機器學習預測進行電話銷售時，打給哪個客戶成交的機會較高。

No.	項目
1	年齡
2	職業
3	婚姻
4	學歷
5	通話次數 (促銷活動期間)
6	通話次數 (促銷活動之前)

表 1-1　銷售成交預測模型的輸入項目

此表中的項目 1~4 皆為客戶的特定屬性（機器學習的術語是稱為特徵（Features），一般皆可從「客戶主檔」的表格中取得。項目 5 和 6 是每天都會變動的資料，通常可以在儲存「銷售通話記錄」等交易資料的表格中找到。像這樣從各種工作表格中標示出所需項目的位置並取得資料的過程，即為「**取得工作資料**」。

不過各位實際執行機器學習專案之後就會發現，光是取得這些資料並無法真正了解資料品質，必須實際查看資料，才能藉由是否有缺失值或異常值等來確認資料的品質。而檢視資料實際狀況的工作即為「**確認工作資料**」。

(C) 資料加工

接著由資料工程師負責的下一項工作「**資料加工**」，又需要進行什麼樣的處理呢？

我們以「銷售成交預測」的模型開發過程來說明。假設表 1-1 中的項目 1~4（年齡、職業、婚姻、學歷）皆可由「客戶主檔」中取得，而項目 5、6 可由「銷售通話記錄」中取得，也就是我們可以用客戶 ID 為鍵值（key）提取通話紀錄即可統計出通話次數。具體資料加工概念如下圖所示。

客戶主檔

客戶 ID	年齡	職業	婚姻	學歷
C1000	58	管理職	已婚	研究所
C1234	44	工程師	單身	大學
C1500	33	自由業者	已婚	高中
C1999	20	學生	單身	大學
:	:	:	:	:

通話記錄

日期	通話時間	客戶 ID	銷售人員 ID
18-03-01	30	C1000	O1234
18-04-01	90	C1234	O1234
18-04-02	10	C1000	O2000
18-07-07	120	C1000	O3000
:	:	:	:

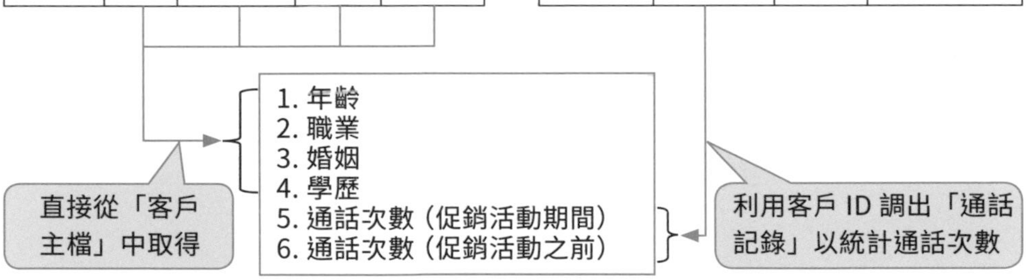

直接從「客戶主檔」中取得

1. 年齡
2. 職業
3. 婚姻
4. 學歷
5. 通話次數（促銷活動期間）
6. 通話次數（促銷活動之前）

利用客戶 ID 調出「通話記錄」以統計通話次數

圖 1-4 「銷售成交預測模型」資料加工概念圖

在正式展開機器學習之前，都必須先經過十分耗時費力的資料準備。而這些針對資料的統計或加工處理，即為資料工程師負責的第二項工作：**資料加工**。

接下來的「**模型開發**」與「**評估**」都是屬於**資料科學家**的工作。下圖是這 2 項任務再經過細分之後的模型開發流程。

(D) 模型開發

(E) 評估

(1) 載入資料

(2) 確認資料

(3) 預處理資料

(4) 分割資料

(5) 選擇演算法

(6) 訓練

(7) 預測

(8) 評估

(9) 調整

圖 1-5　模型開發流程的 9 個步驟

一般來說，此圖列出的開發步驟會用 Python 來實作。不過也有一些工具如 IBM SPSS Modeler 可以不寫程式就執行這一連串步驟。這些步驟是模型開發的基礎。本書會在第 3、4 章以最常用的「**分類**」模型為例，詳細說明各步驟的意義與 Python 的實作方式。

圖中的「**評估**」，是用來判斷開發出來的模型能否實際運用的重要步驟。模型的性能會在評估階段以各種指標的數值呈現，實務專家可根據這些數值來判斷機器學習模型能否應用在工作當中。

若模型成效不夠理想，則會再進入改善模型的步驟：「**調整**」。對資料科學家而言，其實「調整」才是最能展現實力的步驟。

1.4 未來實務專家需具備的技能

先前曾說過本書的最終目標是期望實務專家能夠獨力完成所有任務，以下就來總結一下未來的實務專家應該具備哪些技能吧！

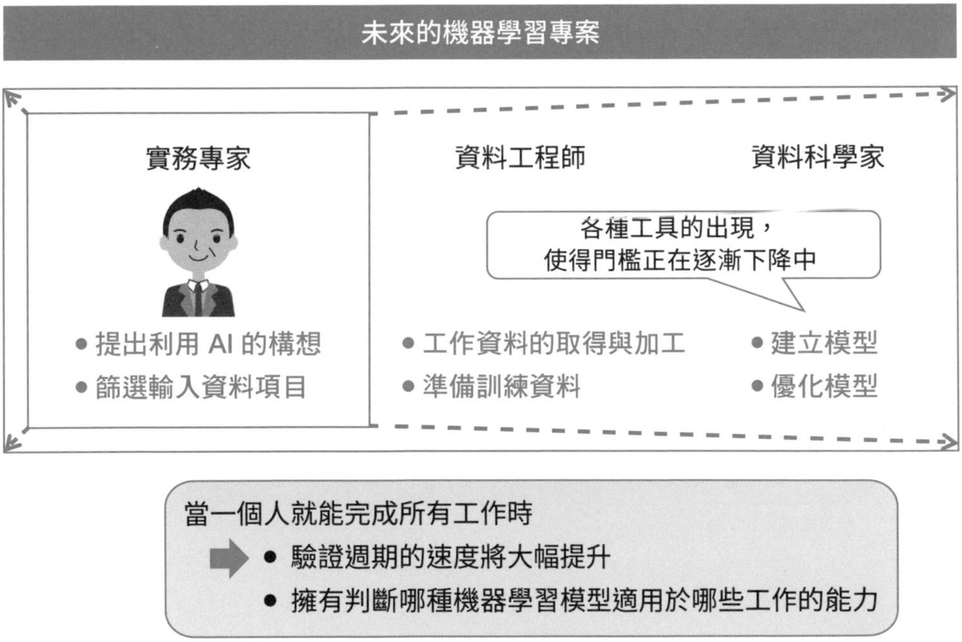

未來的機器學習專案

實務專家
- 提出利用 AI 的構想
- 篩選輸入資料項目

資料工程師
- 工作資料的取得與加工
- 準備訓練資料

資料科學家
- 建立模型
- 優化模型

各種工具的出現，
使得門檻正在逐漸下降中

當一個人就能完成所有工作時
- 驗證週期的速度將大幅提升
- 擁有判斷哪種機器學習模型適用於哪些工作的能力

圖 1-6　實務專家需具備的技能

以往進行機器學習專案時會碰到的最大問題，就是講求高度專業性的資料科學家人才不足，導致實務專家即使擁有 AI 化的構想也難以付諸實行。

但隨著機器學習工具開發的演變，現在實務專家只要學會使用 Python，就能自己進行資料加工與模型開發了。在這些工具的輔助之下，實務專家能做到的就不再侷限於提出構想，而是能進一步執行概念驗證並自行評估成效。如此一來，就能**更快速且更有效率地將 AI 導入商業用途**。這不僅是 AI 專案未來希望發展的方向，也是朝此目標邁進的 AI 專業人才所需具備的專業能力。本書的定位就是在這條路上為各位引領正確的方向。

1.5 本書架構

下面整理出開發機器學習模型的必要任務與本書架構之間的關係圖。

圖 1-7　本書整體架構

第 2 章的目的是讓讀者了解該如何選擇圖 1-3 中提到的解決各種問題的「處理模式」，因此會以實務工作相關的案例來依序介紹。

第 3 章會以最常使用的「分類」問題為例，詳細解說圖 1-5 中**模型開發各步驟的含意**。只要能透過這些範例理解，便能掌握機器學習專案中模型開發的流程。

第 4 章**更深入實作的層面**，詳細解說第 3 章的重要開發步驟。內容比第 3 章增加更多的細節，但都是實作模型的要點。只要實力能達到這個層次，往後在提出利用機器學習模型的構想時，品質就會有保障得多。

第 5 章利用實作範例深入探討第 2 章介紹的**處理模式與具體工作需求之間的關係**。本章是書中最重要的一章，因為實務專家可以透過本章內容了解自己業務範圍內有哪些問題可以利用何種類型的模型解決。

第 6 章會結合前 5 章的內容，統整出**能使機器學習專案順利執行的關鍵**及利用模型的構想。

書末的「講座」會介紹如何操作本書使用的 Python 雲端執行環境「Google Colaboratory」。另外還會針對機器學習的模型開發，重點式說明如何使用 Numpy、Pandas、Matplotlib 等機器學習必備的套件。

最後，我們用下表來總結推動機器學習模型專案需要的知識、技能與本書各章的對應關係。

	知識、技能	第 2 章	第 3 章	第 4 章	第 5 章	第 6 章	講座
可由本書獲得的基礎知識	了解可進行機器學習的解決與適用模型	○			◎		
	了解模型的開發步驟		○	◎			
可由本書獲得的技能	能夠自行完成簡單的資料加工			○	○		○
	能夠判斷建立模型所需的資料項目			○	○		
	能夠辨識有潛力取得成功的工作類型				○	○	

表 1-2　推動機器學習專案的必備知識、技能與本書內容之間的對應關係

表格中的 5 種知識、技能越往下走的學習難度就越高，其中前 2 項是只要讀完本書就能完全理解的「知識」，而後 3 項則為「技能」。

雖然讀完本書不見得立刻就能獨力完成所有工作，但各位仍可透過書中實作掌握到學習各種技能的要領。希望以上說明能讓各位在繼續閱讀之前，對本書的定位有一個基本的認識。

第 2 章

解決問題的處理模式

2.1 AI 與機器學習的關係

2.2 機器學習的三種學習方式

2.3 監督式學習的處理模式

2.4 非監督式學習的處理模式

2.5 選擇正確的處理模式

2.6 深度學習與結構化、非結構化資料

第 2 章 解決問題的處理模式

AI（人工智慧）一詞包含的範圍很廣，每個人說的 AI 所指的可能並不相同。而 AI 與機器學習又是甚麼關係呢？本書在此先做出明確的定義，再詳細介紹機器學習的處理模式。

2.1 AI 與機器學習的關係

AI 與機器學習之間的關係，筆者簡單定義如下：

「AI 是目的，而機器學習是實現 AI 的方法」

在此定義下，除了機器學習，還有"基於規則的系統"及"最佳化系統"都是能夠實現 AI 的方法。本書介紹的重點就是機器學習，而深度學習則包括在機器學習的範圍之內。

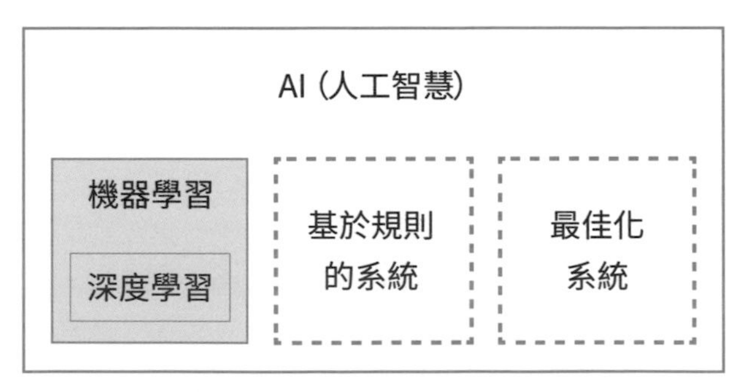

圖 2-1　實現 AI 有不同的方法

編註：「基於規則的系統」(Rule-based system) 是以人為建立的規則知識庫 (knowledge base) 讓電腦進行推理，例如專家系統 (Expert system)。由於規則是直接寫入系統，難以持續擴充知識，使其侷限在少數專業領域。

我們現在知道機器學習是實現 AI 的一種方法，但具體來說是什麼樣的方法呢？請見下圖。

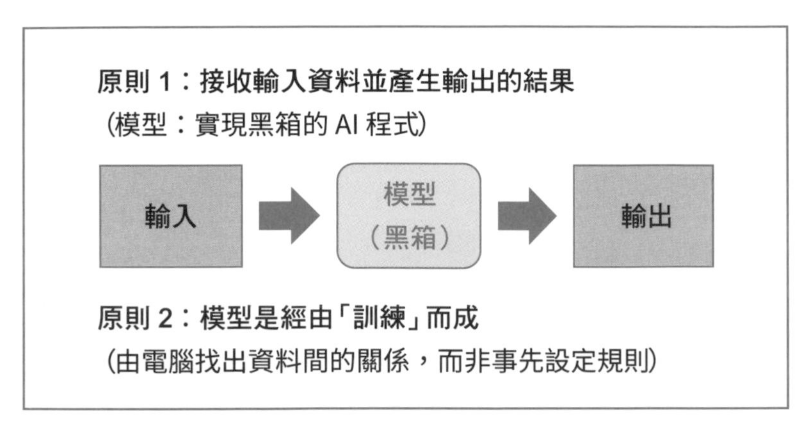

圖 2-2　機器學習的定義

上圖位於中間的「**模型**」，簡單來說就是一個「**可將輸入資料轉換成輸出的程式**」，至於它的內部是如何運作的只有建立模型的人知道，對其他人而言如同是個「**黑箱**」。若以數學觀點來看，這個黑箱裡面就是利用演算法建立的一個數學模型，能將輸入資料算出其對應的輸出結果。

機器學習的另一個特點是電腦**透過「學習」建立模型**。學習的定義是「**利用訓練資料（training data）來學習如何找出期望結果**」。利用機器學習實現 AI 的核心便是這個模型的訓練成效，它讓電腦在學習完成後就能利用資料自己算出期望的答案，因此模型產生的結果是否準確就非常重要了。模型的建立方式我們之後會依序說明，現在只要記住「人類利用資料"訓練"電腦，讓電腦經過"學習"之後建出模型」的意思即可。

2.2 機器學習的三種學習方式

機器學習主要有三種學習方式：監督式學習（Supervised learning）、非監督式學習（Un-supervised learning）與強化式學習（Reinforcement learning），以下分別說明它們的用途與區別。

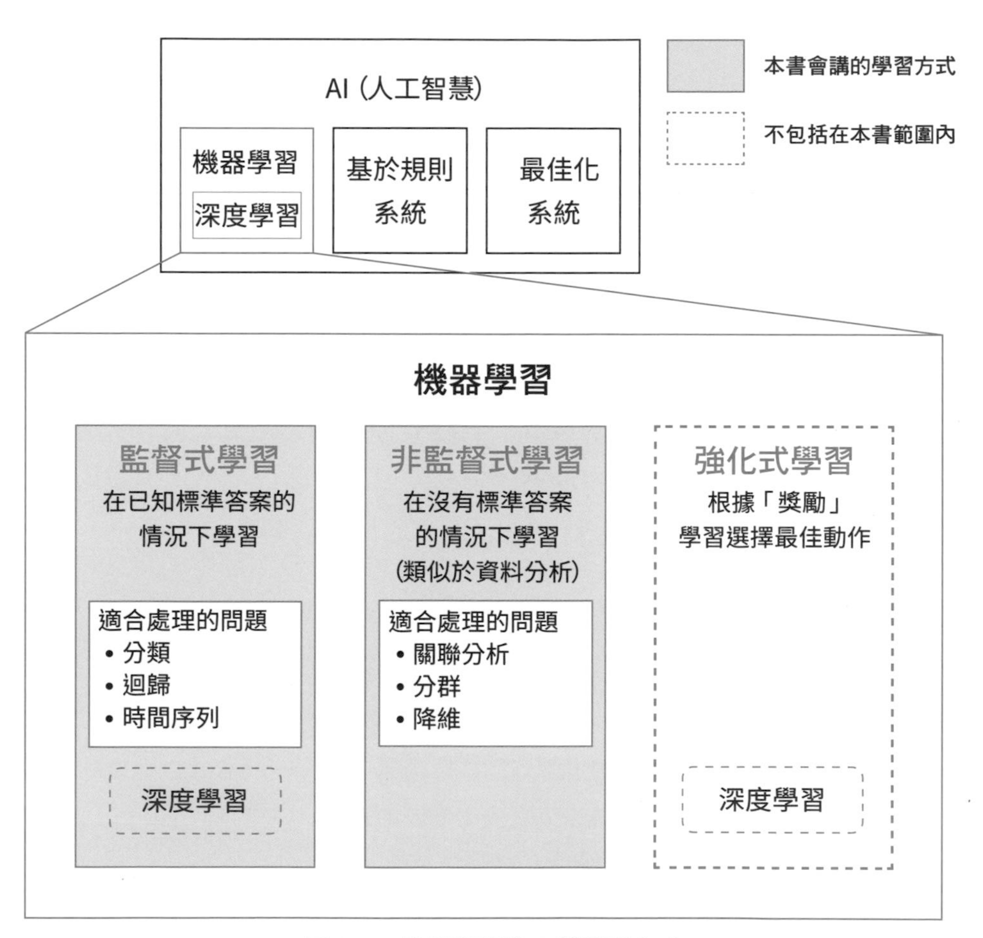

圖 2-3　機器學習的 3 種學習方式

本書會介紹的是「監督式學習」與「非監督式學習」。至於「強化式學習」，因為實作方法比前兩種要複雜許多，建議先對機器學習有了深入瞭解之後再學，因此不在本書討論範圍之內。(**編註：** 對強化式學習有興趣者可參考《強化式學習：打造最強 AlphaZero 通用演算法》以及《深度強化式學習》旗標科技出版)。

位於監督式學習中的「深度學習」(Deep learning)，是藉由近年電腦運算能力大幅提升而得以實現的多層神經網路 (Neural network) 技術。

監督式學習

監督式學習的特色是在已知「標準答案」的情況下進行學習。一般來說，監督式學習可分為 2 個階段：

1. 利用**訓練資料**(包含標準答案)去訓練模型的「**學習階段**」。
2. 將**未知標準答案**的資料輸入學習完畢的模型，以產生輸出結果的「**預測階段**」。

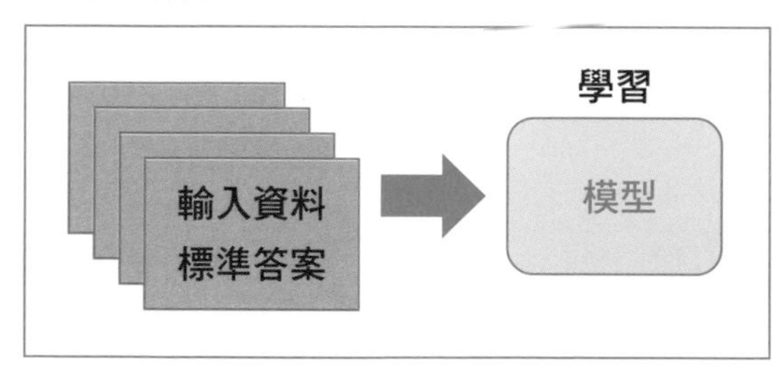

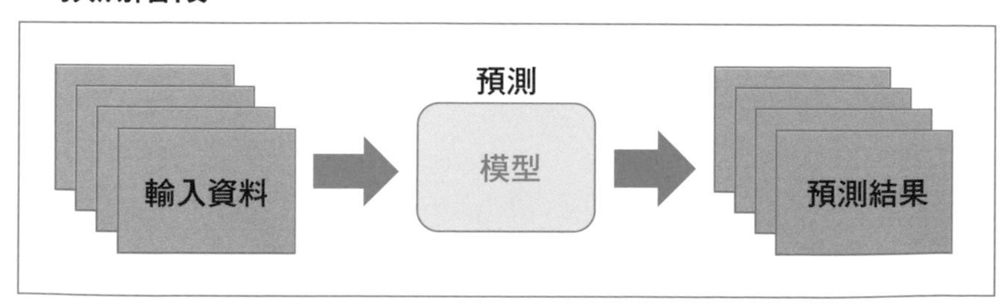

圖 2-4　監督式學習中的學習階段與預測階段

監督式學習最大的特色，便是在**學習階段存在標準答案**。雖然 AI 容易給人一種能夠自行找到標準答案的印象，但監督式學習仍**必須在學習階段提供與輸入資料對應的標準答案**。當每一筆資料都要由人類**標註**（label）標準答案，那麼**準備標準答案**就會非常耗時費力，卻又非常關鍵。

非監督式學習

相對於利用標準答案學習的監督式學習，非監督式學習則是在沒有標準答案的情況下進行的學習。非監督式學習並不像監督式學習有「學習階段」與「預測階段」的區別，而是將資料提供給模型，就能立刻得到輸出。因此非監督式學習雖是機器學習的方法之一，但也可說它**類似於資料分析**。

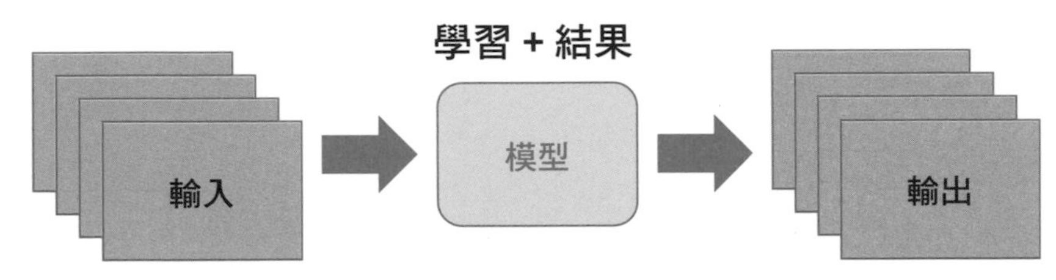

圖 2-5　非監督式學習的過程示意圖

以下將這兩者做個整理：

學習方式	標準答案	主要目的	階段	使用時的輸入資料
監督式學習	必要	預測	「學習」與「預測」	未知
非監督式學習	不需要	分析	「分析」	已知

表 2-1　監督式學習與非監督式學習

強化式學習

強化式學習與前兩者相比，是有明顯差異的一種學習方式。以下我們僅整理它學習的特色：

- 以代理人（模型）與環境之間要能有所互動為前提（**編註：** 代理人要能取得環境回饋的資訊）。
- 模型的輸出皆為對環境的「操作」。
- 模型可透過「觀察」了解「操作」結果對環境的影響。
- 除了「觀察」之外，模型還能不定期獲得「獎勵」。但獎勵不會在「操作」後立刻得知，必須經過一段時間才能確認。

強化式學習在搭配深度學習做為其演算法後，可以應用在多種領域當中，如建立「操控遊戲的程式」、「機器人控制」及「圍棋 AI」等（**編註：** 有興趣者可參考《深度強化式學習》旗標科技出版）。

監督式學習與非監督式學習的目的都是為了解決問題，因此處理不同的問題就要選擇適當的處理模式（pattern），然後才著手建立模型。以下列出 6 種問題類型（監督式與非監督式各 3 種），並於下一節繼續說明：

學習方式	問題類型	第 2 章的說明	第 5 章的實作範例
監督式學習	分類	2.3.1	5.1
	迴歸	2.3.2	5.2
	時間序列	2.3.3	5.3
非監督式學習	關聯分析	2.4.1	5.4
	分群	2.4.2	5.5
	降維	2.4.3	5.5

表 2-2　6 種機器學習問題類型的說明和實作範例

2.3 監督式學習的處理模式

監督式學習是機器學習中最常使用的學習方式，它可以依照輸入的資料與期望預測的結果再分為「分類」、「迴歸」及「時間序列」等 3 種處理模式。

2.3.1 分類 (Classification)

分類問題是判斷輸入資料**屬於哪一個類別**，我們用下面的例子來說明。我們想要做的事是從取得的客戶資料做電話行銷，並預測這些客戶是否可能成交。換句話說，就是讓 AI 判斷某客戶是屬於「可成交」還是「無法成交」，那我們就應該採用分類問題的處理模式，建立一個銷售成交預測的分類模型。

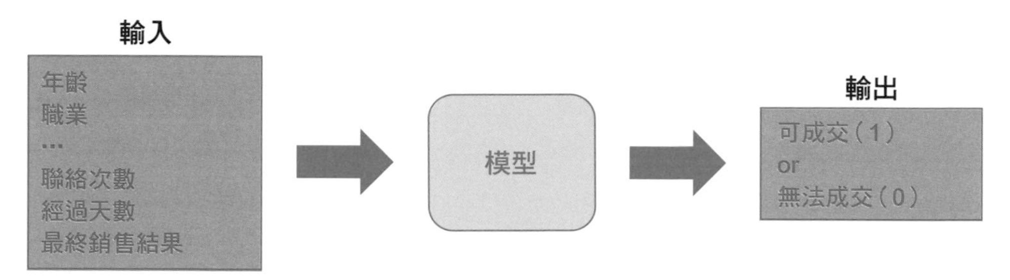

圖 2-6　銷售成交預測模型

銷售成交預測模型只有 2 種結果：「可成交」與「無法成交」，稱為**二元分類**（binary classification）。如果需要預測的類別超過 2 種，則稱為**多類別分類**（multiclass classification）。多類別分類因深度學習的發展而經常運用於處理影像或文字等，例如分辨圖片中的數字。

2.3.2 迴歸 (Regression)

如果我們要處理的不是分類問題，而是預測一個數值，例如單車租賃公司想預測需要配置多少輛車才不會太多或太少，此時就屬於迴歸問題，可以建立迴歸模型來處理這類問題，例如：以下的單車租借量預測模型：

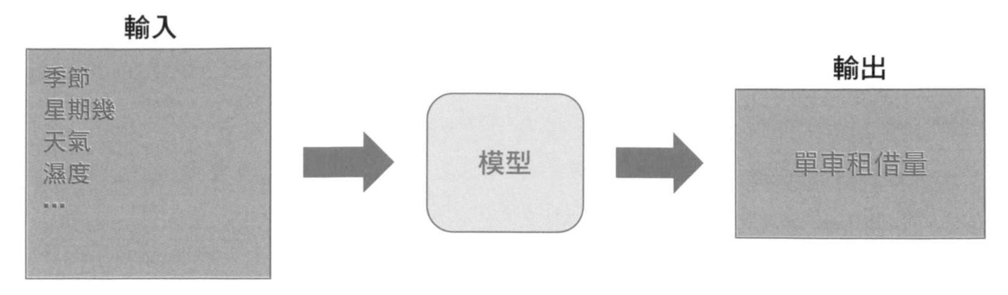

圖 2-7　單車租借量預測模型

此模型可以根據天氣、風速及星期幾等因素，預測單車租借量的變化。只要能夠正確預測，租賃公司就能每日事先調整駐點人數以及調派多少車輛。其它像是蛋糕店預測「蛋糕販售數量」、主題樂園預測「遊客人數」等都屬於這一類。

2.3.3 時間序列（Time series）

如果我們要做的預測與過去的時間有很強的關聯性，例如每月或每年有個大致的規律在，這類問題就屬於時間序列問題。下圖是日本金澤市冰淇淋消售金額的月別統計圖：

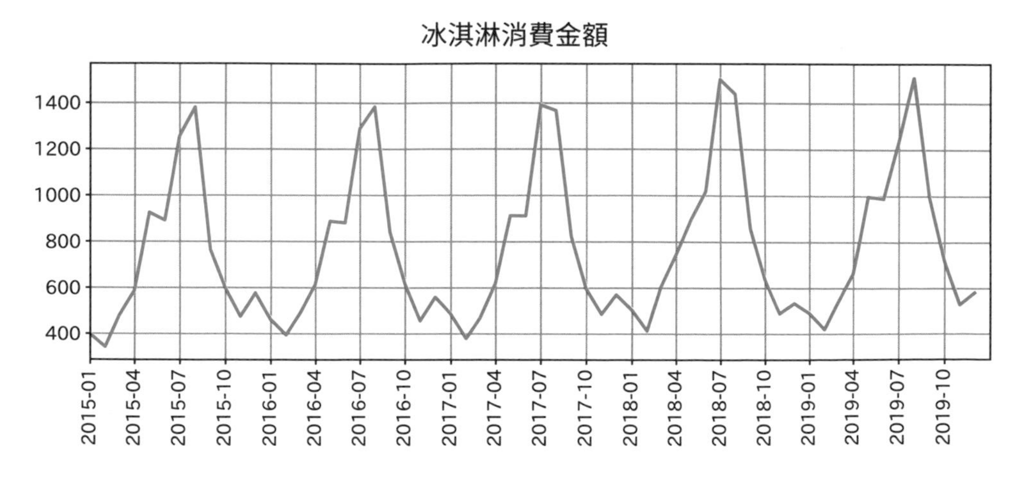

圖 2-8　時間序列輸入資料範例

由上圖可以觀察到其變化的週期是以年為單位循環。這種**以特定值（本例中為冰淇淋消費金額）的過去資料為輸入，來預測未來值**的模式，稱為**時間序列模型**。雖然它與迴歸同樣是預測數值，但其原則是**以自身過去一段時間的連續資料做為輸入**，而非使用單筆的當月平均天氣或降水量等其他項目之值，此為時間序列與迴歸兩者差別所在。

2.4 非監督式學習的處理模式

前述的監督式學習，是利用帶有標準答案的訓練資料進行學習，目的是讓訓練後的模型能夠「對未知答案的資料預測答案」。沒有標準答案的非監督式學習，目的是「對已知資料取得分析的結果」。接下來，我們以範例說明非監督式學習的「關聯分析」、「分群」與「降維」等 3 種問題的處理模式。

2.4.1 關聯分析 (Association analysis)

關聯分析亦稱為「購物籃分析」(Basket analysis)，可從大量資料中分析出資料間的關聯性。例如消費者同時購買了多項商品，我們可分析哪些商品的關聯性較高（已購買特定商品 A 的消費者是否較有可能同時購買商品 B），請見下圖：

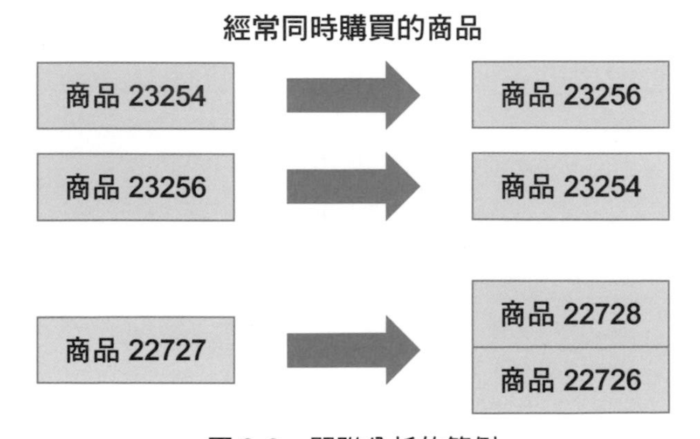

圖 2-9　關聯分析的範例

上圖第一行表示「購買商品 23254 的消費者，傾向於同時購買商品 23256」。第二行表示「購買商品 23256 的消費者，傾向於同時購買商品 23254」。這表示消費者普遍會同時購買這 2 種商品。

關聯分析的意義，必須在根據分析結果並實際執行之後才能真正顯現出來，舉例來說：

- 將關聯性較強的商品陳列在一起，以方便消費者購買。
- 有的商品單獨看時銷售不佳，但是與高價商品有強烈關聯性時，仍可將其保留於架上販售。

像上圖的情況，可考慮將商品 23254、23256 做組合銷售，或是主動向只購買其中一項商品的消費者推薦另一項，他會願意接受的傾向應該不低。

2.4.2 分群 (Clustering)

分群的目的是將資料屬性相似的分成一群，因此群內的各資料差異較小，而群與群之間的差異較大，請見下圖：

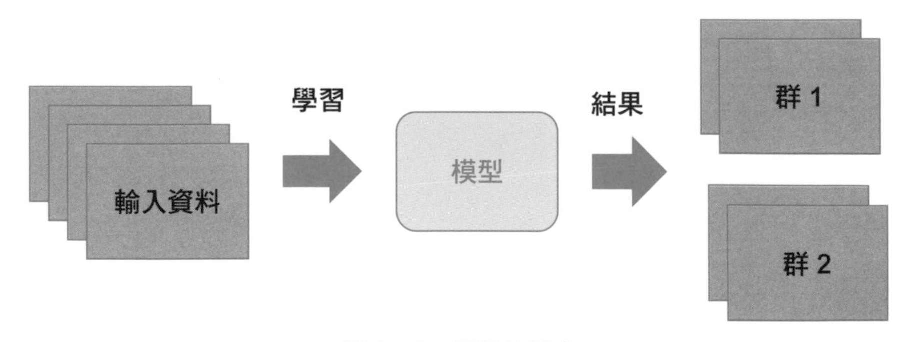

圖 2-10　分群的概念

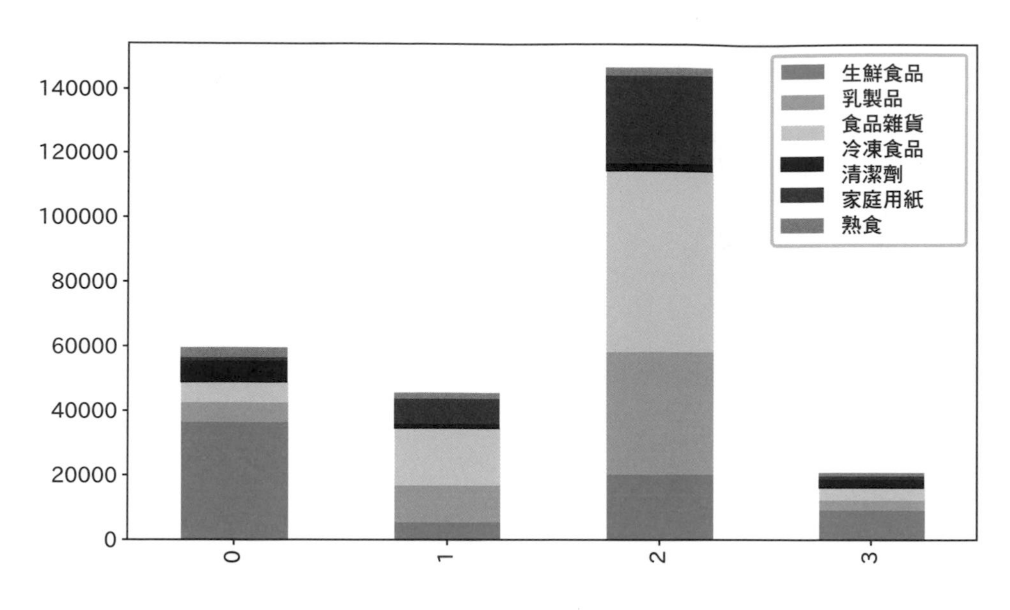

圖 2-11　分群的執行結果範例

上圖是取自 5.5 節的範例。它是根據消費者的購買記錄資料，將消費者分成 4 個群組（群 0 到群 3），並計算各群中各類商品的平均消費金額之後，依結果繪製而成的圖。我們可由此圖看出各群的特性，例如：

群 0（生鮮）：整體消費金額居中，生鮮食品的消費金額佔比高

群 1（食雜）：整體消費金額居中，食品雜貨的消費金額佔比高

群 2（大量）：整體消費金額特別高

群 3（少量）：整體消費金額特別低

如果能夠像這樣掌握各群消費者的購買特性，當我們在思考銷售策略時，不僅能舉辦全面性的活動，也能針對某群消費者舉辦活動（例如為群 0 舉辦生鮮食品優惠活動，以提高其消費金額）。**分群的目的之一，便是找出形成決策基礎的資訊**。

不過即使分群之後，各群真正的特性仍然需要人為發掘。因此如何藉由統計或視覺化工具來解讀各群的特性，並進一步利用解讀出來的資訊提出策略，這就是實務專家要拿出真本事的時候了。

2.4.3 降維 (Dimension reduction)

機器學習的模型通常需要處理非常大量的輸入資料項目（術語稱為特徵（feature）），這些特徵可能多達數十或甚至數十萬個（一個特徵就是一個維度，一萬個特徵就有一萬個維度），雖然可以交由電腦執行，但當特徵數越大時，就表示會耗用越多的運算資源以及時間，因此便出現降維的處理方式，將多維資料壓縮成較少的維度，卻仍然能保有資料最重要的特性。因為人類無法看到超過 3 維的圖形，因此當需要視覺化呈現時，會將維度降到 2 維或 3 維，如此才能繪製成圖形以便觀察。

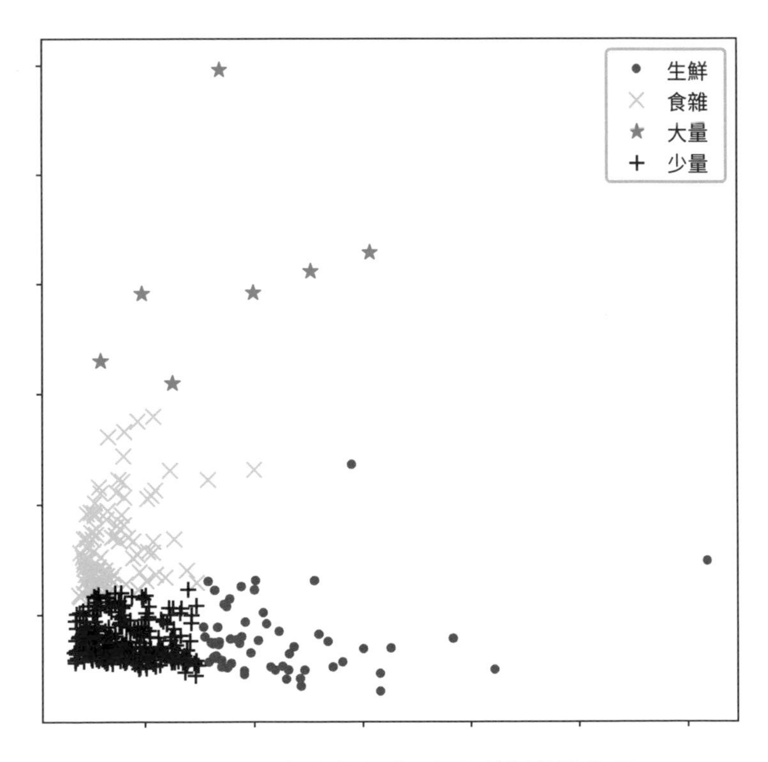

圖 2-12　針對消費者購買記錄繪製的散佈圖

以上是將消費者購買記錄的資料降到 2 維之後繪製出來的散佈圖。在此圖中可看出四個群的分布狀況。有的群消費金額很集中，有的則有較大的落差，當然這與分群的好壞有關。

2.5 選擇正確的處理模式

我們在前兩節介紹了能夠利用機器學習解決的問題類型，但如何因應專案需要選擇正確的處理模式呢？在此以下圖說明：

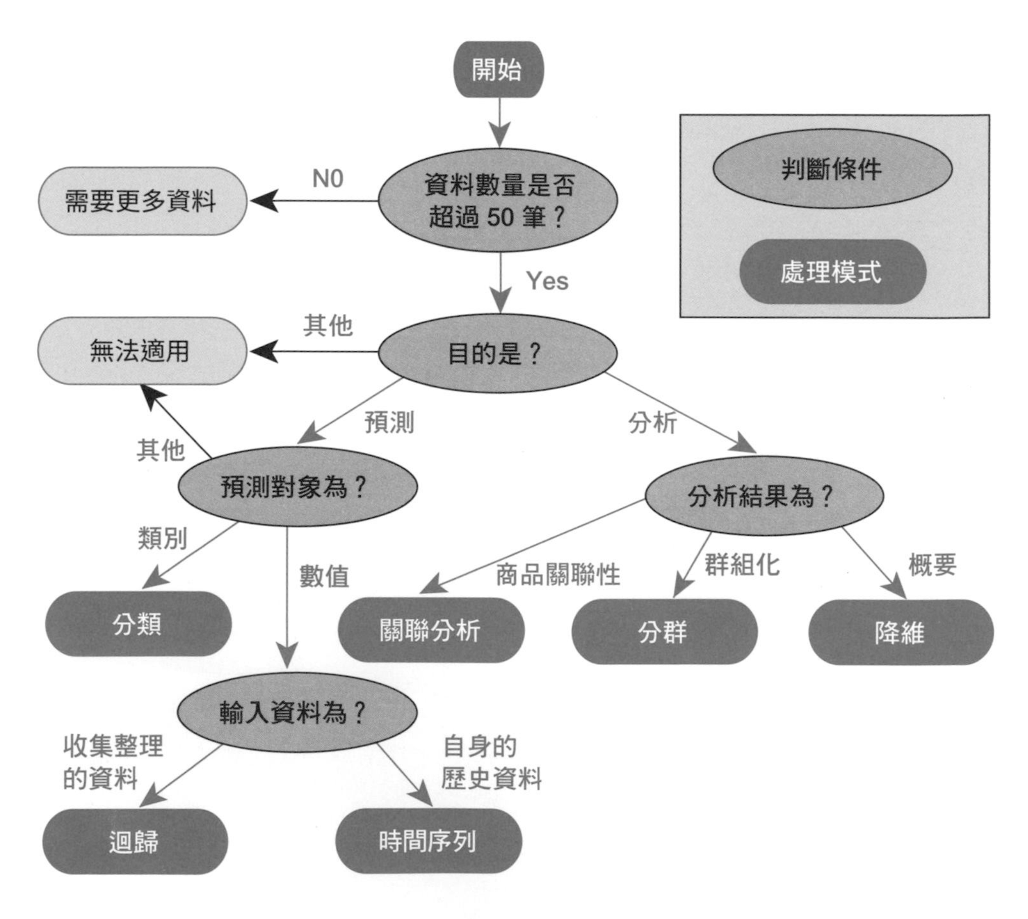

圖 2-13　處理模式的選擇流程

上圖開始的第一個分支條件是詢問訓練資料的數量，基本上若少於 50 筆並不適合做機器學習，因此請再多收集一些資料。其後的各分支條件中，都是前面介紹過的做個整理。對實務專家而言，第一要務就是判斷自己要做的事情屬於哪一種問題，再對照此圖看要採取哪一種處理模式。

2.6 深度學習與結構化、非結構化資料

歸屬於機器學習之下的「深度學習」（圖 2.3）是新一波 AI 浪潮下最紅的主題，因此接下來我們會針對深度學習的定位做個簡單的介紹。

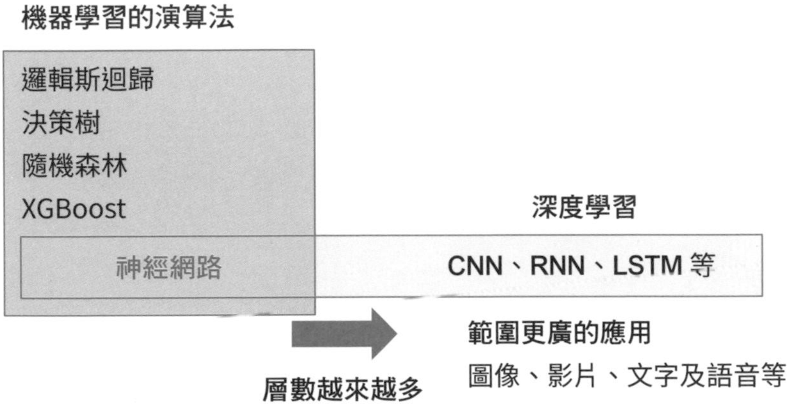

圖 2-14　機器學習與深度學習之間的關係

由上圖可以看出機器學習其實包括了許多種演算法，而其中由神經網路擴展到多層神經網路就稱為深度學習，其中包括 CNN（卷積神經網路）、RNN（循環神經網路）、LSTM（長期短期記憶）……等，可以應用在圖像、影片、文字及語音等等領域。

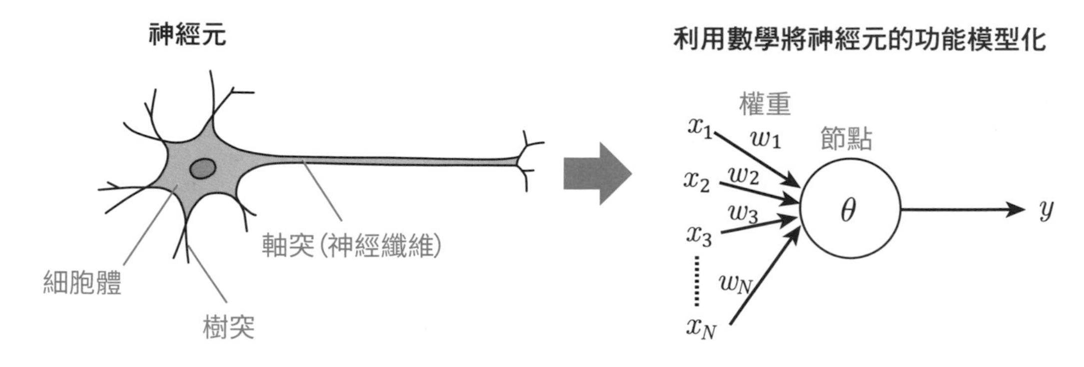

圖 2-15　神經元與神經網路模型的概念圖

神經網路就是將神經元當成一個節點，接收到不同訊號時就輸出不同的反應給下一個接收的節點，並以一層一層的方式將節點分層相連，主要就是分成輸入層、隱藏層與輸出層：

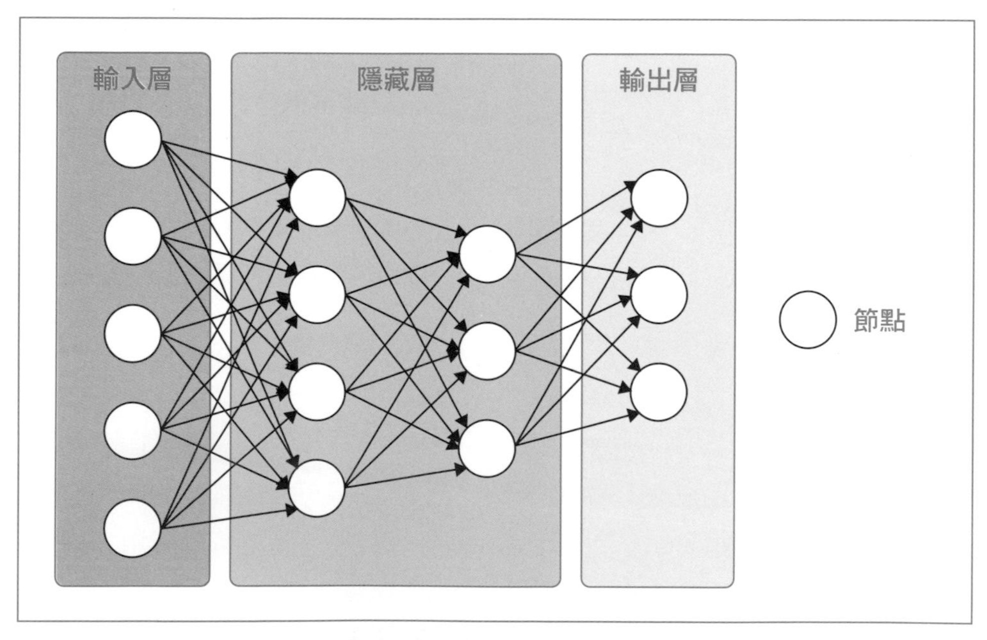

圖 2-16　神經網路的概念圖

當神經網路的層數達 4 層以上（除了輸入層與輸出層以外，還包括至少 2 層隱藏層）時，就稱為**深度學習**。在深度學習中，連接前後節點的每個箭頭都有「權重」參數，表示各該節點對於下一個節點的影響程度。而隨著層數與節點數的增加，**參數的數量也會隨之提高**，這雖然會增加深度學習模型的複雜度，但也因此能處理過去難以靠機器學習演算法處理的影像、影片、文字及語音等**非結構化資料**。

換句話說，深度學習是機器學習中的一個分支，是能夠藉由增加神經網路的層數（多層化）來處理複雜工作的演算法。

資料還可以分成：**結構化資料**與**非結構化資料**。結構化資料指的是像「年齡」、「職業」、「性別」等具有固定格式，可以利用一般資料庫欄位存放的資料。相對地，非結構化資料則是像圖像、影片、文字及語音等沒有固定格式，無法以一般資料庫欄位呈現的資料。

深度學習很適合用來處理非結構化資料，在多類別分類任務中也能發揮效用。

由於一般企業中的資料大多是有明確欄位的結構化資料，所以本書的機器學習範例皆以處理結構化資料為準，以後仍可嘗試運用深度學習來提高模型的性能。

MEMO

第 3 章

機器學習模型的開發流程

3.1　模型開發流程

3.2　範例資料與目的說明

3.3　模型的實作

專欄 關於公開資料集

第3章 機器學習模型的開發流程

本章開始要以 Python 實作範例介紹機器學習模型的開發流程了！第 1 個範例用到監督式學習中的「分類」。我們會取得乳癌檢查資料與診斷結果（良性或惡性 2 種類別）訓練出分類模型，再根據新的乳癌檢查資料預測其結果為良性或惡性。

本書選擇乳癌的診斷預測做為第 1 個實作範例，是因為資料較容易處理，開發過程也較為單純，便於讀者快速認識整個開發流程，以及瞭解流程中 9 個步驟要做哪些事。

> **編註：** 本書假設讀者已有 Python 程式語言的基礎，對程式中用到的函式有不清楚之處，有自行查閱的能力。

3.1 模型開發流程

下面是使用 Python 實作機器學習模型的開發流程與步驟：

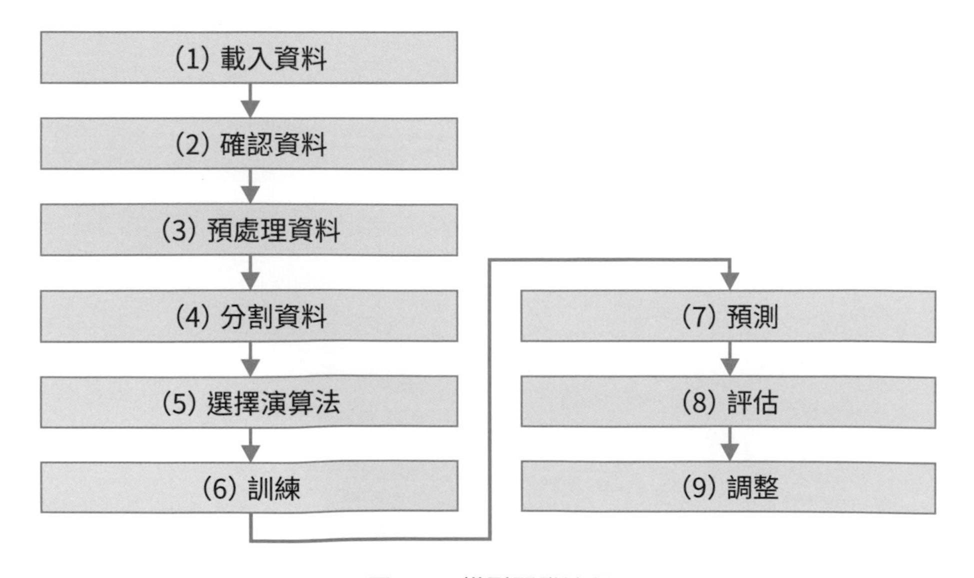

圖 3-1　模型開發流程

以下大概介紹各步驟在做哪些事，請各位先瀏覽一遍，之後我們會以 Python 實作整個流程，屆時就更能了解實務上的做法。

(1) 載入資料

用 Python 做機器學習的第一步就是載入資料，資料的取得一般有以下 3 種做法：

- **載入 CSV 檔案**

  這是很常見的標準做法。CSV 檔案可以用 read_csv 函式載入程式中，此函式後續也會在本書中使用，它可以用於載入本地檔案，也可以指定網址取得檔案。

- **呼叫特定函式**

  網路上的公開資料集有些會有客製化的函式，只要呼叫該函式就可以將該資料集載入程式。

- **下載 ZIP 檔案**

  有些在網路上的公開資料會被壓縮成 ZIP 檔。若您使用的是 Linux 版 Jupyter Notebook，可以先以 !wget 命令下載檔案，再以 !unzip 命令將其解壓縮，之後同樣呼叫 read_csv 函式即可載入資料。

> **NOTE** Linux 版本的 Jupyter Notebook 在程式中需要用到系統指令時，只要在系統指令開頭加上「!」即可，但 wget 指令在 Windows 版的 Jupyter Notebook 中不適用。

(2) 確認資料

載入資料後的下一步就是確認這些資料的狀況。最常見的做法是呼叫 display 函式：用 display(df.head(n)) 來確認載入資料的前 n 筆內容，若不指定筆數則預設為 5 筆。

除此之外，還有確認載入資料中的各項目（特徵）是否存在缺失值（資料不齊全）以及確認平均值、變異數等統計資訊，都會在 4.1 節說明。

(3) 預處理資料

Python 讀取到的資料不一定能直接輸入到機器學習的模型中。舉個簡單的例子來說，機器學習模型的輸入資料必須是數值資料，因此像「男」、「女」等非數值資料，就必須轉換成 1 或 0 的數值資料。此外，若資料中有缺失值，就必須經過加工處理。這類預先整理輸入資料的過程，即為「預處理資料」，是機器學習開發流程中的重要步驟，其具體作法會在 4.2 節說明。

(4) 分割資料

我們收集來的資料會整理成表格形式，每一列訓練資料需要左右分割成**輸入資料**與**標準答案**（請看下圖），這兩者都會輸入機器學習的模型中。其中輸入資料的變數稱為**輸入變數**，表示標準答案的變數稱為**目標變數**：

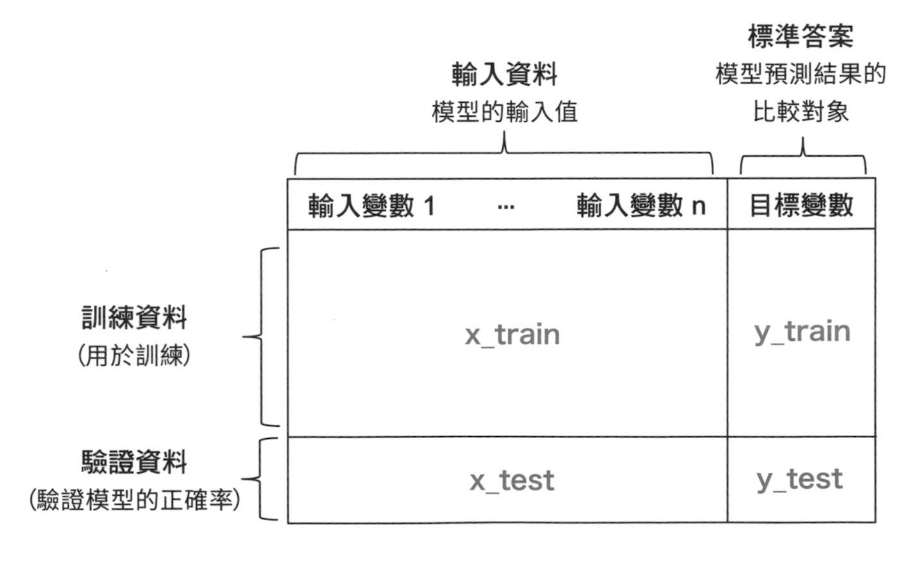

圖 3-2　分割資料

此外，全部資料還會再上下分割出兩部分：**訓練資料**（用於訓練模型）與**驗證資料**（用於評估模型的正確率（Accuracy））。以下簡單說明這兩種分割的用意。

「分類」的機器學習模型可以透過符合標準答案的比例，來評估其預測的正確率。若在評估模型時仍使用相同的訓練資料，就如同考試的題目全都出自考古題，於是考生努力把考古題背到滾瓜爛熟，每次都能拿到滿分。但萬一考題變化一下不在考古題中，被訓練成背題機器的考生就會因為缺乏應變能力而分數大幅下降，在機器學習中這種現象稱為**過度配適**（overfitting）。

為了避免這種現象而發展出來的做法，便是將取得的資料分為訓練資料與驗證資料，先以訓練資料去訓練模型，再以驗證資料評估其正確率，因此資料就會被上下分割成訓練資料與驗證資料。

不管對資料進行左右分割或上下分割，都是屬於「**分割資料**」的步驟。

(5) 選擇演算法

演算法是用來實作模型的處理方法，每種處理模式都各有不同的演算法，從中挑選的步驟即為「選擇演算法」。

本書之後會使用到 scikit-learn 及 XGBoost 套件，這 2 種套件都已將演算法完全「黑箱化」了，只要在選擇適合的演算法時指定初始參數，便可輕鬆建出機器學習的模型。本章範例為了便於說明而選擇邏輯斯迴歸演算法，讀者可參考 3.3.5 小節。

(6) 訓練

訓練是實際執行機器學習時最重要的步驟。但只要上述事前準備皆已到位，就只需要呼叫 fit 函式便可完成。當資料已在「(4) 分割資料」步驟中分割成訓練資料與驗證資料後，此步驟要做的事就如下圖所示：

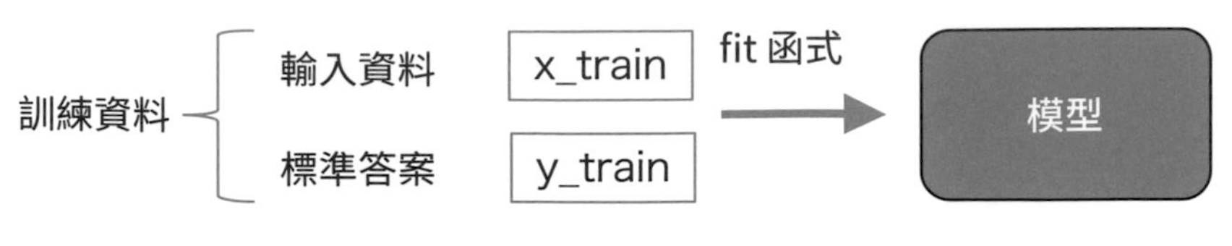

圖 3-3　訓練的過程

(7) 預測

預測是在模型完成訓練後的步驟，只要呼叫 predict 函式便可輕鬆完成。嚴格來說，預測可以分為 2 種類型，一種是建立模型階段**為了評估模型正確率而在訓練後就立即執行**，另一種則是模型已經建好且上線，**在未知正確答案的情況下做預測**。這裡的預測步驟指的是前者。會先以驗證資料進行預測，再以預測結果比對標準答案進行「(8) 評估」步驟 (見下圖)：

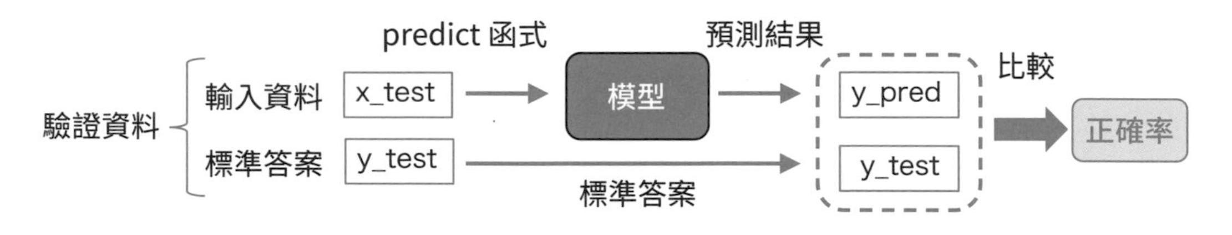

圖 3-4　以驗證資料進行預測的過程

(8) 評估

模型的品質取決於驗證資料中的標準答案與模型預測結果的接近程度。本章範例會計算其中最簡單的正確率 (Accuracy)，不過評估方法不只有一種，我們必須根據實務工作與資料的要求選擇最適當的做法。評估方法的種類及適用場景將於 4.4 節詳細說明。

(9) 調整

若評估結果的正確率達到要求的水準，可以立即應用於實務工作，那就大功告成了！但實際上這種情況比較少見，通常都還需要想辦法提高預測的正確率以符合工作所需的標準。此步驟需要對資料敏銳度較高的人來處理，可能利用試誤法來提升模型預測的正確率。

調整的做法包括「**更換演算法**」、「**調整參數**」及「**最佳化特徵**」等。這個領域屬於資料科學家的工作內容，需要的專業性與實務經驗較高，不是入門書籍能夠講清楚的，不過本書在 4.5 節還是會提供幾種具代表性的做法。

最後希望各位注意！並非所有模型開發都必須完成以上全部的步驟，有些步驟可以在某些情況下考慮省略，請各位在閱讀後續範例時要記得這一點。

3.2 範例資料與目的說明

本書的第一個範例為建構乳癌判定模型。疾病的最終診斷必須由醫師負責，但多了這類 AI 模型的存在，可以協助醫師確認診斷的正確性，仍然具有其價值。

3.2.1 範例資料說明

本範例使用的資料集為「**乳癌診斷資料集**」(Breast Cancer Wisconsin (Diagnostic) Data Set)。這份資料集是對乳癌檢查中發現腫瘤的患者採集腫瘤細胞，並將顯微鏡分析結果（下頁圖） 轉換為數值後的資訊。其中各細胞被數值化的對象為以下 10 種特徵。我們無需細究這些特徵的含意也可以做練習：

a） 半徑（中心到邊緣上的點的平均距離）

b） 紋理（灰階值的標準差）

c） 周長

d） 面積

e） 平滑度（半徑長度的局部變化）

f） 緊密度（周長^2 / 面積 - 1.0）

g） 凹面（輪廓凹面部分的嚴重度）

h） 凹點（輪廓凹部的數量）

i） 對稱性

j） 分形維度（「海岸線近似」-1）

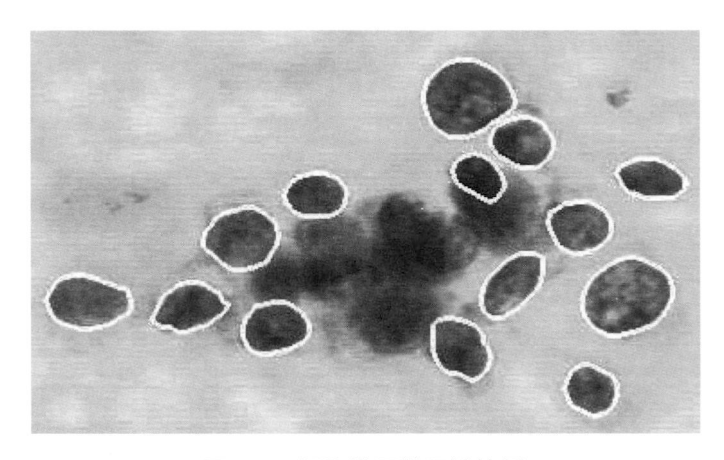

圖 3-5　細胞的顯微照片範例

引用自 W.N. Street, W.H. Wolberg and O.L. Mangasarian, "Nuclear Feature Extraction for Breast Tumor Diagnosis," IS&T/SPIE 1993 International Symposium on Electronic Imaging: Science and Technology, volume 1905, pages 861-870, San Jose, CA, 1993, http://citeseerx.ist.psu.edu/viewdoc/download?doi=10.1.1.56.707&rep=rep1&type=pdf Figure2

取得資料集後，我們會針對各項特徵進行統計處理，計算以下 3 種數值：

平均值、標準差、最大值

計算後，可以得到每位患者的 $10 \times 3 = 30$ 個項目的數值。此資料集中除了這 30 個項目（維度）的資料之外，也包括醫師對該患者腫瘤為「惡性」（malignant）或「良性」（benign）的診斷結果（標準答案）。惡性和良性在資料集中分別是以 0 和 1 來表示。

3.2.2 模型的目的

本範例的目的是建立一個以精密檢查資料為輸入，來預測診斷結果的模型。就現實上的考量，醫療領域的預測模型很難取代醫師，但應該還是能夠成為醫師診斷的輔助。

由於此模型的預測結果只有惡性與良性 2 種，且訓練資料中包括經醫師診斷的標準答案，因此可利用**監督式學習**中的**分類**處理模式。下圖為此模型的概念圖：

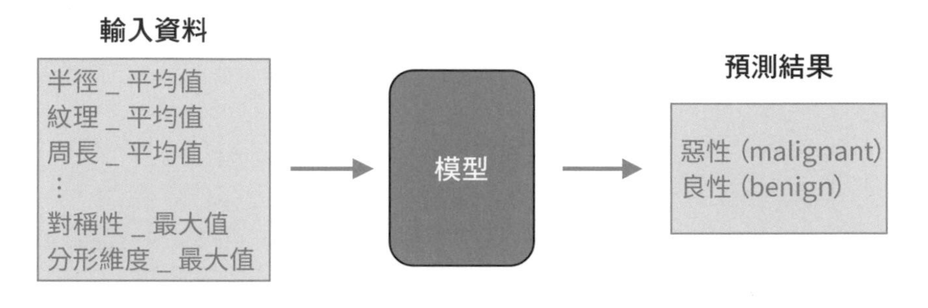

圖 3-6　模型的概念圖

3.3 模型的實作

我們接下來開始用 Python 來實作！由於本範例為書中的第 1 個實作，因此挑選的是比較簡單的模型以便仔細說明步驟。各位可使用 Google Colaboratory 執行程式（後面簡稱 Colab，使用方法請參考講座 1）。

本章範例程式 ch03_03_first_ml.ipynb 可依照最前面「本書範例程式」的說明到指定網址下載。

共通處理

本書範例程式在開頭都會有一段共通處理的程式碼。首先是載入 NumPy、pandas 及 matplotlib 等機器學習的必要套件，用於陣列運算、操作表格資料、繪製圖形等功能，因此在一開始就需要初始設定。

編註：繪製圖表時能顯示中文

由於 matplotlib 套件在繪製圖表時不支援顯示中文，因此程式在 Colab 環境中必須加入下面幾行程式碼，您可於範例程式中看到。此處示範的是下載 Taipei Sans TC Beta Regular 字型，您也可以選擇其他字型 (必須是 TTF 或 OTF 字型，例如 Google 在 https://github.com/googlefonts/noto-cjk/tree/main/Sans/OTF 提供多種字型可供替換)：

```
# 下載可供繪圖使用的中文字型
!wget 'https://github.com/flyingpath/electron-hand-dicom/raw/
master/TaipeiSansTCBeta-Regular.ttf'

# 匯入必要的套件
import matplotlib.pyplot as plt
from matplotlib import font_manager as fm ←── 字型管理

# 將新字型加入 colab 字型中
fm.fontManager.addfont('./TaipeiSansTCBeta-Regular.ttf')

# 指定圖形的預設字型
plt.rcParams['font.family'] = 'Taipei Sans TC Beta'
```

如果您習慣的開發環境是 Juypter Notebook，下載字型時可將 !wget 那一行改為下面這樣：

```
import wget
f_url='https://github.com/flyingpath/electron-hand-dicom/raw/
       master/TaipeiSansTCBeta-Regular.ttf'
wget.download(f_url)
```

繪製圖表時能顯示日文

matplotlib 本身同樣不支援日文顯示，可在 Colab 安裝日文化的 japanize-matplotlib，在 Python 程式開頭需多加入以下兩行程式：

```
# 匯入日文化的套件
!pip install japanize-matplotlib | tail -n 1

# 使 matplotlib 顯示日文
import japanize_matplotlib
```

Python 機器學習程式經常會使用 pandas 套件的**資料框**（data frames），這是表格形式的資料結構，讀者可以想像成是將資料排列成像 Excel 表格一樣。要顯示資料框的內容可以用 pandas 的 display 函式排成像表格一樣整齊，比 Python 常用的 print 函式更適合用來呈現表格。以下是共通處理的程式碼：

```
# 下載可供 matplotlib 使用的中文字型
!wget 'https://github.com/flyingpath/electron-hand-dicom/raw/master/TaipeiSansTCBeta-Regular.ttf'
```

```
......
Saving to: 'TaipeiSansTCBeta-Regular.ttf.1'
TaipeiSansTCBeta-Re 100%[===================>]  19.70M  --.-KB/s  in 0.1s
2021-10-26 03:06:24 (195 MB/s) - 'TaipeiSansTCBeta-Regular.ttf.1' saved [20659344/20659344]
```

```
# 共通事前處理

# 隱藏不必要的警告
import warnings
warnings.filterwarnings('ignore')

# 匯入必要的套件
import pandas as pd
import numpy as np
```

→ 接下頁

```
import matplotlib.pyplot as plt
from matplotlib import font_manager as fm

# 讀取下載的字體
font = fm.FontProperties(fname='TaipeiSansTCBeta-Regular.
ttf')

# 用來顯示資料框之函式
from IPython.display import display

# 調整顯示選項
# NumPy 的浮點數表示精度，此處設為 4，預設為 8
np.set_printoptions(suppress=True, precision=4)
# pandas 中的浮點數表示精度
pd.options.display.float_format = '{:.4f}'.format
# 顯示資料框中的所有項目
pd.set_option("display.max_columns",None)
# 指定字型的預設大小
plt.rcParams["font.size"] = 14
# 使用固定的隨機種子
random_seed = 123
```

程式碼 3-1　共通處理

3.3.1 (1) 載入資料

程式的第 1 個步驟是「(1) 載入資料」。我們之前也說明過，通常訓練時載入的資料為 CSV 格式，除了可以下載 ZIP 檔案來使用之外，也可以利用套件中寫好的函式進行載入。

一開始載入的是 **scikit-learn** 套件（套件名稱為 sklearn），這是機器學習中經常使用的套件，本書也有許多範例會用到。它除了能夠生成模型，還能進行資料預處理與評估等，此外還有個附加功能是可以透過呼叫函式直接取得機器學習中常用的資料集，例如本章使用的「**乳癌診斷資料集**」便是其中之一，只要呼叫 load_breast_cancer 函式即可載入，非常方便。

```
# 載入乳癌資料集

# 匯入套件提供的函式，可直接載入資料集
from sklearn.datasets import load_breast_cancer

# 載入資料
cancer = load_breast_cancer()

# 顯示資料註釋
print(cancer.DESCR)  ←—— 顯示此資料集的描述
```

```
.. _breast_cancer_dataset:
Breast cancer wisconsin (diagnostic) dataset
**Data Set Characteristics:**
   :Number of Instances: 569
   :Number of Attributes: 30 numeric, predictive attributes
and the class
（以下省略）
```

程式碼 3-2　載入乳癌資料集

接下來要將載入的資料轉換成 pandas 套件的表格形式**資料框**。當取得的資料轉換成資料框後，接下來的步驟（2）確認資料與（3）預處理資料，執行起來就方便多了。請見下面的程式碼：

```
# 匯入資料框
columns = [
    '半徑_平均值', '紋理_平均值', '周長_平均值', '面積_平均值',
    '平滑度_平均值', '緊密度_平均值', '凹面_平均值',
    '凹點_平均值', '對稱性_平均值', '分形維度_平均值',
    '半徑_標準誤差', '紋理_標準誤差', '周長_標準誤差',
    '面積_標準誤差', '平滑度_標準誤差',
    '緊密度_標準誤差', '凹面_標準誤差', '凹點_標準誤差',
    '對稱性_標準誤差', '分形維度_標準誤差',
    '半徑_最大值', '紋理_最大值', '周長_最大值', '面積_最大值',
    '平滑度_最大值', '緊密度_最大值', '凹面_最大值', '凹點_最大值',
    '對稱性_最大值', '分形維度_最大值'
```

→ 接下頁

```
]

# 將載入的資料匯入資料框
df = pd.DataFrame(cancer.data, columns=columns)

# 取得標準答案
y = pd.Series(cancer.target)
```

程式碼 3-3　匯入資料框

上面的程式碼是將訓練用的輸入資料 **cancer.data** 轉換成資料框。其中項目名稱列表雖然也可以用 **cancer.feature_names** 取得，但因為以中文表達會比較方便，因此全部替換為中文的項目名稱 **columns**。程式碼雖然乍看之下又長又複雜，但其實大部分都是在定義那 30 個項目的中文名稱。

由於機器學習通常會以 df（即 DataFrame 簡寫）做為資料框的變數名稱，本範例也沿用此慣例。

由於我們需要計算值為 0（惡性）與 1（良性）的個數，因此必須在事前準備中將標準答案 **cancer.target** 定義成 pandas 的 **Series 資料**（可想成是由資料框中提取出的單一欄位資料）。標準答案的變數名稱通常使用 **y**。

3.3.2　(2) 確認資料

「(1) 載入資料」之後的下一個步驟就是「(2) 確認資料」。首先將部分輸入資料（df）與標準答案（y）顯示出來。

```
# 顯示輸入資料

# 顯示輸入資料開頭的第 20 至 24 行
display(df[20:25])
```

→ 接下頁

	半徑_平均值	紋理_平均值	周長_平均值	面積_平均值	平滑度_平均值	緊密度_平均值	凹面_平均值	凹點_平均值	對稱性_平均值
20	13.0800	15.7100	85.6300	520.0000	0.1075	0.1270	0.0457	0.0311	0.1967
21	9.5040	12.4400	60.3400	273.9000	0.1024	0.0649	0.0296	0.0208	0.1815
22	15.3400	14.2600	102.5000	704.4000	0.1073	0.2135	0.2077	0.0976	0.2521
23	21.1600	23.0400	137.2000	1404.0000	0.0943	0.1022	0.1097	0.0863	0.1769
24	16.6500	21.3800	110.0000	904.6000	0.1121	0.1457	0.1525	0.0917	0.1995

程式碼 3-4　顯示輸入資料

雖然資料框的內容也可以使用 print 函式顯示，但以 display 函式顯示會排列得較為整齊。程式中 df[20:25] 的意思是從輸入資料中提取第 20~24 這 5 列資料。

當我們在進行機器學習時，訓練資料會如程式碼 3-4 的輸出結果一樣以表格形式處理。其中由藍線框起的 1 列（即 1 筆）資料，即為產生 1 個預測結果所需的輸入資料。表格資料中最左側的數字 20 到 24 稱為**索引（index）**，各索引會**分別對應到一列資料**。

接下來再將包括所有標準答案的變數 y 的第 20~24 列也顯示出來：

```
# 顯示標準答案

# 顯示標準答案的第 20 到 24 列
print(y[20:25])
```

```
20    1
21    1
22    0
23    0
24    0
dtype: int64
```

程式碼 3-5　顯示標準答案

其索引同樣是 [20:25]。因此程式碼 3-5 中的輸出即為程式碼 3-4 中那 5 列輸入資料的標準答案。其對應關係如下圖所示：

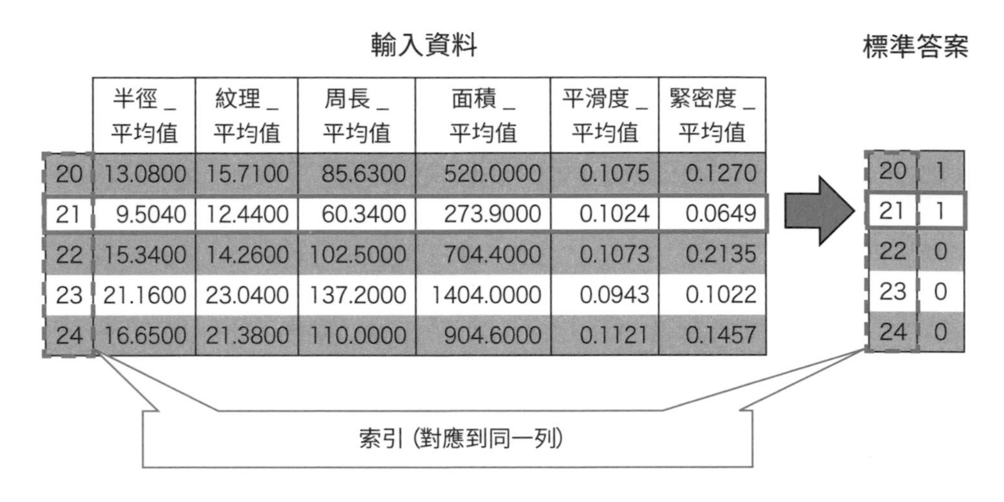

圖 3-7　輸入資料 (df) 與標準答案 (y) 之間的關係

「(2) 確認資料」的第二步是要確認資料的統計資訊。接下來的處理會顯示以下 2 種資訊：

- 顯示資料框 df 的屬性 shape（也就是確認資料的列數與行數）
- 對標準答案 y 呼叫 value_counts 函式的結果（計算答案 1、0 的個數）

前者顯示的是表格資料 df 的列數與行數，後者則是計算各種 y 值（在本例中只有 2 種：1 和 0）的數量：

```
# 確認資料的統計資訊

# 確認輸入資料的列數與行數
print(df.shape)
print()

# 確認標準答案中 1 與 0 的個數
print(y.value_counts())
```

→ 接下頁

```
(569, 30)

1    357
0    212
dtype: int64
```

程式碼 3-6　確認資料的統計資訊

首先得到 shape 的結果（569, 30）可知資料有 569 列 30 行，也就是「有 569 筆資料，每筆有 30 個項目」。

接著由 value_counts 函式的結果可以看出 y 的值有 1（良性 <benign>）與 0（惡性 <malignant>）兩種，且「1」有 357 個，「0」有 212 個，且 357 + 212 = 569，可確定此結果與輸入資料列數相符。

除此之外，我們還可以用繪製**散佈圖**的做法來觀察資料。散佈圖是將 2 維資料（x, y）以平面上的點來呈現。只要查看圖中各點的分布，即可確認資料整體的狀況。接著就來試試這種方法吧！

我們這次想要將標準答案為 1 和 0 的資料分別以不同顏色顯示在散佈圖上。因此必須先將原始輸入資料分割為標準答案為 0 的群組（df0）及標準答案為 1 的群組（df1）。請看以下程式：

```
# 繪製散佈圖的事前準備

# 將資料分割為標準答案 = 0 之群組與標準答案 = 1 之群組
# 提取標準答案= 0 （惡性） 之資料
df0 = df[y==0]

# 提取標準答案= 1 （良性） 之資料
df1 = df[y==1]

display(df0.head())
display(df1.head())
```

→ 接下頁

	半徑_平均值	紋理_平均值	周長_平均值	面積_平均值	平滑度_平均值	緊密度_平均值	凹面_平均值	凹點_平均值
0	17.9900	10.3800	122.8000	1001.0000	0.1184	0.2776	0.3001	0.1471
1	20.5700	17.7700	132.9000	1326.0000	0.0847	0.0786	0.0869	0.0702
2	19.6900	21.2500	130.0000	1203.0000	0.1096	0.1599	0.1974	0.1279
3	11.4200	20.3800	77.5800	386.1000	0.1425	0.2839	0.2414	0.1052
4	20.2900	14.3400	135.1000	1297.0000	0.1003	0.1328	0.1980	0.1043

	半徑_平均值	紋理_平均值	周長_平均	面積_平均值	平滑度_平均值	緊密度_平均值	凹面_平均值	凹點_平均值
19	13.5400	14.3600	87.4600	566.3000	0.0978	0.0813	0.0666	0.0478
20	13.0800	15.7100	85.6300	520.0000	0.1075	0.1270	0.0457	0.0311
21	9.5040	12.4400	60.3400	273.9000	0.1024	0.0649	0.0296	0.0208
37	13.0300	18.4200	82.6100	523.8000	0.0898	0.0377	0.0256	0.0292
46	8.1960	16.8400	51.7100	201.9000	0.0860	0.0594	0.0159	0.0059

程式碼 3-7　繪製散佈圖的事前準備

由於 df 為資料框的變數，因此只需以簡單的程式碼，如 df[y==0]，即可分割資料（可參考講座 2.2）。

在程式碼 3-7 中我們以 df0.head 取代 df0[20:25]，來確認分割後的資料。head 函式只會提取資料框中的前 5 列。資料框的顯示方式也是使用 display 函式。

我們由上面的輸出結果比較 df0、df1 的「半徑_平均值」，似乎 df0 普遍要比 df1 來得大，不過還不是很肯定，我們用散佈圖畫出來看看！下面的程式就是將 df0、df1 用「半徑_平均值」與「紋理_平均值」繪製出資料散佈圖，程式中的註解可以幫助您瞭解各函式在進行什麼處理。

```
# 繪製散佈圖

# 設定圖形大小
plt.figure(figsize=(6,6))

# 將目標變數為 0 的資料繪製於散佈圖
plt.scatter(df0['半徑_平均值'], df0['紋理_平均值'],
    marker='x', c='b', label='惡性')    ←── 顯示藍色叉叉

# 將目標變數為 1 的資料繪製於散佈圖
plt.scatter(df1['半徑_平均值'], df1['紋理_平均值'],
    marker='s', c='k', label='良性')    ←── 顯示黑色方塊

# 顯示網格
plt.grid()

# 顯示標籤
plt.xlabel('半徑_平均值')
plt.ylabel('紋理_平均值')

# 顯示圖例
plt.legend()

# 繪製圖形
plt.show()
```

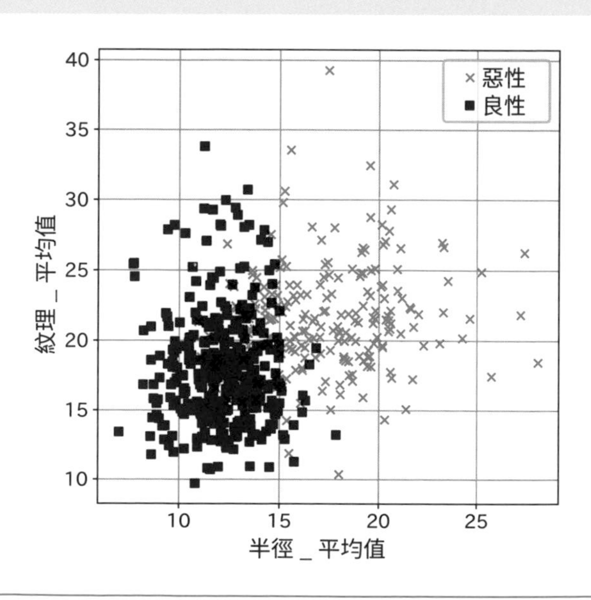

程式碼 3-8　繪製散佈圖

其中，呼叫 scatter 函式將 df0、df1 這兩份資料標示要呈現在散佈圖中的樣式，例如 df0 是標示為 marker='x', c='b' 表示藍色叉叉，而 df1 則標示為 marker='s', c='k' 表示黑色方塊，用視覺化呈現就很容易區分出來。

> **編註：** scatter 函式的 marker 屬性可以指定哪些樣式，可以到這個網址查到：https://matplotlib.org/stable/api/markers_api.html#module-matplotlib.markers

由這個散佈圖可以確認之前觀察程式碼 3-7 執行結果所做的預測：df0（惡性）的「半徑_平均值」明顯有比 df1（良性）要大的傾向。

3.3.3 (3) 預處理資料

在使用真實資料建立模型時，這會是非常耗時費力的步驟，之後在第 5 章的範例中也可看出。但由於本章範例選擇比較容易模型化的資料集，因此資料無需經過預處理，直接輸入模型即可。

不過，範例程式仍然納入此步驟。當然跟真實資料的預處理不同，此處是將輸入的項目簡化成只有「半徑_平均值」、「紋理_平均值」這 2 項，如此就很容易看清楚程式在做甚麼事情：

```
# 將輸入資料縮減至 2 個項目
input_columns = ['半徑_平均值', '紋理_平均值']
x = df[input_columns]
display(x.head())
```

	半徑_平均值	紋理_平均值
0	17.9900	10.3800
1	20.5700	17.7700
2	19.6900	21.2500
3	11.4200	20.3800
4	20.2900	14.3400

程式碼 3-9　將輸入資料的項目減少到只有 2 項

現在我們得到一個只有「半徑 _ 平均值」和「紋理 _ 平均值」2 個項目的資料框。實際上這兩項就是程式碼 3-8 中繪製散佈圖的變數，而且也可以做到一定程度的分類，因此接下來的訓練會繼續使用這個輸入資料。

3.3.4 (4) 分割資料

前面說過資料的分割有 2 種方式：左右分割是分割成輸入變數（輸入資料）與目標變數（標準答案），上下分割則是分割成訓練資料與驗證資料。由於本次使用的資料集在載入資料時即已分割出輸入變數與目標變數，因此就不需要進行左右分割。但訓練資料與驗證資料尚未分割，因此接下來要進行上下分割。

下面的程式碼要用到 scikit-learn 套件中的 train_test_split 函式來分割資料：

```
# 訓練資料與驗證資料的分割
from sklearn.model_selection import train_test_split
x_train, x_test, y_train, y_test = train_test_split(x, y,
    train_size=0.7, test_size=0.3, random_state=random_seed)
```

程式碼 3-10　訓練資料與驗證資料的分割

我們以 train_test_split 函式對資料進行以下處理：

- 將原始資料中的 x 與 y 都分割成訓練資料（train）與驗證資料（test）。
- 將 x 的分割結果指派給 x_train 與 x_test，y 的分割結果指派給 y_train 與 y_test。
- 分割的比例以 2 個參數 train_size 與 test_size 指定。由於本範例要以 7：3 的比例分割出訓練資料與驗證資料，因此 2 個參數值分別指定為 train_size=0.7 與 test_size=0.3。

- 在分割之前，以亂數對原始資料進行洗牌。洗牌時指定隨機種子（seed）的參數名稱為 random_state。筆者為了讓讀者執行範例程式的結果與書上相符，因此特別將 random_state 參數指定為共通處理中定義的常數 random_seed（**編註：** 請回頭察看程式碼 3.1 最後一行，作者將 ramdon_seed 指定為 123，您若指定為其他值則輸出結果就不會與書中相同）。

> **編註：** 本範例資料集的原始資料已是隨機排列 (也就是洗過牌)，但讀者使用自己的資料集時可能同類的資料會連續排列，為了避免在分割這類資料時發生偏差的情形，我們應將洗牌動作列為預設處理。

關於分割結果的 x_train、x_test、y_train 與 y_test 的維度大小，可透過資料框的 shape 屬性來確認，由下面這段程式碼的輸出結果，可看出訓練資料、驗證資料數為 398：171，也就差不多是前面設定的 7：3。

```
# 確認分割結果 (元素數)
print(x_train.shape)
print(x_test.shape)
print(y_train.shape)
print(y_test.shape)
```

```
(398, 2)
(171, 2)
(398,)
(171,)
```

程式碼 3-11　確認資料分割結果 (元素數)

接下來同樣抽出部分內容，確認分割之後的資料。做法與之前相同，先以 head 函式提取資料框中的前 5 列，再以 display 函式將結果呈現出來：

```
# 確認分割結果（資料內容）
display(x_train.head())
display(x_test.head())
display(y_train.head())
display(y_test.head())
```

	半徑_平均值	紋理_平均值
559	11.5100	23.9300
295	13.7700	13.2700
264	17.1900	22.0700
125	13.8500	17.2100
280	19.1600	26.6000

	半徑_平均值	紋理_平均值
333	11.2500	14.7800
273	9.7420	15.6700
201	17.5400	19.3200
178	13.0100	22.2200
85	18.4600	18.5200

```
559    1
295    1
264    0
125    1
280    0
dtype: int64
333    1
273    1
201    0
178    1
85     0
dtype: int64
```

程式碼 3-12　確認分割結果（資料內容）

由於資料在分割時已洗過牌，因此上面最左側的索引數字已非依序排列。

3.3.5 (5) 選擇演算法

接下來是決定模型中要選擇哪個演算法來做訓練。程式碼只有 2 行，第 1 行是匯入邏輯斯迴歸（Logistic Regression）的套件，第 2 行則是初始化演算法，指定 random_state 參數的原因與前面使用 train_test_split 函式時相同，都是要使模型訓練結果與書上內容一致：

```
# 選擇演算法
from sklearn.linear_model import LogisticRegression
algorithm = LogisticRegression(random_state=random_seed)
```

程式碼 3-13　選擇演算法

雖然程式碼很簡單，但讀者可能心中的問題是：「為何本範例要選擇這個演算法呢？」這一點之後會在 4.3 節解釋，現階段您只要知道此處用的是**邏輯斯迴歸演算法**。

> **NOTE** 邏輯斯迴歸的名稱中剛好有「迴歸」二字，可能會讓人誤以為與「迴歸分析」是類似的東西，但其實**邏輯斯迴歸是用於分類的演算法**，與迴歸分析無關。

邏輯斯迴歸與其他機器學習演算法一樣，都有一些初始參數。但本次只是第一個範例，因此為了簡化實作過程，除了之前說明過的 random_state 之外，其他參數皆使用預設值。

3.3.6 (6) 訓練

現在已將訓練資料準備好，也選好訓練機器學習的演算法，接著就要進入訓練模型的步驟。程式碼相當簡單，就是執行演算法的 **fit 函式**。此函式第 1 個參數是輸入資料（x_train），第 2 個參數是對應的標準答案（y_train）：

```
# 訓練
algorithm.fit(x_train, y_train)
print(algorithm)

LogisticRegression(random_state=123)
```

程式碼 3-14 訓練

用 print(algorithm) 會顯示演算法非預設的參數值，我們在程式碼 3-13 中設定 random_state=random_seed，也就是 123。演算法其他預設的參數則不會顯示出來。如果想看到演算法完整的參數與值，可以用 print (algorithm.get_params( )) 函式顯示出來。

3.3.7 (7) 預測

到步驟（6）已經訓練出模型了，然後就要用驗證資料來試試看到底此模型的正確率有多高。預測的程式碼是用 predict 函式，並將驗證資料（x_test，共 171 筆資料）作為 predict 的參數，預測的結果指派給 y_pred（為 Numpy 的 1D 陣列，其中放了 171 個預測值），再用 print 函式顯示出來：

```
# 預測

# 呼叫 predict 函式
y_pred = algorithm.predict(x_test)

# 確認結果
print(y_pred)
```

→ 接下頁

```
[1 1 0 1 0 1 1 1 1 1 1 0 1 1 0 1 1 1 1 1 0 1 1 1 1 0 0 1 0 1 1 ↩
1 1 1 0 1 1
 1 1 0 0 1 1 1 0 1 0 0 0 1 1 0 1 1 1 0 1 0 0 1 0 1 1 1 1 0 1 1 ↩
1 1 1 1 1 1
 0 1 1 0 0 0 1 0 0 1 1 1 0 1 0 1 1 1 1 0 1 1 1 1 1 1 1 1 1 1 1 ↩
1 1 1 1 1 1
 1 1 0 1 0 1 0 1 1 0 1 1 1 0 1 1 1 1 1 0 1 1 1 0 1 1 1 0 0 0 1 ↩
0 1 0 1 1 0
 1 0 1 1 1 1 1 1 0 0 0 1 1 1 1 0 1 1 1 0 0 0 1]
```

程式碼 3-15 預測

3.3.8 (8) 評估

執行到步驟 7，我們已經建出模型，並以該模型取得預測結果了。但建出來的模型是否能實際運用在實務工作當中，取決於預測結果到底準不準確。因此評估的步驟就很重要。

接下來要確認驗證資料的標準答案與預測結果是否一致，因為原始驗證資料有 171 筆，確認起來會很耗時，我們先分別提取標準答案與預測結果的前 10 筆資料（分別令其變數名稱為 y_test10 與 y_pred10），看看這 10 筆資料預測的表現如何：

```
# 比較標準答案與預測結果

# 標準答案 前 10 筆
# 由於 y_test 為 Series，因此利用 values 將其轉換為 Numpy 值
y_test10 = y_test[:10].values
print(y_test10)

# 預測結果 前 10 筆
y_pred10 = y_pred[:10]
print(y_pred10)
```

→ 接下頁

```
[1 1 0 1 0 1 1 0 1 1]  ←── 正確答案
[1 1 0 1 0 1 1 1 1 1]  ←── 預測結果
```

程式碼 3-16　比較標準答案與預測結果

由上面的輸出發現在 10 組中有 9 組的預測結果與標準答案一致，只有被藍線框起來的這 1 組不同。由於現在只有 10 組做比對，用眼睛可以直觀看出來，但如果是把全部的驗證資料做比對就要用程式來處理。以下程式碼可計算預測結果答對的次數：

```
# 計算正確答案的數量

# 標準答案 = 預測結果
w1 = (y_test10 == y_pred10)  ←── 10 組比對結果指派給變數 w1
print(w1)

# 標準答案的數量
w2 = w1.sum()
print(w2)
```

```
[ True  True  True  True  True  True  True  False  True  True]
9
```

程式碼 3-17　計算答對有幾次

首先將 y_test10 及 y_pred10 的 10 個比較結果指派給 Numpy 陣列變數 w1，裡面的 10 個元素值為 True 或 False。False 出現在第 8 個位置與程式碼 3-16 中藍線框起的位置相同。

然後用 sum 函式將變數 w1 中 10 個元素在數值化之後的值（True = 1、False = 0）加總指派給變數 w2，答案為 9，即可知 10 個中有 9 個是 True。整個過程整理成下圖：

標準答案	y_test10	[1 1 0 1 0 1 1 0 1 1]
預測結果	y_pred10	[1 1 0 1 0 1 1 1 1 1]
w1 ←	y_test10 == y_pred10	[True True True True True True True False True True]
自動轉換	(w1)	[1 1 1 1 1 1 1 0 1 1]
加總後	w1.sum()	9

圖 3-8 計算正確答案數量的機制

由上述測試結果可以推測，只要使用一樣的做法，就能計算出整個驗證資料中 171 筆資料的正確答案數量，就可以計算出正確率。我們用下面這段程式碼來實作：

```
# 計算正確率

# 計算正確答案的數量
w = (y_test.values == y_pred) ←── 將 171 筆比對結果指派給 Numpy
correct = w.sum()                  陣列 w 算出正確的有幾筆

# 計算驗證資料的總數
N = len(w)                    ←── 此例是 171

# 正確率 = ( 正確答案數量 ) / ( 驗證資料總數 )
score = correct / N

# 顯示結果
print(f'正確率：{score:.04f}') ←── score 的值到 4 位小數
```

```
正確率：0.8772
```

程式碼 3-18 計算正確率

由上面（正確答案的數量）/（驗證資料的總數）算出的 score 為 0.8772，也就表示正確率是 87.72%。

以上計算正確率的作法是幫助讀者瞭解如何計算出來，真正在寫程式時可以不用如此麻煩，可利用非常方便的 score 函式直接算出正確率，大幅簡化程式的寫法：

```
# 使用 score 函式

# 其實只要使用 score 函式便能輕鬆計算出正確率
score = algorithm.score(x_test, y_test) ◄── 代入驗證資料與答案
print(f'score: {score:.04f}')

0.8772
```

程式碼 3-19　使用 score 函式

我們可以看出，只要將驗證資料（x_test）與標準答案（y_test）代入演算法的 score 函式，即可計算出模型的正確率。

以圖形顯示最佳決策邊界

其實分類模型就是要將所有輸入的點（在散佈圖上），找出一條可明顯區分不同群組的基準線，這條線稱為**最佳決策邊界**。有些模型的最佳決策邊界形狀較為複雜，但本範例使用的「邏輯斯迴歸」模型的最佳決策邊界是一條直線。下圖是將本次建立之模型的最佳決策邊界，重疊至原始訓練資料的散佈圖上。

> **NOTE** 此條決策邊界線的畫法，請參考隨附程式碼的詳細說明，就不在書上重複了。

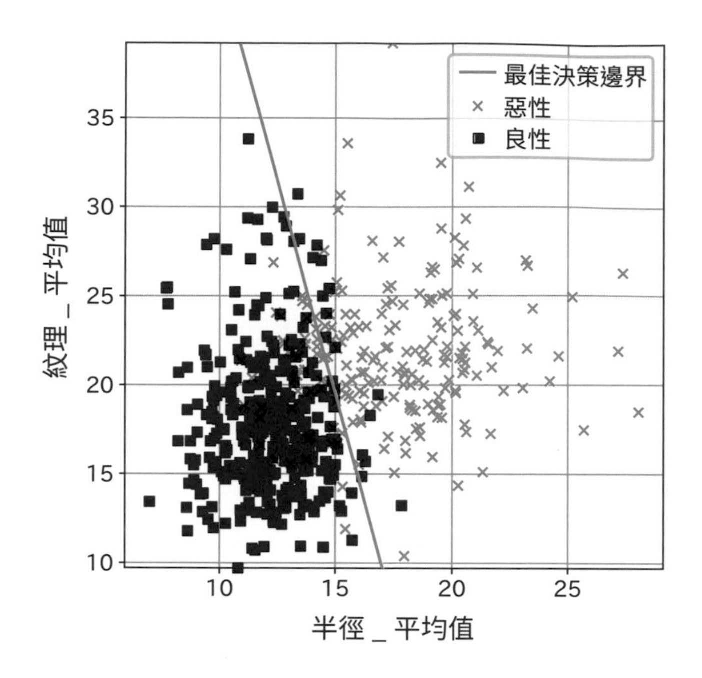

圖 3-9　繪製散佈圖與最佳決策邊界

如上圖所示，在惡性與良性交界處的那條藍色直線，能夠最大程度將兩者區隔開（當然還是有少部分無法完全區隔），這條線就是最佳決策邊界。繪製成圖形後，我們便能視覺化確認此模型確實是有效的模型。

3.3.9 (9) 調整

在實際執行 AI 專案時，我們只要取得步驟 8 算出來的模型正確率，就會與實務專家討論這個模型的正確率是否已經足夠滿足工作的需要。

不過，通常一開始建出來的模型不會那麼完美地達到夠高的正確率，所以還需要設法提高，這就是模型建構的最後一個步驟「調整」要做的事。此步驟需要靠經驗豐富的資料科學家發揮所長，一般人並沒有那麼容易做到。不過，這個範例剛好有個簡單的方法可以提高正確率，因此我們就來試試這種方法。

本章到目前為止建立的模型都只使用到原始資料中的「半徑_平均值」與「紋理_平均值」這 2 個項目，並未使用到全部的 30 個項目。如果將全部項目都用上，正確率或許有可能提高。下面的實作與之前的差別只在於輸入資料的項目數，之前是將輸入資料縮減至只有 2 個項目，現在我們要使用公開資料集中全部的 30 個項目進行實作。

> **NOTE** 輸入資料包含更多的項目，其實不見得能更好地提高正確率，甚至有可能降低，會因案例而異，因此需要實務專家的參與。本範例用上全部的 30 個項目，可以將正確率從 87.72% 提高到 96.49%。

```
# 提高模型正確率

# 利用含有 30 個項目的原始輸入資料重新建立訓練資料與驗證資料
x2_train, x2_test, y_train, y_test = train_test_split(df, y,
    train_size=0.7, test_size=0.3, random_state=random_seed)

# 重新建立邏輯斯迴歸模型的實例
algorithm2 = LogisticRegression(random_state=random_seed)

# 利用訓練資料進行訓練
algorithm2.fit(x2_train, y_train)

# 利用驗證資料確認正確率
score2 = algorithm2.score(x2_test, y_test)
print(f'score: {score2:.04f}')
```

```
score: 0.9649
```

程式碼 3-20　提高模型正確率

模型的正確率可以達到 96.49%，看起來相當不錯！

以上，就是我們利用 Python 建立出來的第一個機器學習模型！雖然要理解每一行程式碼的含意不是件容易的事，但要掌握整個流程應該不難。雖然整個開發流程總共包括 9 個步驟，但其中這 5 個步驟特別重要，在第 4 章會深入探討：

(2) 確認資料

(3) 預處理資料

(5) 選擇演算法

(8) 評估

(9) 調整

專 欄　關於公開資料集

機器學習的範例需要用到訓練資料，然而許多資料有其著作權或資訊保密等問題，因此在學習過程中很難取得真實的資料。因此能滿足「真實資料」與「無權利問題」這 2 個條件的資料非常稀少。而公開資料集就是兼具這兩者的資料，因此經常被用於機器學習模型的範例中。本書使用的訓練資料，大部分也都來自於公開資料集。

UCI 資料集是其中較為知名的一個公開資料集集中地，本書範例使用的資料集全都來自 UCI 資料集。下表列出本書使用到的公開資料集名稱：

章 - 節	資料集名稱	資料集名稱 (英文)
第 3 章	乳癌診斷	Breast Cancer Wisconsin (Diagnostic)
5-1	銀行行銷	Bank Marketing
5-2	共享單車	Bike Sharing Dataset
5-3	共享單車	Bike Sharing Dataset
5-4	線上零售	Online Retail
5-5	量販店客戶	Wholesale customers

表 3-1　本書範例使用的公開資料集

第 4 章

開發流程的深入探討

4.1 確認資料

4.2 預處理資料

4.3 選擇演算法

4.4 評估

4.5 調整

第 4 章 開發流程的深入探討

本章要繼續深入探討開發機器學習模型整個流程中的幾個重要步驟，在下圖中用深色底標示：

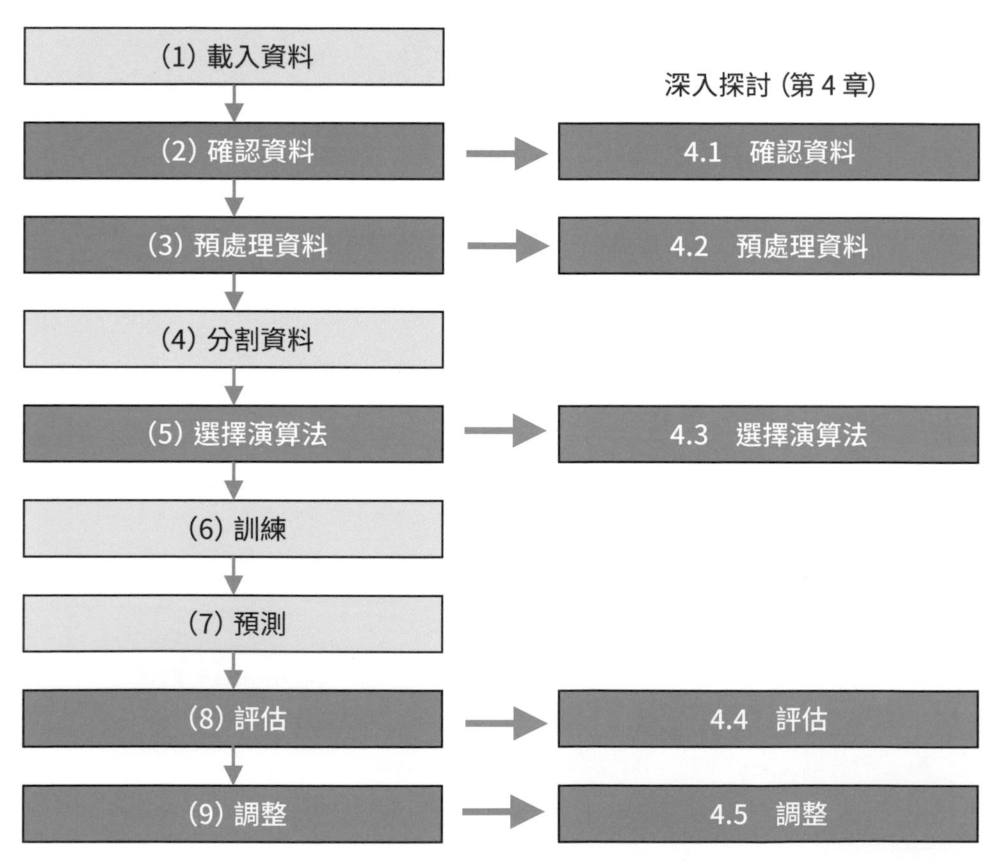

圖 4-1 開發步驟與本章各節之間的關係

本章的內容要深入開發流程重要步驟的細節，希望各位在閱讀前先做好心理準備。如果感覺稍難，也可以直接跳到第 5 章的實作，之後遇到不理解之處再回過頭來研讀。

4.1 確認資料

建立模型的第一步就是確認資料。想要建出高正確率的模型，就必須以正確的方式確認訓練資料的狀態。

確認方式大致可分為以下 2 種：

1. 利用資料框（Dataframe）的功能，**以數值或統計方式進行分析**。
   檢查有無缺失值、計算欄位值的數量，以及確認平均值與標準差等統計量。
2. 利用 matplotlib 與 seaborn 的繪圖功能，**以視覺化進行分析與確認**。
   繪製各欄位的直方圖或瞭解 2 個欄位關係的散佈圖等。

範例檔：ch04_01_data_process.ipynb

4.1.1 以數值或統計方式進行分析

首先就來看看第 1 種以數值或統計方式進行分析該怎麼做。

鐵達尼號資料集

在開始分析資料之前，我們要先有分析的對象，本小節使用的是「鐵達尼號資料集」，裡面是鐵達尼號郵輪的乘客名單，包括乘客的基本欄位之外，也有各乘客於郵輪沉沒後是否生還等等欄位。

選擇此資料集的原因如下：

- 資料的欄位數量不會過多
- 含有缺失值（因此必須確認缺失值有哪些，並於之後處理）
- 混合了數值欄位與字串欄位，正好適合用來嘗試各種統計處理

「鐵達尼號資料集」包含的欄位名稱與各自代表的意義如下：

生還（survival）：（0 = 死亡、1 = 生還）

艙等（pclass）：（1 = 一等艙、2 = 二等艙、3 = 三等艙）

性別（sex）：（male = 男性、female = 女性）

年齡（age）

手足與配偶數（sibsp）：同乘的兄弟姊妹與配偶數

父母與子女數（parch）：同乘的父母與子女數

票價（fare）

乘船港代碼（embarked）：（C=Cherbourg、Q=Queenstown、S=Southampton）

艙等名（class）：（First = 一等艙、Second = 二等艙、Third = 三等艙）

男女兒童（who）：（man = 男性、woman = 女性、child = 兒童）

成人男子（adult_male）：True / False

甲板（deck）：房艙號碼首字母（A 到 G）

乘船港（embark_town）：Southampton / Cherbourg / Queenstown

生還與否（alive）：yes / no

單身（alone）：True / False

載入資料

在 Python 程式中載入「鐵達尼號資料集」只需利用 seaborn 套件的 load_dataset("titanic") 函式即可輕鬆完成。為了方便讀者理解，欄位名稱在載入資料時會全部替換成中文。各位不妨對照 display 函式的輸出結果與資料欄位的列表，思考看看各列資料代表哪一種乘客：

```
# 匯入 (import) seaborn 套件
import seaborn as sns

# 載入範例資料
df_titanic = sns.load_dataset("titanic")

# 欄位名稱中文化
columns_t = ['生還', '艙等', '性別', '年齡', '手足與配偶數',
    '父母與子女數', '票價', '乘船港代碼', '艙等名',
    '男女兒童', '成人男子', '甲板', '乘船港', '生還與否',
    '單身']
df_titanic.columns = columns_t  ← 將資料集的欄位換成中文

# 資料內容
display(df_titanic.head())
```

	生還	艙等	性別	年齡	手足與配偶數	父母與子女數	票價	乘船港代碼	艙等名	男女兒童
0	0	3	male	22.0000	1	0	7.2500	S	Third	man
1	1	1	female	38.0000	1	0	71.2833	C	First	woman
2	1	3	female	26.0000	0	0	7.9250	S	Third	woman
3	1	1	female	35.0000	1	0	53.1000	S	First	woman
4	0	3	male	35.0000	0	0	8.0500	S	Third	man

程式碼 4-1-1　載入資料集

現在資料集準備完成，接下來要開始瞭解資料的狀況了。

確認資料缺失值

確認資料時的第一個重要任務就是確認有無缺失值。理想情況下的訓練資料應該所有的欄位都有值，但是在現實世界中的資料並非如此（例如問卷調查經常有些欄位未填）。在建立機器學習模型時，缺失值的存在會是正確率不佳的主要原因，因此確認資料中有多少缺失值是相當重要的工作。

我們可以利用資料框的 isnull 函式檢查表格中的每一個值是否為 null（空的），若缺值為 True=1，有值為 False=0。再以 sum 函式將每個欄位中有多少個 True 加總，如此就知道各欄位有幾個缺失值。

```
print(df_titanic.isnull().sum())
```

```
生還 0
艙等 0
性別 0
年齡 177
手足與配偶數 0
父母與子女數 0
票價 0
乘船港代碼 2
艙等名 0
男女兒童 0
成人男子 0
甲板 688
乘船港 2
生還與否 0
單身 0
dtype: int64
```

程式碼 4-1-2　確認各欄位的缺失值數量

由結果可看出在這份資料中：

- 年齡、乘船港代碼、甲板及乘船港等 4 個欄位皆有缺失值，其它欄位則無。
- 缺失值的數量各有不同。

之後在 4.2 節會根據此結果，對缺失值進行資料加工。

計算欄位值的數量

若欄位內的值並非數值，而是固定的一組文字（例如「生還與否」欄位的值只有 yes 或 no 這兩種），則每種值各有幾個也要列入確認資料的步驟中。我們用 pandas 套件可以鎖定特定欄位，用 value_counts 函式達成此目的。

在此先以 2 個欄位進行測試，分別是代表乘客登船港口的「乘船港」與代表乘客是否獲救的「生還與否」的數量：

```
#「乘船港」欄位中各欄位值之個數
print(df_titanic[' 乘船港 '].value_counts())value_counts())
print()

#「生還與否」欄位中各欄位值之個數
print(df_titanic[' 生還與否 '].value_counts())value_counts())

Southampton    644
Cherbourg      168
Queenstown      77
Name: 乘船港 , dtype: int64

no     549
yes    342
Name: 生還與否 , dtype: int64
```

程式碼 4-1-3　計算各欄位值之個數

由輸出可看出乘客由各乘船港登船的人數，以及乘客中有 549 名未生還、342 名生還。

確認統計資訊

接下來說明的是統計資訊的確認。資料框中數值資料欄位的各種統計資訊，例如平均值、變異數、個數、最大值及最小值等，都可以利用 describe 函式做確認：

```
display(df_titanic.describe())
```

	生還	艙等	年齡	手足與配偶數	父母與子女數	票價
count	891.0000	891.0000	714.0000	891.0000	891.0000	891.0000
mean	0.3838	2.3086	29.6991	0.5230	0.3816	32.2042
std	0.4866	0.8361	14.5265	1.1027	0.8061	49.6934
min	0.0000	1.0000	0.4200	0.0000	0.0000	0.0000
25%	0.0000	2.0000	20.1250	0.0000	0.0000	7.9104
50%	0.0000	3.0000	28.0000	0.0000	0.0000	14.4542
75%	1.0000	3.0000	38.0000	1.0000	0.0000	31.0000
max	1.0000	3.0000	80.0000	8.0000	6.0000	512.3292

程式碼 4-1-4　確認統計資訊

describe 函式只能處理數值的欄位，因此這一段程式碼的輸出要比原本欄位少。輸出的結果都是統計值，其意義如下：

count：資料筆數

mean：平均值

std：標準差

min：最小值

25%：第 25 百分位數

50%：第 50 百分位數

75%：第 75 百分位數

max：最大值

> NOTE 若將 describe 函式指定參數 include='all'，則其它欄位也會顯示出來。輸出會再增加幾個統計值，例如 unique 統計值會算出「性別」欄位有 2 種值，「艙等名」欄位有 3 種值等等。

統計值中的「百分位數」可能是讀者覺得比較陌生的詞。舉例來說，第 50 百分位數就是將一群人的年齡由小到大依序排列，剛好位於正中央那一位的年齡；第 25 百分位數就是從前面數來位於 1/4 處那一位的年齡；第 75 百分位數則是從前面數來 3/4 處那一位的年齡。

因此，我們也可以說：

min（最小值）= 第 0 百分位數

max（最大值）= 第 100 百分位數

這幾個值都是統計常用的指標。下圖將範例中的「年齡」用長條圖來呈現，在第 4 章會進一步說明：

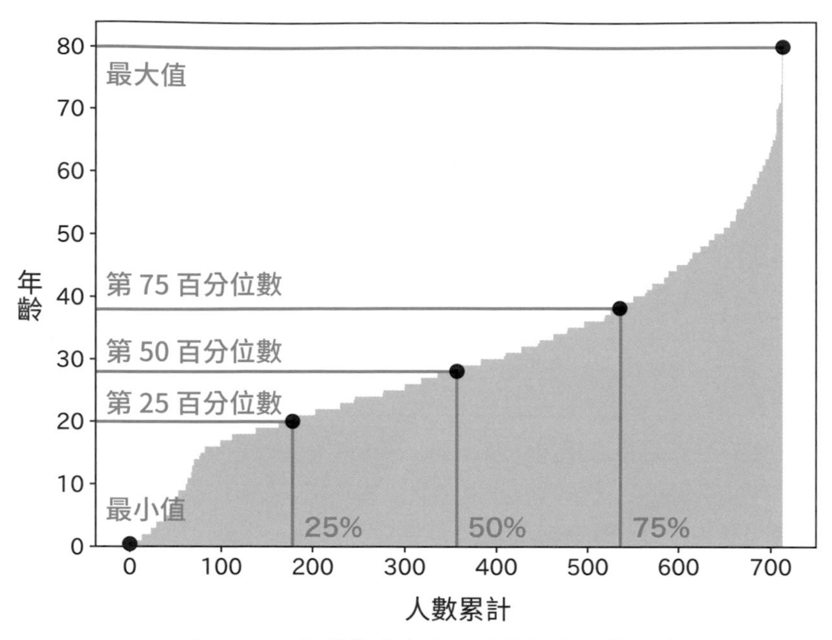

圖 4-1-2　年齡的分布與百分位數之間的關係

第 25 百分位數與第 75 百分位數之間包含的資料量為整體分析對象的一半，了解資料的主要範圍也是百分位數的用途，後面圖 4-1-4 繪製「盒鬚圖」(Box plot) 就是依此而來。

聚合函式的使用方法

本小節最後要介紹的是利用聚合函式確認資料。以「鐵達尼號資料集」為例，假設我們想要計算男性與女性的平均年齡，可以使用資料框的 groupby 函式，只需要 1 行程式碼即可完成，也就是先用 groupby 函式將「性別」欄位分成 male 與 female 兩組，然後計算這兩組在各欄位的平均值：

```
display(df_titanic.groupby('性別').mean())
```

性別	生還	艙等	年齡	手足與配偶數	父母與子女數	票價	成人男子	單身
female	0.7420	2.1592	27.9157	0.6943	0.6497	44.4798	0.0000	0.4013
male	0.1889	2.3899	30.7266	0.4298	0.2357	25.5239	0.9307	0.7123

程式碼 4-1-5　使用聚合函式計算依「性別」分組的平均值

我們由輸出的「年齡」欄位可看出，鐵達尼號的女性乘客平均年齡約為 27.9 歲，男性約為 30.7 歲。此外，由「生還」欄位也可以看出女性的「生還」平均值較大，表示當初救援時應該是以女性為優先。其實只要像這樣靈活運用資料框的聚合函數，要在 Python 中做到如同 Excel 樞鈕分析表的功能也很容易。

NOTE groupby 函式的聚合函式除了 mean (平均值) 之外，還有 min (最小值)、max (最大值) 及 sum (合計) 等。

繪製數值欄位的圖形

資料框除了擁有各種資料分析功能之外，還可以將分析結果繪製成圖形。下面是將「鐵達尼號資料集」中的數值欄位繪製成直方圖（Histogram），方法就是呼叫 hist 函式。但呼叫之前必須先指定資料框中的數值欄位，也就是「生還」、「艙等」、「年齡」、「手足與配偶數」、「父母與子女數」、「票價」這幾個欄位：

```
# 將要分析的欄位繪製成圖形（數值欄位）

# 定義數值欄位
columns_n = ['生還', '艙等', '年齡', '手足與配偶數',
             '父母與子女數', '票價']

# 調整圖形的繪製區域
plt.rcParams['figure.figsize'] = (10, 10) ←── 將畫布設為
                                               10inch x 10inch

# 將資料框的數值欄位繪製成直方圖
df_titanic[columns_n].hist() ←── 將 6 個欄位的直方圖都放進畫布中
plt.show()
```

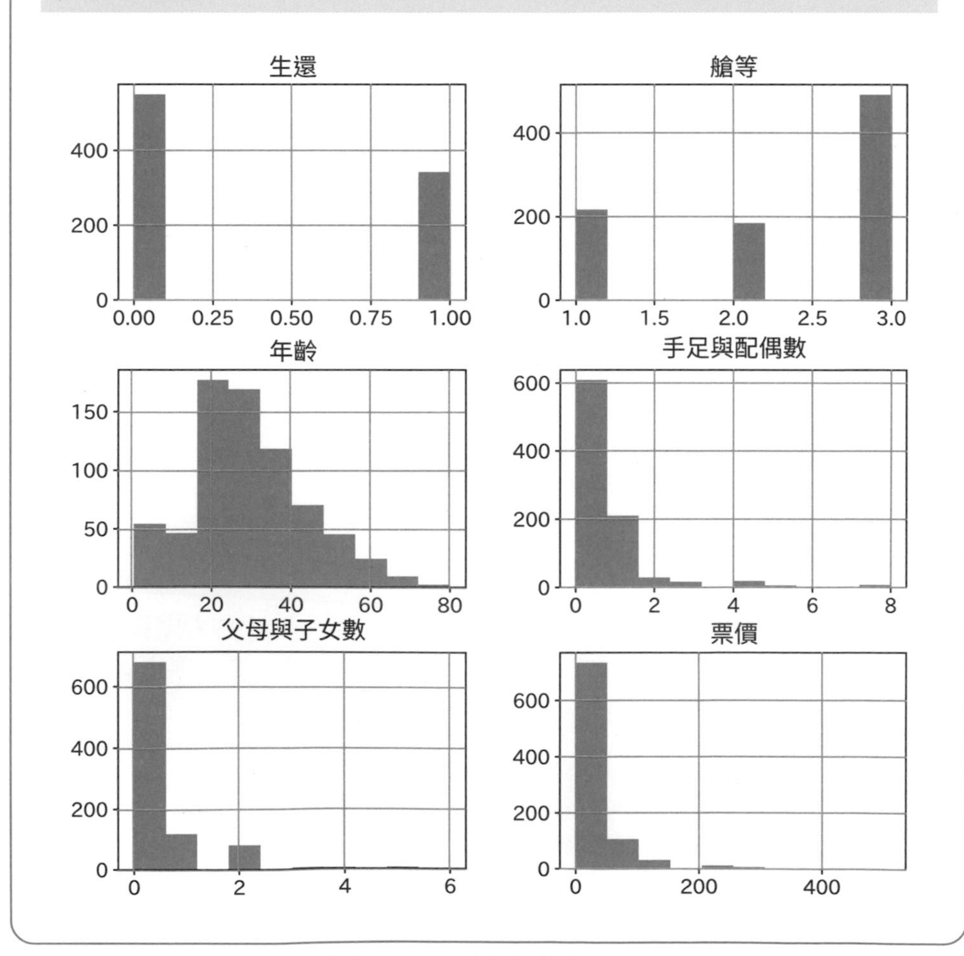

程式碼 4-1-6　繪製數值欄位的圖形

由輸出的 6 張直方圖可以看出乘客的「年齡」主要約在 18~50 歲，而「生還」則只有 0（未生還）與 1（生還），透過視覺化的圖表即可一目瞭然。

> **編註：** 程式中設定的畫布大小為 (10, 10)，單位是英吋。第一個 10 是畫布的寬度，第二個 10 是高度，這並不是說你用尺去量螢幕上的圖就剛好是 10 英吋，因為還牽涉到畫布的解析度。畫布預設解析度是 72 dpi，因此實際上畫布的大小是 (10×72, 10×72) 像素。設定畫布解析度的作法請參考講座 2.3 程式碼 L2-3-3 的說明。

繪製非數值欄位的圖形

「鐵達尼號資料集」中有幾個欄位的值並不是數值而是文字，這些欄位的圖形又該如何繪製呢？這次我們就不用 hist 函式，而是用迴圈（loop）一個圖一個圖依序安排在畫布上。實作時是先以 value_counts 函式計算各欄位值的個數，再呼叫 plot 函式將計算結果依序放入畫布：

```
# 將要分析的欄位繪製成圖形（非數值欄位）
# 定義要繪製成圖形的欄位
columns_c = ['性別', '乘船港', '艙等名', '成人男子']

# 調整圖形的繪製區域
plt.rcParams['figure.figsize'] = (8, 8)

# 利用迴圈來繪製長條圖
for i, name in enumerate(columns_c):    將畫布分成 2 列 2 行，
    ax = plt.subplot(2, 2, i+1)  ←——   位置由 i+1 決定。說明
                                        詳見講座 2.3。

    df_titanic[name].value_counts().plot(kind='bar',
        title=name, ax=ax)

# 調整版面
plt.tight_layout()  ←—— 自動調整各子圖的位置，避免重疊或顯示不完全
plt.show()
```

→ 接下頁

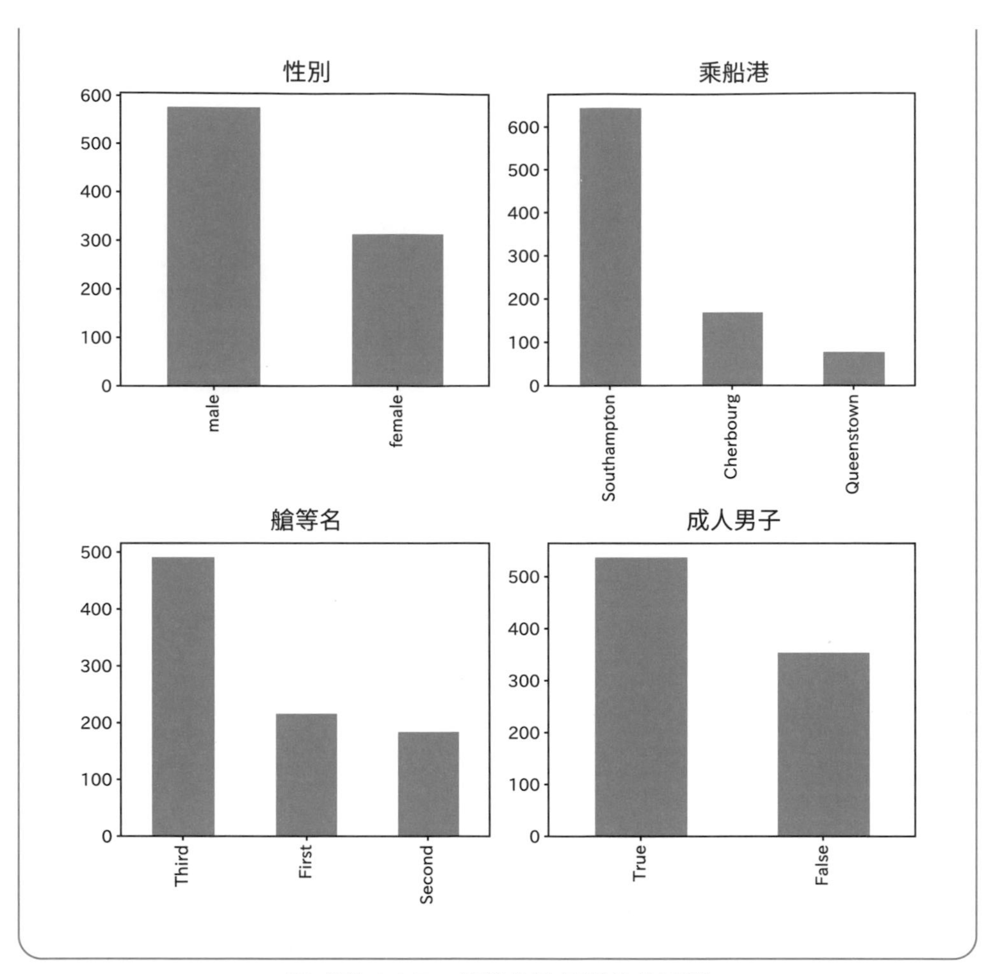

程式碼 4-1-7　繪製非數值欄位的圖形

如此一來，我們就能夠很直覺地看出非數值欄位的資訊。

4.1.2 視覺化的分析與確認方法

在 4.1.1 節介紹的資料確認方法，是利用資料框的函式來對表格資料做統計處理。本小節則要利用 matplotlib 與 seaborn 的套件繪圖功能，以視覺方式進行分析與確認。

鳶尾花資料集

此處使用的範例是「鳶尾花資料集」，裡面針對 3 個品種的鳶尾花，分別測量「萼片」(sepal) 與「花瓣」(petal) 長度與寬度的結果，包含的欄位為：

萼片長度 (sepal_length)

萼片寬度 (sepal_width)

花瓣長度 (petal_length)

花瓣寬度 (petal_width)

品種 (species)：versicolor / setosa / virginica

品種包括 versicolor、setosa 與 virginica 等 3 種。萼片則是位於花瓣底部如葉子般的構造，具有支撐花瓣的作用 (見下圖)。鳶尾花萼片通常與花瓣同為紫色，但是比花瓣大。

照片引用自：Eric Hunt / https://commons.wikimedia.org/wiki/File:Iris_virginica_2.jpg / 額外加入文字說明 / CC-BY-SA-4.0

圖 4-1-3　鳶尾花的萼片與花瓣 (照片中的品種：virginica)

使用此資料集的原因如下：

- 輸入資料的欄位只有 4 個，非常單純。
- 所有輸入資料的欄位均為數值欄位。
- 所有輸入資料的欄位皆為花卉元素的長寬，較容易想像欄位之間的相關性。
- 此為經常用於機器學習的範例，讀者的熟悉度較高。

載入資料

首先是在事前準備的階段載入「鳶尾花資料集」，可以利用 seaborn 套件提供的 load_dataset("iris") 函式很方便就能載入程式中，而且本範例也將各欄位的名稱替換為中文：

```
# 匯入 seaborn 套件
import seaborn as sns

# 載入範例資料集
df_iris = sns.load_dataset("iris")

# 欄位名稱中文化
columns_i = ['萼片長度', '萼片寬度', '花瓣長度', '花瓣寬度', '品種']
df_iris.columns = columns_i

# 察看資料內容
display(df_iris.head())
```

	萼片長度	萼片寬度	花瓣長度	花瓣寬度	品種
0	5.1000	3.5000	1.4000	0.2000	setosa
1	4.9000	3.0000	1.4000	0.2000	setosa
2	4.7000	3.2000	1.3000	0.2000	setosa
3	4.6000	3.1000	1.5000	0.2000	setosa
4	5.0000	3.6000	1.4000	0.2000	setosa

程式碼 4-1-8　載入「鳶尾花資料集」

現在資料準備完成，可以來繪製各種圖形了！第 1 個要繪製的是散佈圖。我們來看看該如何使用 matplotlib 與 seaborn 這 2 個繪圖套件吧！

利用 matplotlib 繪製散佈圖

matplotlib 是 Python 中最標準的繪圖工具，可以利用 scatter 函式來繪製散佈圖。以下是用「萼片寬度」與「花瓣長度」兩個欄位來繪製：

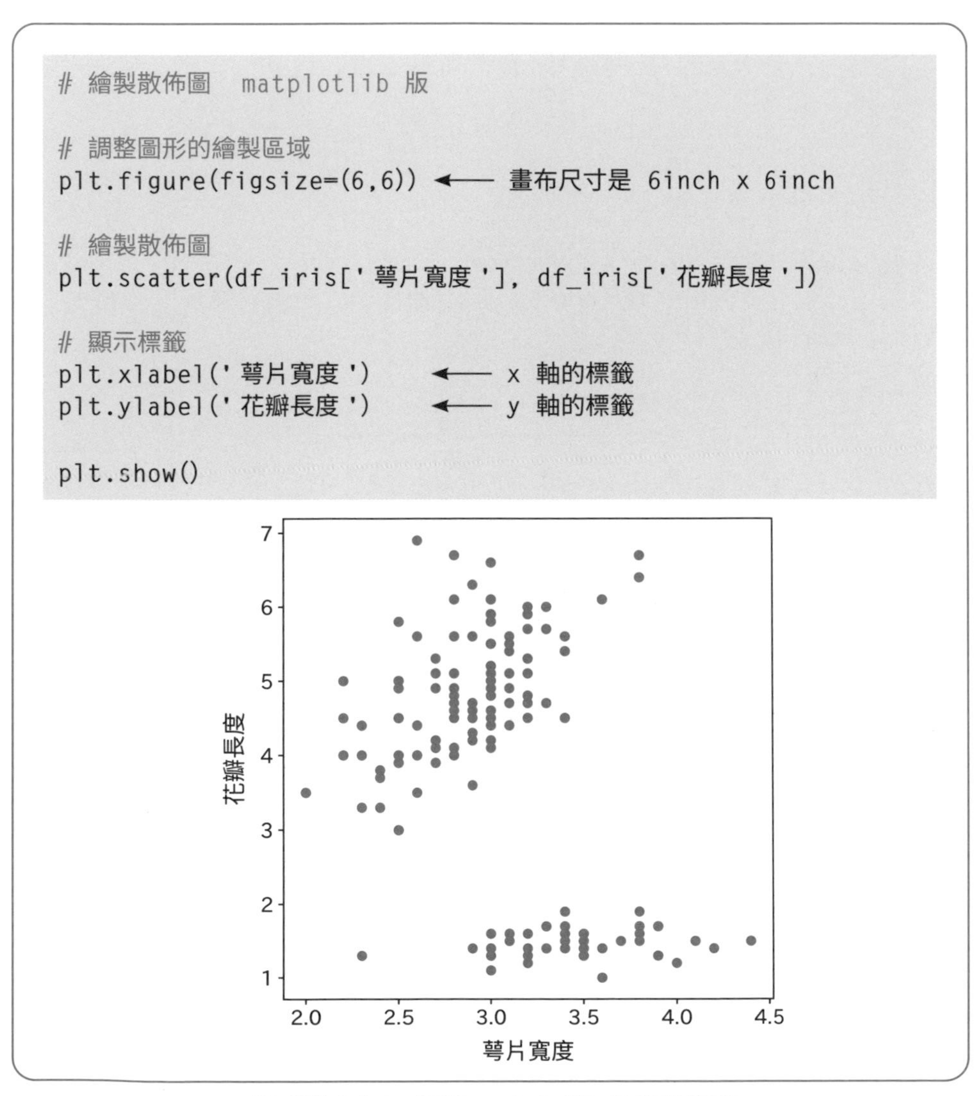

```
# 繪製散佈圖  matplotlib 版

# 調整圖形的繪製區域
plt.figure(figsize=(6,6))  ← 畫布尺寸是 6inch x 6inch

# 繪製散佈圖
plt.scatter(df_iris['萼片寬度'], df_iris['花瓣長度'])

# 顯示標籤
plt.xlabel('萼片寬度')      ← x 軸的標籤
plt.ylabel('花瓣長度')      ← y 軸的標籤

plt.show()
```


程式碼 4-1-9　利用 matplotlib 繪製散佈圖

我們將資料中的 2 個數值欄位分別當作 x 與 y 軸的值（也就是只有 2 個維度），每一筆資料都是平面圖上的一個點，就可看出資料的散佈狀況，由此散佈圖可直接看出資料分為 2 群。

利用 seaborn 繪製散佈圖

seaborn 是將 matplotlib 的函式套餐化之後的套件，比如說原本要用 matplotlib 的幾個函式才能畫出來的圖，用 seaborn 只要一個函式就可完成，讓寫程式變得更容易。我們來看看利用 seaborn 如何畫散佈圖吧！

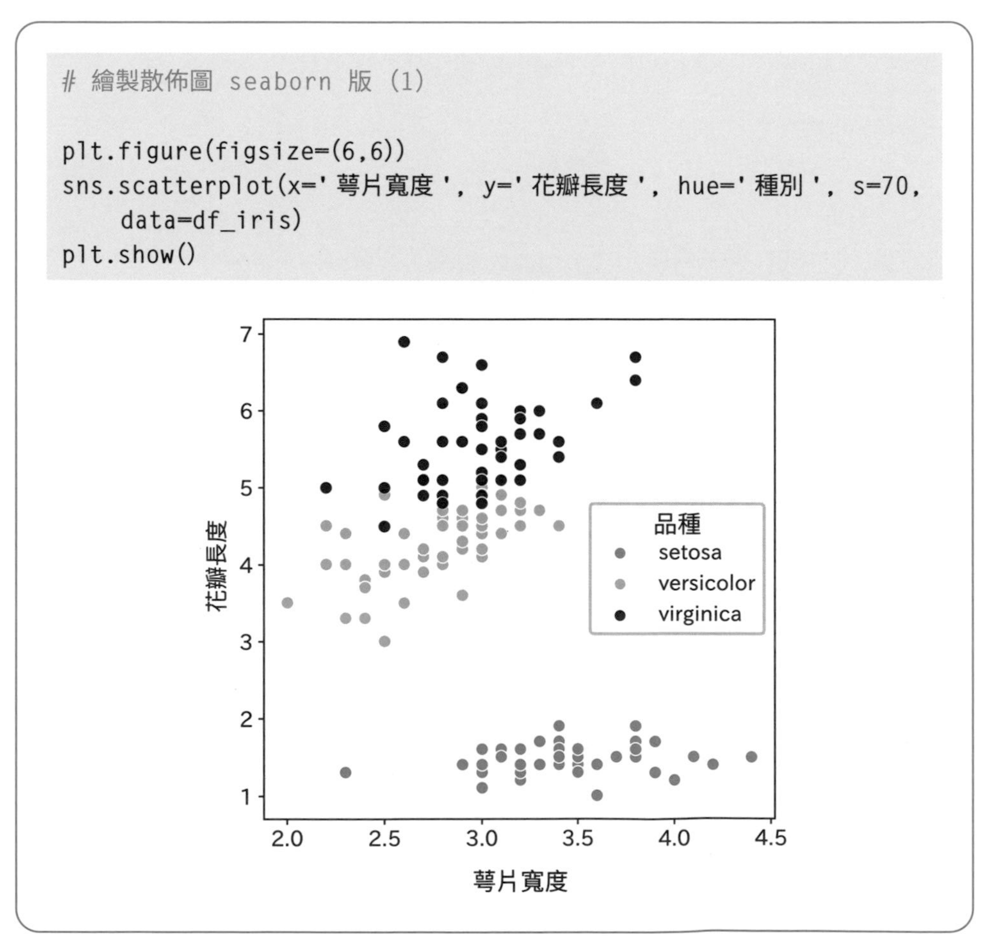

```
# 繪製散佈圖 seaborn 版 (1)

plt.figure(figsize=(6,6))
sns.scatterplot(x='萼片寬度', y='花瓣長度', hue='種別', s=70,
    data=df_iris)
plt.show()
```


程式碼 4-1-10　用 seaborn 的 scatterplot 函式繪製散佈圖

Scatterplot 函式與 matplotlib 的 scatter 函式最大的差別，在於它能藉由指定 hue 參數，以不同顏色為不同群組上色。像本例以 3 種不同顏色（請實際執行範例程式）上色，就能一眼看出這 2 個群組是由 3 個不同品種的鳶尾花所組成。當然 matplotlib 也能做得到（請回顧第 3 章的程式碼 3-8），只是相較之下用 seaborn 更簡單。

利用 pairplot 函式繪製散佈圖

seaborn 中還有一個 pairplot 函式，可以一次畫出所有可能的散佈圖，以下就來試試此函式的驚人效果：

```
# 同時繪製所有散佈圖

sns.pairplot(df_iris, hue=" 品種 ")
plt.show()
```

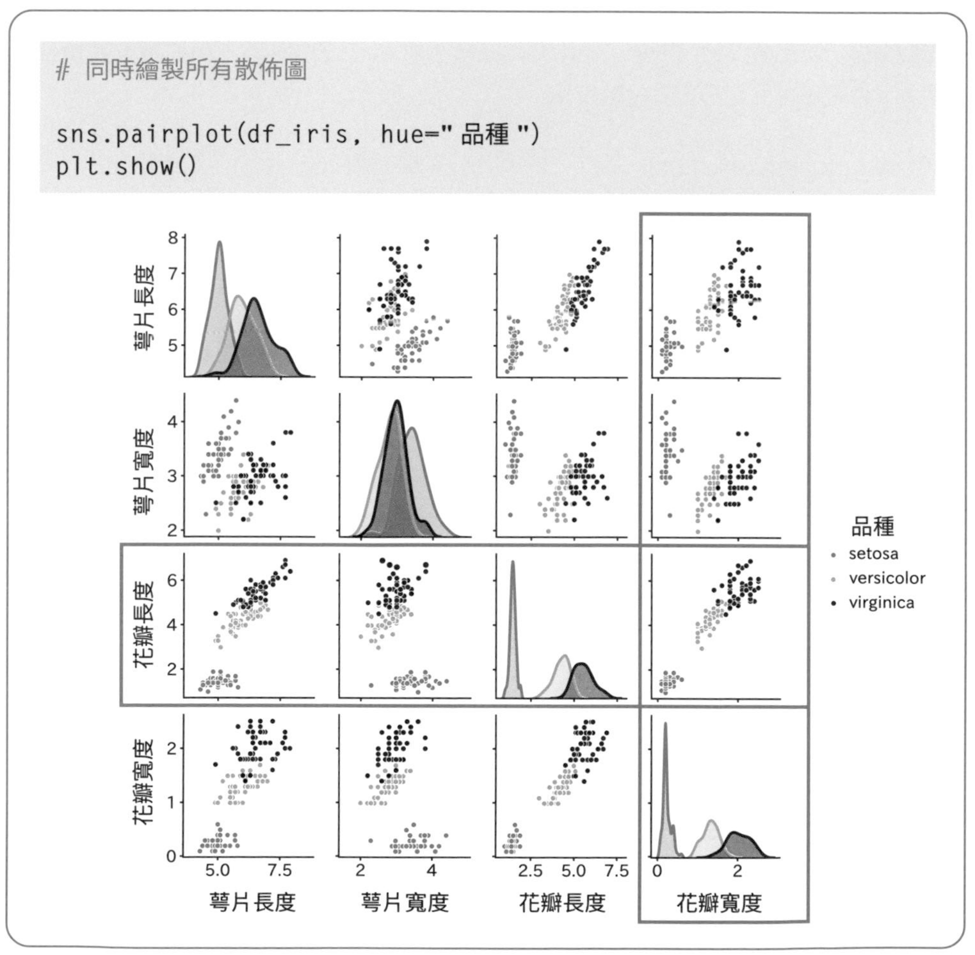

程式碼 4-1-11　利用 pairplot 函式繪製散佈圖

由輸出可看到 pairplot 函式一次就畫了 16 張圖，這是因為 pairplot 函式在接收到 3 維或以上的資料時，會將所有變數兩兩之間的關係都繪製成散佈圖（本例有 4 個欄位，因此有 4×4 張圖）。圖中由左上角至右下角對角線上皆為 2 個變數相同，也就是實際上只有 1 個變數的情形，此時函式會將各變數依數量（y 軸）畫出資料分布圖。

假如我們的目的是要知道在目前分析的 4 個欄位中，哪 2 個欄位能夠達到最好的分組效果，則由 pairplot 函式的執行結果可以看出，使用「花瓣長度」與「花瓣寬度」的效果應該會最好。

編註： 如果已經很肯定要用哪兩個欄位畫散佈圖，就不需要一次畫那麼多張圖。可以利用 pairplot 函式中的 x_vars、y_vars 參數指定欄位名稱，例如指定花瓣長度為 x 軸變數、花瓣寬度為 y 軸變數：

sns.pairplot(df_iris, hue=" 品種 ", x_vars=' 花瓣長度 ', y_vars=' 花瓣寬度 ')

利用 jointplot 函式繪製散佈圖

接下來，我們用 seaborn 的另一個函式 jointplot 來繪製。此函式的功能可以依據兩個欄位將散佈圖與直方圖接合（joint）在一張圖上：

```
# 繪製散佈圖 seaborn 版 (2)

sns.jointplot(' 萼片寬度 ', ' 花瓣長度 ', data=df_iris)
plt.show()
```

→ 接下頁

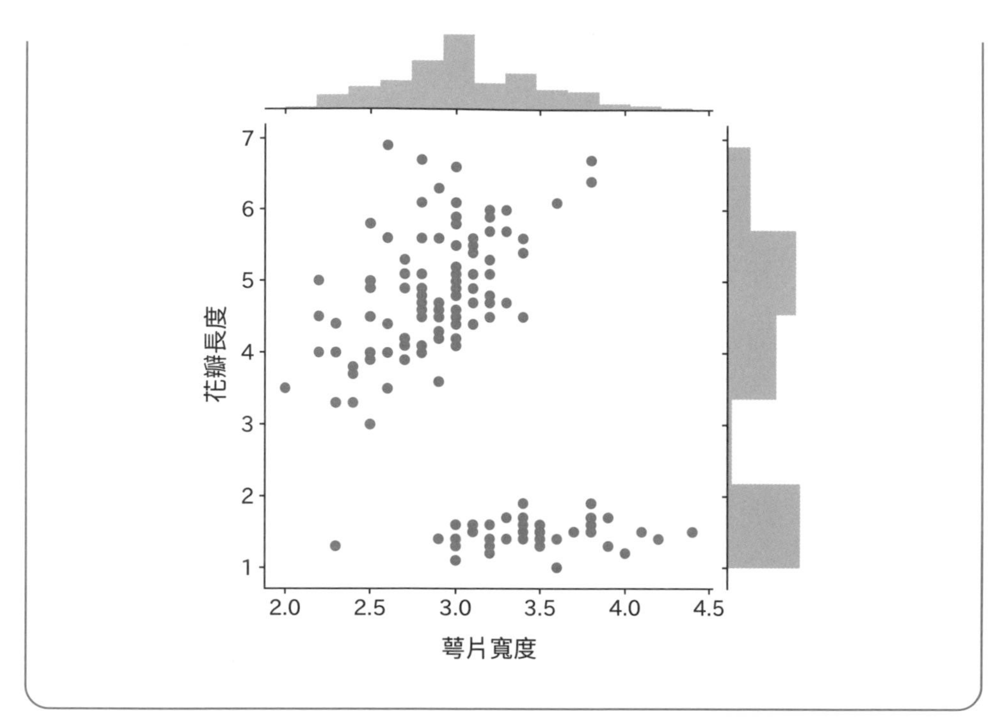

程式碼 4-1-12　利用 seaborn 的 jointplot 函式繪製散佈圖

這次在散佈圖的外側多了 2 個直方圖。**編註：** 上方的直方圖是依相同萼片寬度（橫軸）的資料量繪製而成，右方的直方圖是依相同花瓣長度（縱軸）的資料量繪製而成。

盒鬚圖的意義與用途

盒鬚圖對一般人來說可能有點陌生，在此先介紹盒鬚圖的意義與用途。下頁左圖是一個典型的盒鬚圖，此圖中的重點就是程式碼 4.1.4 所說的 5 種統計資訊，也就是最小值、最大值、第 25 百分位數、第 50 百分位數與第 75 百分位數：

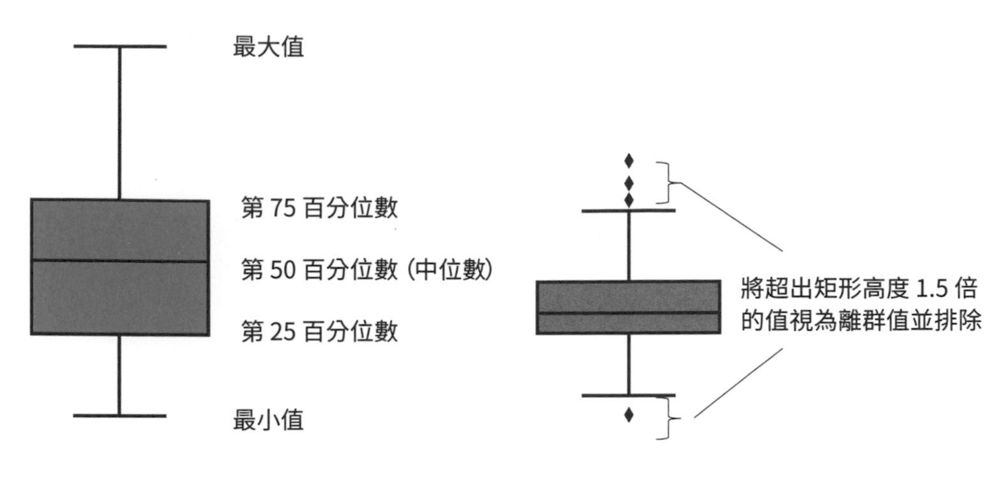

圖 4-1-4　盒鬚圖

盒鬚圖中的主要圖形（對應至名稱中的「盒」），是由第 25 百分位數與第 75 百分位數包圍起來的矩形區塊。矩形中的水平線代表第 50 百分位數（中位數）。上下 2 條對應至「鬚」的線，則分別代表最大值與最小值。

上右圖為資料中存在離群值的處理方式。在盒鬚圖中超出矩形高度 1.5 倍的值就會被視為「離群值」，並從盒鬚圖中排除。矩形上方的 3 個點與下方的 1 個點就被認定為「離群值」，而不會出現在「鬚」線上。

這種資料狀態的呈現方式，讓我們能夠直接以視覺確認「欄位中資料的分布範圍與分散程度」。

利用資料框繪製盒鬚圖

介紹完盒鬚圖的意義之後，我們就實際來繪製盒鬚圖了！第 1 個要示範的做法是利用資料框的 boxplot 函式，並指定參數 patch_artist=True 將圖中的矩形上色（若不指定，則只有線框）：

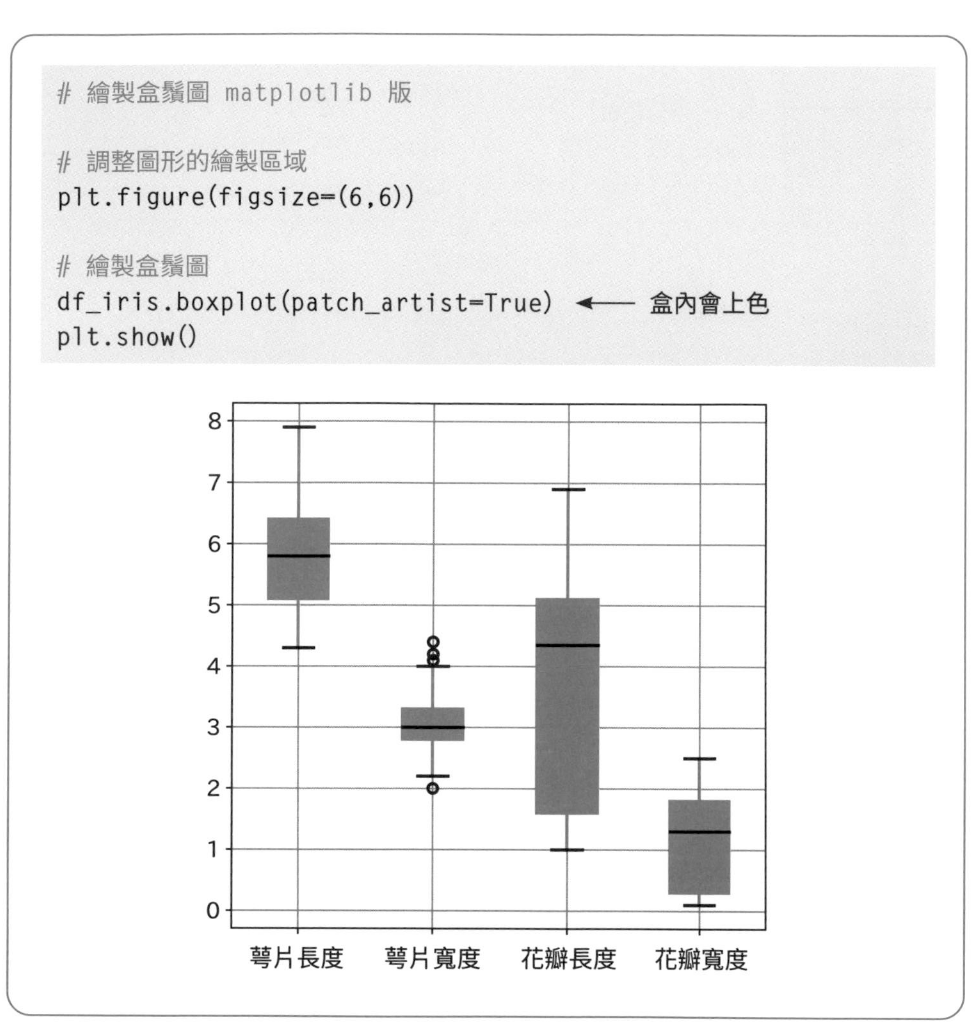

```
# 繪製盒鬚圖 matplotlib 版

# 調整圖形的繪製區域
plt.figure(figsize=(6,6))

# 繪製盒鬚圖
df_iris.boxplot(patch_artist=True)  ←── 盒內會上色
plt.show()
```


程式碼 4-1-13　利用資料框繪製盒鬚圖

由上圖可看出，「萼片寬度」盒鬚圖中有離群值存在（在最大值與最小值以外），且資料最大值與最小值的差異最小。而「花瓣長度」盒鬚圖的最大值與最小值差異最大，且長度也很分散（這一點在程式碼 4-1-15 可看出答案）。

利用 seaborn 繪製盒鬚圖

接著我們來看看同樣的資料若以 seaborn 繪製，會畫出什麼樣的盒鬚圖！在利用 seaborn 的 boxplot 函式之前，我們必須對原始資料加工，用 melt 函式轉換成「variable（欄位名稱）」與「value（值）」的格式：

```
# 利用 melt 函式進行資料的事前加工
w = pd.melt(df_iris, id_vars=['品種'])  ←— 加工後的資料

# 確認加工結果
display(w.head())
```

	品種	variable	value
0	setosa	萼片長度	5.1000
1	setosa	萼片長度	4.9000
2	setosa	萼片長度	4.7000
3	setosa	萼片長度	4.6000
4	setosa	萼片長度	5.0000

程式碼 4-1-14　利用 melt 函式進行資料的事前加工

由輸出可見，資料框中的資料已被改寫成包括「品種」、「variable（欄位名稱）」及「value（值）」等 3 個欄位的格式了。其實 seaborn 的 boxplot 函式只需要「variable（欄位名稱）」和「value（值）」這 2 個欄位就能繪製出盒鬚圖，刻意加上「品種」是為了繪製出各「品種」的盒鬚圖：

```
# 利用 seaborn 繪製盒鬚圖

# 增加 hue 參數，並根據品種分別繪製盒鬚圖
plt.figure(figsize=(8,8))
sns.boxplot(x="variable", y="value", data=w, hue='品種')
plt.show()
```

→ 接下頁

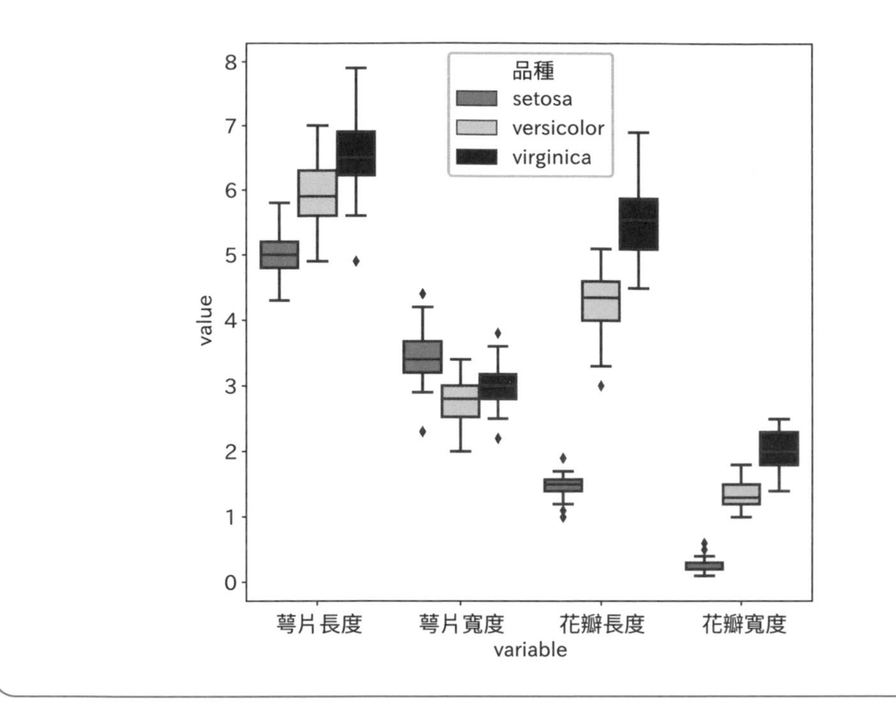

程式碼 4-1-15　利用 seaborn 繪製盒鬚圖

這次繪製出來的盒鬚圖更詳細，每個品種會用不同顏色區隔開。同時，也可以看出前面在資料框的盒鬚圖中差異較大的「花瓣長度」，事實上只是因為 3 個品種的花瓣長度資料都放在一起才顯得差異很大，當拆分出不同品種時，相同品種的花瓣長度差異就很接近了。這是透過 seaborn 繪製的盒鬚圖能自動得到的資訊。

4.2 預處理資料

確認完訓練資料的狀態之後，下一個步驟就要做資料送入模型前的預處理了。本節會依序說明訓練資料必須先經過哪些處理，才算完成準備工作，這是實務上最花時間也最重要的步驟，否則「garbage in, garbage out」，所以務必要耐心學習。

範例檔：ch04_02_data_preprocess.ipynb

選擇目標資料與載入資料

本節繼續使用「鐵達尼號資料集」，因為它包含許多種資料型態的欄位，非常適合用來講解資料的預處理。以下再次列出各欄位的意義：

生還（survival）：（0 = 死亡、1 = 生還）

艙等（pclass）：（1 = 一等艙、2 = 二等艙、3 = 三等艙）

性別（sex）：（male = 男性、female = 女性）

年齡（age）

手足與配偶數（sibsp）：同乘的兄弟姊妹與配偶數

父母與子女數（parch）：同乘的父母與子女數

票價（fare）

乘船港代碼（embarked）：（C=Cherbourg、Q=Queenstown、S=Southampton）

艙等名（class）：（First = 一等艙、Second = 二等艙、Third = 三等艙）

男女兒童（who）：（man = 男性、woman = 女性、child = 兒童）

成人男子（adult_male）：True / False

甲板（deck）：房艙號碼首字母（A 到 G）

乘船港（embark_town）：Southampton / Cherbourg / Queenstown

生還與否（alive）：yes / no

單身（alone）：True / False

程式碼開頭載入「鐵達尼號資料集」以及中文化的程式碼與 4.1 節開頭完全相同，因此本節直接從預處理資料開始解說。

4.2.1 刪除多餘的資料欄位

資料集中包含許多欄位，但有些欄位的名稱雖然不同但意義相同，因此首先要做的就是刪除多餘的欄位。我們發現在此資料集中的「艙等」與「艙等名」意義相同、「乘船港代碼」與「乘船港」意義相同、「生還」與「生還與否」意義相同。

在建立機器學習模型時，最好每個欄位都有其獨立性，若有某幾個欄位彼此相關時，會變成有多餘的欄位，這種現象稱為「多元共線性」，將這種資料送入模型的正確率會下降。為了避免這種情況，以上 3 組資料欄位會各只保留 1 個欄位。

保留欄位的基準為何？像是「艙等」(1、2、3) 與「艙等名」(First、Second、Third) 這類可視為具有順序關係的欄位，由於順序可使用數值表示，因此應優先保留數值欄位，也就是保留「艙等」欄位，而捨棄「艙等名」欄位。

若某欄位的值只有 2 種，例如 0 與 1，則優先保留該欄位，例如「生還」(0、1) 及「生還與否」(yes、no)，就應優先保留「生還」欄位。如果選擇保留「生還與否」欄位，後面仍然要將其轉換成 0、1 才能送入模型訓練。

除此之外的情況，則選擇任一方皆可，但選擇時仍需考慮實作的方便性和是否容易理解，例如「乘船港代碼」與「乘船港」二選一皆可。為了方便後面將欄位做數值編碼，因此選擇欄位值較短的「乘船港代碼」欄位。

既然我們已經選擇了要保留的 3 個欄位，那就要刪除意義相同的另外 3 個多餘的欄位。要刪除資料集中多餘的欄位，可使用資料框的 drop 函式指定要刪除的欄位名稱：

```
# 刪除多餘的欄位

# 刪除「艙等名」欄位
df1 = df_titanic.drop('艙等名', axis=1)  ←— 刪除艙等名的所有資料

# 刪除「乘船港」欄位
df2 = df1.drop('乘船港', axis=1) ←— 接著再刪除乘船港的所有資料

# 刪除「生還與否」欄位
df3 = df2.drop('生還與否', axis=1) ←— 接著再刪除生還與否的所有資料

# 確認結果
display(df3.head()) ←— 顯示刪除三個欄位後的資料
```

	生還	艙等	性別	年齡	手足與配偶數	父母與子女數	票價	乘船港代碼	男女兒童	成人男子	甲板	單身
0	0	3	male	22.0000	1	0	7.2500	S	man	True	nan	False
1	1	1	female	38.0000	1	0	71.2833	C	woman	False	C	False
2	1	3	female	26.0000	0	0	7.9250	S	woman	False	nan	True
3	1	1	female	35.0000	1	0	53.1000	S	woman	False	C	False
4	0	3	male	35.0000	0	0	8.0500	S	man	True	nan	True

程式碼 4-2-1　刪除多餘的欄位

資料框與 NumPy 都能對表格資料進行操作，若是垂直操作（預設），可以指定 axis=0，若為水平操作，則指定 axis=1。由於本範例是要沿著表格的水平方向搜尋想要刪除的欄位名稱，因此程式碼是將表示方向的參數設定為 axis=1，找到要刪除的欄位名稱後再將整個欄位資料刪除。請看下圖的說明：

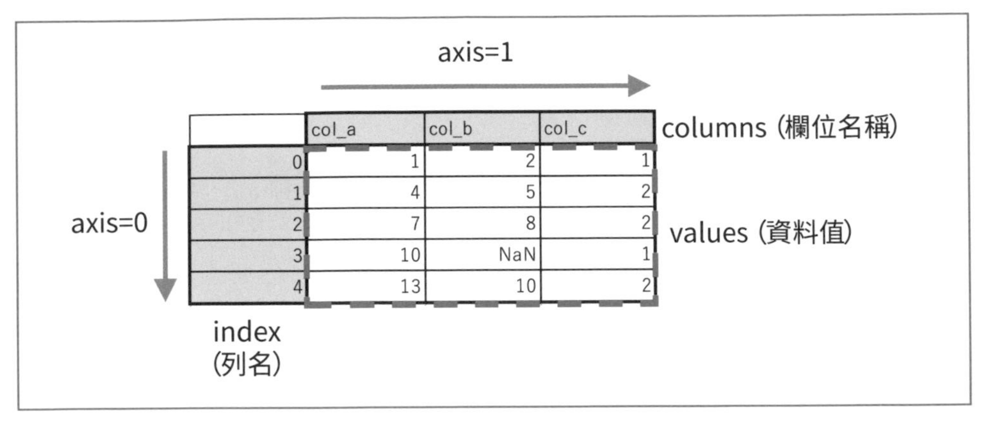

圖 4-2-1　在資料框中進行處理的方向

4.2.2 處理缺失值

接著下一個預處理資料的工作是要解決資料中存在缺失值的問題。在前面刪除多餘欄位之後，重新確認一下各欄位缺失值的情形：

```
# 確認缺失值
display(df3.isnull().sum())

生還 0
艙等 0
性別 0
年齡 177
手足與配偶數 0
父母與子女數 0
票價 0
乘船港代碼 2
男女兒童 0
成人男子 0
甲板 688
單身 0
dtype: int64
```

程式碼 4-2-2　缺失值的確認與結果

缺失值很少的欄位，可逐列刪除

我們可看出「年齡」、「乘船港代碼」與「甲板」這 3 個欄位都有缺失值。其中「乘船港代碼」只有 2 筆資料缺失。由於訓練資料整體共有 891 筆，只缺少 2 筆所佔比例相當低。遇到這種情形時，可採取**逐列刪除**（也就是刪除這 2 筆資料）的方式來處理。

缺失值是數值時，可用補值的方式

接下來是「年齡」欄位，其缺失值有 177 筆，這個數量與整體相比並不算少，如果將這幾列全都刪掉，資料總數就會減少太多，並可能影響到模型的正確率。因此遇到這種情況時，我們就不會再逐列刪除，而是採取**補值**的做法。像本例中的「年齡」欄位是數值資料，最常使用的補值方法就是填入該欄位的平均值（有些情況會使用中位數），此例我們是使用年齡的平均值。

缺失值的欄位只有固定的幾類，可補虛擬碼

再來，「甲板」的缺失值特別多，688 筆已高於整體半數，同樣不考慮逐列刪除，而應該以某些值來將資料補齊。至於要補甚麼呢？我們先使用 value_counts 函式來看看「甲板」欄位都是存放哪些值：

```
display(df3['甲板'].value_counts())

C    59
B    47
D    33
E    32
A    15
F    13
G     4
Name: deck, dtype: int64
```

程式碼 4-2-3　欄位「甲板」的欄位值確認結果

我們發現此欄位的值都是字母 A~G 這幾個固定類別（category）。遇到這種情況時，一般的做法是分配一個代表缺失值的虛擬碼（例如 N）填入需要補值的地方。

以上 3 種策略總結如下：

乘船港代碼：資料型態是字串。缺失值很少，只有 2 筆

→ 逐列刪除

年齡：資料型態為數值（float64）。缺失值很多，有 177 筆

→ 以資料的平均值代替

甲板：資料型態為類別（category）。缺失值相當多，有 688 筆

→ 利用額外的虛擬碼取代缺失值

編註： 用 df_titanic[' 欄位名稱 '].dtypes 可以察看某欄位的資料型態，若顯示 'O' 代表該欄位資料型態是字串或數值混和型。

以下就是這些處理缺失值的程式碼：

```
# 乘船港代碼：缺失值很少，只有 2 列
# -> 逐列刪除

# 利用 dropna 函式將不要的列刪除
df4 = df3.dropna(subset = [' 乘船港代碼 '])

# 年齡：數值資料，缺失值很多，有 177 筆
# -> 以其它資料的平均值代替

# 計算平均值
age_average = df4[' 年齡 '].mean()
```

→ 接下頁

```
# 利用  fillna  函式填入平均值
df5 = df4.fillna({'年齡': age_average})

# 甲板：標籤值資料，缺失值非常多，有 688 筆
# -> 利用代表缺失值的虛擬碼取代

# 利用  replace 函式填入虛擬碼 'N'
df6 = df5.replace({'甲板': {np.nan: 'N'}})
```

程式碼 4-2-4　處理缺失值

上面程式用到處理缺失值的方法整理如下：

- 刪除含有缺失值的一整列資料時使用 dropna（drop NA or NaN）函式。
- 填入缺失值時使用 fillna（fill NA or NaN）函式。
- 用虛擬碼 'N' 取代缺失值時使用 replace 函式。

用 fillna 函式也可以填入字串

我們在處理「甲板」欄位缺失值時之所以不使用 fillna 函式，是因為「甲板」的資料型態是 Category 而不是字串，因此不能直接填入 'N'。不過，我們有另一種作法，就是先將「甲板」欄位的資料型態用 astype 函式轉換為 string（字串），就可以用 fillna 函式填入字串了：

```
df5['甲板']=df5['甲板'].astype(np.str) ←— 資料型態轉換為 string
df5.fillna({'甲板':'N'})
```

經過一番處理之後，我們再來檢查一遍現在的資料中是否還有缺失值：

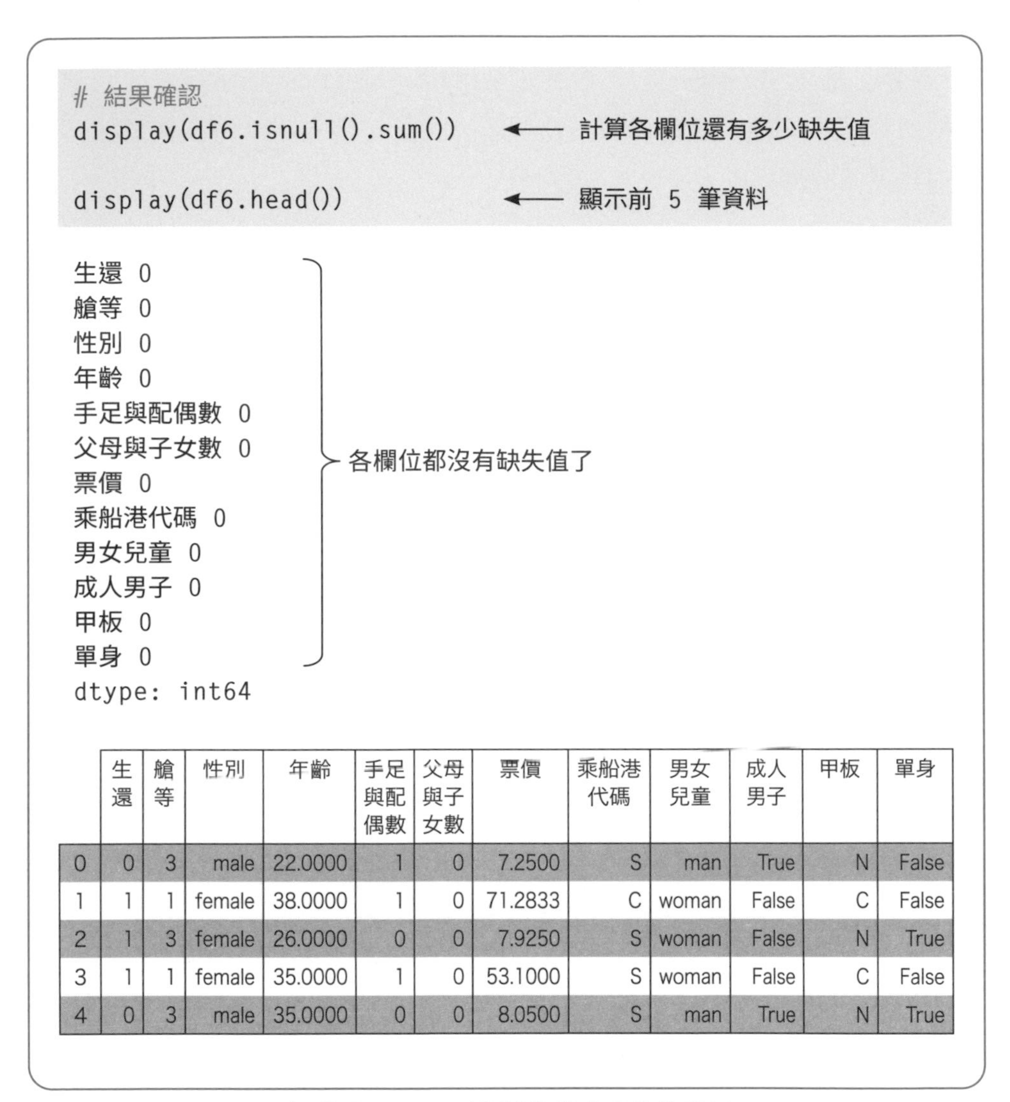

```
# 結果確認
display(df6.isnull().sum())    ← 計算各欄位還有多少缺失值

display(df6.head())            ← 顯示前 5 筆資料
```

```
生還 0
艙等 0
性別 0
年齡 0
手足與配偶數 0
父母與子女數 0
票價 0
乘船港代碼 0
男女兒童 0
成人男子 0
甲板 0
單身 0
dtype: int64
```


	生還	艙等	性別	年齡	手足與配偶數	父母與子女數	票價	乘船港代碼	男女兒童	成人男子	甲板	單身
0	0	3	male	22.0000	1	0	7.2500	S	man	True	N	False
1	1	1	female	38.0000	1	0	71.2833	C	woman	False	C	False
2	1	3	female	26.0000	0	0	7.9250	S	woman	False	N	True
3	1	1	female	35.0000	1	0	53.1000	S	woman	False	C	False
4	0	3	male	35.0000	0	0	8.0500	S	man	True	N	True

程式碼 4-2-5　確認缺失值處理後的資料

由上面的輸出可知所有保留欄位的缺失值數量都是 0，也就表示已將所有缺失值都處理完了。

4.2.3 二元資料數值化

在「性別」欄位中的值只有 2 種類別：male、female，也就是二元資料。這種值無法直接輸入機器學習的模型中，因此必須先將其轉換成數值。二元資料通常會轉換成 0、1。

進行到現在的鐵達尼號資料集（df6）中，包含二元資料的欄位共有「性別」（male/female）、「成年男子」（True/False）與「單身」（True/False）等 3 種。以「性別」欄位為例，我們要做的數值化：

male → 1

female → 0

要做這樣的轉換，可利用資料框的 map 函式，如下：

```
# 定義字典 mf_map
mf_map = {'male': 1, 'female': 0}

# 利用 map 函式進行數值化
df7 = df6.copy()
df7['性別'] = df7['性別'].map(mf_map)   ← 將 mf_map 指定的轉換套入

# 確認結果
display(df7.head())
```

	生還	艙等	性別	年齡	手足與配偶數	父母與子女數	票價	乘船港代碼	男女兒童	成人男子	甲板	單身
0	0	3	1	22.0000	1	0	7.2500	S	man	True	N	False
1	1	1	0	38.0000	1	0	71.2833	C	woman	False	C	False
2	1	3	0	26.0000	0	0	7.9250	S	woman	False	N	True
3	1	1	0	35.0000	1	0	53.1000	S	woman	False	C	False
4	0	3	1	35.0000	0	0	8.0500	S	man	True	N	True

程式碼 4-2-6　將二元資料之值替換成 0 / 1 (1)

此程式中用到 Python 的字典資料格式 { 鍵 : 值 }，並定義字典 mf_map 為 {'male'：1, 'female'：0}，其中 'male'、'female' 是字典中的「鍵」，1、0 是「鍵」對應的「值」。接著就將此字典代入 map 函式中做轉換。

同理，「成人男子」與「單身」欄位也利用類似的作法進行轉換，只是這次是將 True、False 轉換為 1、0，請看以下程式碼：

```
# 定義字典 tf_map
tf_map = {True: 1, False: 0}

# 利用 map 函式進行數值化
df8 = df7.copy()
df8['成人男子'] = df8['成人男子'].map(tf_map)

# 利用 map 函式進行數值化
df9 = df8.copy()
df9['單身'] = df8['單身'].map(tf_map)

# 確認結果
display(df9.head())
```

	生還	艙等	性別	年齡	手足與配偶數	父母與子女數	票價	乘船港代碼	男女兒童	成人男子	甲板	單身
0	0	3	1	22.0000	1	0	7.2500	S	man	1	N	0
1	1	1	0	38.0000	1	0	71.2833	C	woman	0	C	0
2	1	3	0	26.0000	0	0	7.9250	S	woman	0	N	1
3	1	1	0	35.0000	1	0	53.1000	S	woman	0	C	0
4	0	3	1	35.0000	0	0	8.0500	S	man	1	N	1

程式碼 4-2-7　將二元資料之值轉換成 0 / 1（2）

由上面的輸出可看出「性別」、「成人男子」及「單身」這 3 個欄位的值全都轉換成 1、0 了。

4.2.4 多元資料數值化

前面的欄位只有二元資料，因此可以轉換成 1、0，但如果欄位值包含 3 個或以上個種類的多元資料時，又該如何數值化呢？

One-Hot 編碼

我們在看到多元資料時，很直覺就會想到分配幾個數值（例如 0、1、2）給各個分類做數值化。但這種方法並不利於模型計算，以下舉例原因。

假設要將「老鼠」、「長頸鹿」及「大象」這 3 個資料數值化，如果以體重為標準，則三者依序是 “老鼠 =0”、“長頸鹿 =1”、“大象 =2”，然而若是以身高為標準，則是 “老鼠 =0”、“大象 =1” 、“長頸鹿 =2”，也就是說只要思考方式改變，順序就會跟著變，因此很難決定一個適用所有情況的值。

因此多元資料數值化通常會採用 One-Hot 編碼，它是根據欄位值有幾種來編碼，例如「男女兒童」欄位有 child、man、woman 共 3 種欄位值，於是我們就訂出一個 3 維編碼，每一種欄位值只會對應到其中 1 維，並將其值設為 1，其它維的值則設為 0，這種就稱為 One-Hot 編碼。例如：

男女兒童
man
woman
woman
woman
man
man
man
child
woman
child

男女兒童 _child	男女兒童 _man	男女兒童_woman
0	1	0
0	0	1
0	0	1
0	0	1
0	1	0
0	1	0
0	1	0
1	0	0
0	0	1
1	0	0

圖 4-2-2 One-Hot 編碼的概念

One-Hot 編碼需要注意當維度很高時（例如有 1000 維），會讓資料中出現大量的 0（**編註：** 1000 維就表示資料中只有 1000 個 1，以及 1000×999 個 0），這樣的資料送入機器學習的模型中，會造成無謂的運算成本。

get_dummies 函式的使用方法

One-Hot 編碼可以利用資料框的 get_dummies 函式，此函式可指定要將哪個欄位做 One-Hot 編碼，本例是「男女兒童」欄位。它還有一個 prefix 參數可將指定字串 '男女兒童' 新增到自動生成的 One-Hot 欄位名稱開頭，也就是將原本「男女兒童」欄位的欄位值 child、man、woman 的前面都加上 '男女兒童'，並在中間自動補上一個 '_' 符號，也就是「男女兒童」欄位經編碼後產生出 3 個新欄位「男女兒童 _child」、「男女兒童 _man」、「男女兒童 _woman」：

```
# get_dummies 函式的使用範例

w = pd.get_dummies(df9['男女兒童'], prefix='男女兒童')
display(w.head(10))
```

	男女兒童 _child	男女兒童 _man	男女兒童 _woman
0	0	1	0
1	0	0	1
2	0	0	1
3	0	0	1
4	0	1	0
5	0	1	0
6	0	1	0
7	1	0	0
8	0	0	1
9	1	0	0

程式碼 4-2-8　get_dummies 函式的使用範例

接著要將這 3 個新欄位加入資料框中，並將原來的「男女兒童」欄位刪除。筆者將這一段步驟寫成一個 enc 函式，可供其它也需要做 One-Hot 編碼的欄位使用：

```
# 定義一個利用 get_dummies 函式將種類值展開成 one hot vector 的函式
# df: 資料框
# column: 欄位名稱

def enc(df, column):
    # 生成  One Hot Vector
    df_dummy = pd.get_dummies(df[column], prefix=column)
    # 刪除原始欄位
    df_drop = df.drop([column], axis=1)
    # 連結已刪除原始欄位的資料框與 One Hot 生成之欄位
    df1 = pd.concat([df_drop,df_dummy],axis=1)
    return df1
```

程式碼 4-2-9　定義 One-Hot 編碼用的 enc 函式

接下來的程式碼就要利用定義出來的 enc 函式，對訓練資料進行 One-Hot 編碼。第 1 個編碼目標是「男女兒童」欄位。首先跟之前一樣，利用 value_counts 函式確認此欄位值的情形。

```
# 確認欄位值
display(df9['男女兒童'].value_counts())
```

```
man      537
woman    269
child     83
Name: 男女兒童, dtype: int64
```

程式碼 4-2-10　確認「男女兒童」的欄位值

由輸出可看到總共有 3 種欄位值：man、woman、child。接著再來看看對此欄位呼叫 enc 函式的結果：

```
# One-Hot 編碼

# 男女兒童
df10 = enc(df9, '男女兒童')

# 確認結果
display(df10.head())
```

	生還	艙等	性別	年齡	手足與配偶數	父母與子女數	票價	乘船港代碼	成人男子	甲板	單身	男女兒童_child	男女兒童_man	男女兒童_woman
0	0	3	1	22.0000	1	0	7.2500	S	1	N	0	0	1	0
1	1	1	0	38.0000	1	0	71.2833	C	0	C	0	0	0	1
2	1	3	0	26.0000	0	0	7.9250	S	0	N	1	0	0	1
3	1	1	0	35.0000	1	0	53.1000	S	0	C	0	0	0	1
4	0	3	1	35.0000	0	0	8.0500	S	1	N	1	0	1	0

程式碼 4-2-11　對「男女兒童」欄位呼叫 enc 函式的結果

結果正如預期，原本的「男女兒童」欄位被刪除了，取而代之的是 3 個經過 One-Hot 編碼的新增欄位。接著，我們要再對另外 2 個「乘船港代碼」的欄位值（C、Q、S）和「甲板」的欄位值（A~G、N）也做同樣的處理：

```
# One-Hot 編碼

# 乘船港代碼
df11 = enc(df10, '乘船港代碼')

# 甲板
df12 = enc(df11, '甲板')

# 確認結果
display(df12.head())
```

→ 接下頁

	生還	艙等	性別	年齡	手足與配偶數	父母與子女數	票價	成人男子	單身	男女兒童_child	男女兒童_man	男女兒童_woman	乘船港代碼_C
0	0	3	1	22.0000	1	0	7.2500	1	0	0	1	0	0
1	1	1	0	38.0000	1	0	71.2833	0	0	0	0	1	1
2	1	3	0	26.0000	0	0	7.9250	0	1	0	0	1	0
3	1	1	0	35.0000	1	0	53.1000	0	0	0	0	1	0
4	0	3	1	35.0000	0	0	8.0500	1	1	0	1	0	0

	乘船港代碼_Q	乘船港代碼_S	甲板_A	甲板_B	甲板_C	甲板_D	甲板_E	甲板_F	甲板_G	甲板_N
0	0	1	0	0	0	0	0	0	0	1
1	0	0	0	0	1	0	0	0	0	0
2	0	1	0	0	0	0	0	0	0	1
3	0	1	0	0	1	0	0	0	0	0
4	0	1	0	0	0	0	0	0	0	1

程式碼 4-2-12　對「乘船港代碼」與「甲板」進行 One-Hot 編碼

到目前為止，我們已將資料框中各欄位的值都變成數值資料了。

4.2.5 資料標準化

資料中如果出現離群值（outlier），或因為量測單位不同而使得不同欄位的數值範圍差異很大，這些都會造成訓練上的問題。因此我們一般有兩種作法來解決以上的問題：

- Min-max 正規化（Normalization）：將數值範圍縮放到 0～1 之間。
- Z 值標準化（Standization）：將數值範圍轉換成標準常態分布。

NOTE 這種做法的有效與否取決於演算法的種類。對線性迴歸、邏輯斯迴歸與支援向量機等演算法有效，但是對決策樹型演算法就沒有必要。

Min-max 正規化 (normalization)

其轉換數值的方法是先找出數值範圍的最大值與最小值，然後每個數值依比例縮放到 0～1 之間，轉換公式為：

$$\hat{x} = \frac{x - x\_min}{x\_max - x\_min}$$

x 的最大值為 x_max，最小值為 x_min

如此一來，在 x = x_max 時會是 1，在 x = x_min 時會是 0，介於 x_min 與 x_max 之間的數值就會轉換到 0~1 之間。

Z 值標準化 (standardization)

此方法的目的是希望將資料的平均數移動到 0 的位置，因此假設資料是常態分布，將資料經 Z 值標準化轉換到平均值為 0、標準差為 1 的標準常態分佈，轉換公式為：

$$\hat{x} = \frac{x - m}{\sigma}$$

m 是 x 的平均值
σ 是標準差

這 2 種做法都可以選擇，不過 Min-max 正規化較容易受到離群值的影響，如果認為資料中含有離群值的機會大，則選擇 Z 值標準化比較保險。

但反過來說，如果是影像資料這種能夠事先知道像素最大值與最小值（例如圖像資料）的資料，則通常會使用 Min-max 正規化。

接下來，我們就繼續對「年齡」與「票價」欄位進行數值標準化處理，在此匯入 scikit-learn 套件做 Z 值標準化的 StandardScaler 函式，再用 fit_transform 函式做轉換：

```
# standardization

df13 = df12.copy()
from sklearn.preprocessing import StandardScaler
stdsc = StandardScaler()
df13[['年齡', '票價']] = stdsc.fit_transform(df13[['年齡',
'票價']])

# 確認結果
display(df13.head())
```

	生還	艙等	性別	年齡	手足與配偶數	父母與子女數	票價	成人男子	單身	男女兒童_child	男女兒童_man	男女兒童_woman	乘船港代碼_C
0	0	3	1	-0.5896	1	0	-0.5002	1	0	0	1	0	0
1	1	1	0	0.6448	1	0	0.7889	0	0	0	0	1	1
2	1	3	0	-0.2810	0	0	-0.4866	0	1	0	0	1	0
3	1	1	0	0.4134	1	0	0.4229	0	0	0	0	1	0
4	0	3	1	0.4134	0	0	-0.4841	1	1	0	1	0	0

	乘船港代碼_Q	乘船港代碼_S	甲板_A	甲板_B	甲板_C	甲板_D	甲板_E	甲板_F	甲板_G	甲板_N
0	0	1	0	0	0	0	0	0	0	1
1	0	0	0	0	1	0	0	0	0	0
2	0	1	0	0	0	0	0	0	0	1
3	0	1	0	0	1	0	0	0	0	0
4	0	1	0	0	0	0	0	0	0	1

程式碼 4-2-13　Z 值標準化的實作

我們觀察上面的輸出，「年齡」與「票價」這 2 個欄位的值經過 Z 值標準化後都介於 -1 與 1 之間。

4.2.6 其它預處理資料的做法

預處理資料還有一種常見的做法是「離散化」，比如「年齡」欄位也可以用「10-19 歲」、「20-29 歲」這種年齡區間的方式分類，讀者可視自己的需要而定。由於本書範例皆未使用此做法，因此省略實作。

再比如像公司的年營業額，數值可能會達到數千萬甚至數十億，這時候將營業額取對數（例如 10^8 取對數等於 8）來計算會比較好。對於已知有週期性變化的數值來說，使用三角函數通常可以得到很好的效果。

在某些情況下，將多個欄位組合成一個新的欄位，也可能建出高正確率的模型。這種高階的預處理稱為「**特徵工程**」(Feature engineering)。不過這種高階技術需要循序漸進的學習，請先以本節教的作法打好預處理資料的基礎。

4.3 選擇演算法

本節將針對在實務工作中使用率較高的「分類」模型，介紹幾種常用的演算法。本書不會探究演算法內部的數學原理，僅說明如何從幾種常用的演算法中做出選擇，以及該如何配合所選的演算法進行必要的處理。

演算法是屬於比較難的主題，也就是機器學習中屬於「黑箱」的那一塊，不過讀者即使不了解黑箱內部的運作機制，只要知道怎麼用就好。若在閱讀本節遇到障礙，也可以先跳到 4.4 與 4.5 這兩節，之後再回來看。

範例檔：ch04_03_algorithm.ipynb

4.3.1 分類模型的代表性演算法與其特色

下表是本節會講解與實作的重要分類演算法，雖然有些看起來很陌生，但不用擔心，我們一個一個來學習。

演算法名稱	實作方式	特徵
邏輯斯迴歸	損失函數型	將 sigmoid 函數的輸出值視為機率。分界線為直線。
支援向量機的 Kernel method		利用 Kernel method 找出非直線的分界。
神經網路		利用增加隱藏層找出非直線的分界。
決策樹	決策樹型	以特定欄位值為基準，進行多次分組。
隨機森林		利用訓練資料的子集合建立多棵決策樹，並取多數決的結果。
XGBoost		將分類效果不佳的資料建立分類模型，以提高正確率。

表 4-3-1　本節要介紹的分類演算法

上表「實作方式」這一欄中包括**損失函數型**（Lost function，利用誤差最小化來建立分類模型）與**決策樹型**（Decision tree，利用條件判斷建立樹狀結構的分類模型）兩種實作方式，以下依序說明。

損失函數型

這類演算法的作法是先建立一個損失函數，再用演算法求出能讓預測值與實際值（標準答案）的誤差越小越好的參數值，使模型的正確率越高。比如說表 4-3-1 中的「邏輯斯迴歸」就是利用線性函數「$u = w_0 + w_1x_1 + w_2x_2$」對 3 種參數 (w_0, w_1, w_2) 進行最佳化的處理。其概念如下圖所示：

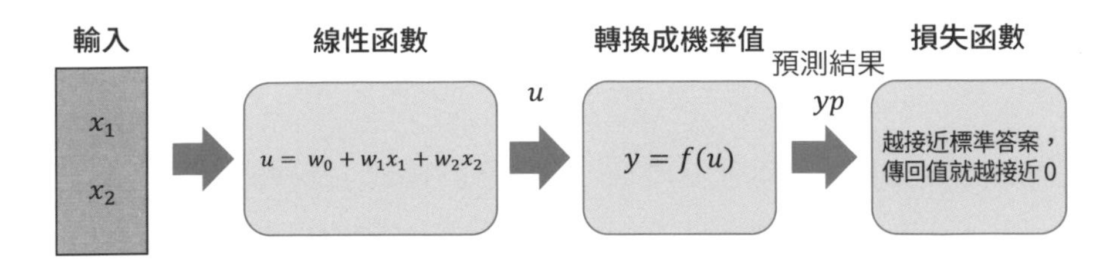

圖 4-3-1　損失函數型演算法的概念圖

前頁表 4-3-1 列出的「支援向量機」其實還可以再分為「線性分割」與「Kernel method」（譯為核方法或核化法）這兩種類型。線性分割就是在二元分類中找出一條直線，能夠明確地將兩個分類區分開來（這其實也可以用邏輯斯迴歸做到，但兩者找出來的直線不見得相同）。但若資料無法用直線做分類，就可以用 Kernel method（進一步說明請看 4.3.4 節）。

決策樹型

此做法是先為特定欄位設定閾值（此值其實會由模型自己學習而來，不用人類操心），再用輸入資料與該閾值比較大小進行分組，如圖所示：

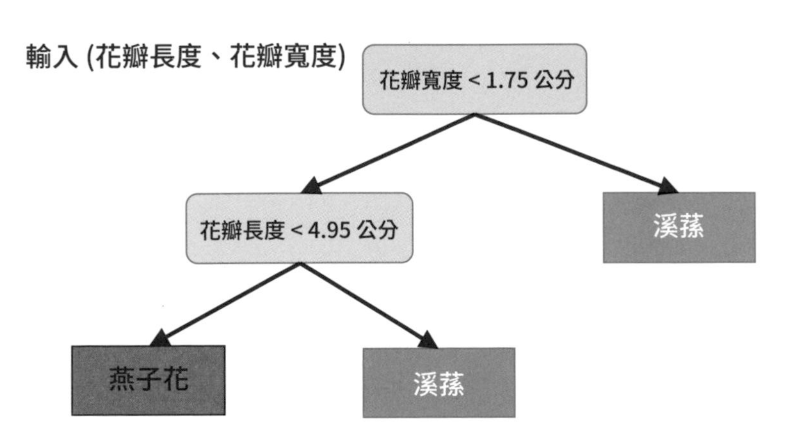

圖 4-3-2　決策樹型演算法的概念圖

編註： 燕子花與溪蓀都是鳶尾科、鳶尾屬。

決策樹的訓練目的是決定分組規則，找出應該將哪一個欄位值設定閾值為多少。表 4-3-1 中的隨機森林（Random forest）與 XGBoost 都是決策樹的改良版本，兩者都是利用結合多棵決策樹的方式來提高模型的正確率。

損失函數型的演算法，輸入資料的值若出現差異很大或很小的離群值情況下，有可能會無法順利執行，因此最好在 4.2.5 預處理資料的階段進行資料標準化去調整數值的範圍。而決策樹型的演算法只會以數值的大小進行分類，因此並不需要資料標準化處理。

分類型的機器學習演算法另外還有：**單純貝氏分類演算法**（Nave Bayes classifier）：例如用於垃圾郵件等文字類資料的分類處理。**K 最近鄰分類演算法**（KNN，K-Nearest Neighbor classifier）：做法是先調查附近的點各自屬於哪種類別，再將自己分類到最多點所屬的類別當中。這些都不歸在表 4-3-1 中的實作方式，不過單就本書關注的「結構化資料」而言，前面的 6 種演算法就可以涵蓋絕大多數機器學習的需求。

4.3.2 範例程式碼使用的資料

為了說明該如何從本節介紹的演算法中進行選擇，我們準備了 3 種具代表性的輸入資料。並且為了方便理解，本節與第 3 章同樣使用 2 維的輸入資料。適用對象則是可接受 2 維資料（x, y）並預測 ○ 或 × 的模型。

下面的程式碼利用 scikit-learn 的套件生成 3 種輸入資料（線性可分離、線性不可分離的新月形、線性不可分離的同心圓形資料（讀者可看程式碼 4-3-2 的 3 張散佈圖）：

```
# 匯入套件
from sklearn.datasets import make_moons
from sklearn.datasets import make_circles
from sklearn.datasets import make_classification

# 線性可分離
X1, y1 = make_classification(n_features=2, n_redundant=0,
    n_informative=2, random_state=random_seed,
    n_clusters_per_class=1, n_samples=200, n_classes=2)

# 新月型（線性不可分離）
X2, y2 = make_moons(noise = 0.05, random_state=random_seed,
    n_samples=200)

# 同心圓形（線性不可分離）
X3, y3 = make_circles(noise = 0.02, random_state=random_seed,
    n_samples=200)

# 將 3 種資料指派給 DataList
DataList = [(X1, y1), (X2, y2), (X3, y3)]

# N: 資料的種類數
N = len(DataList)
```

程式碼 4-3-1　範例資料的生成

接著，我們將這些資料繪製成 2 維的散佈圖：

```
# 繪製散佈圖
plt.figure(figsize=(15,4))

# 定義顏色對應表
from matplotlib.colors import ListedColormap
cmap = ListedColormap(['#0000FF', '#000000'])
```

→ 接下頁

```
for i, data in enumerate(DataList):
    X, y = data
    ax = plt.subplot(1, N, i+1)
    ax.scatter(X[:,0], X[:,1], c=y, cmap=cmap)

plt.show()
```

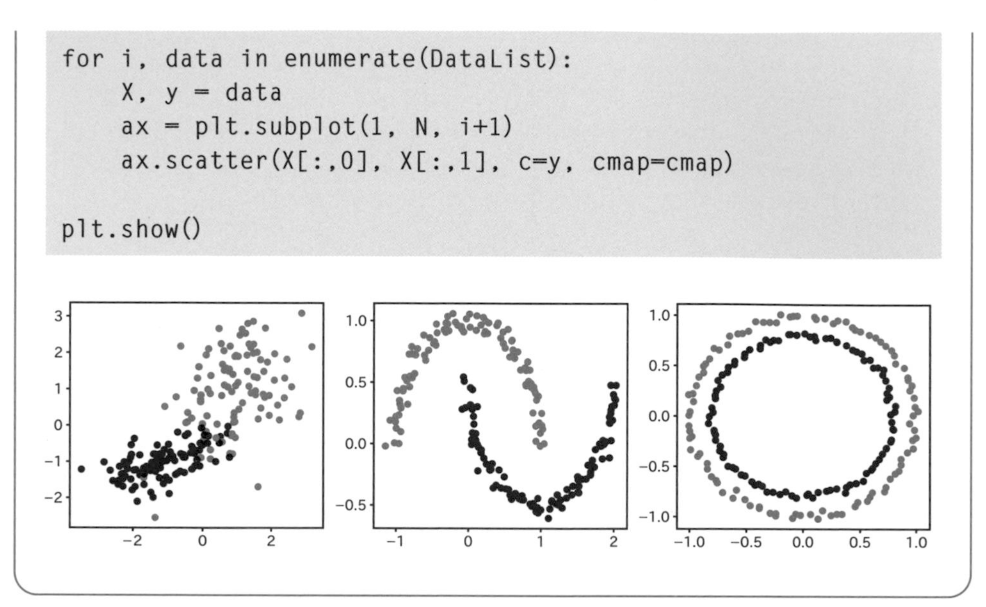

程式碼 4-3-2　繪製範例資料的散佈圖

我們一邊對照上面的 3 張圖，一邊說明這 3 種範例資料。

第 1 種範例資料（上左圖）稱為「線性可分離」，是指大致上可以用直線將資料劃分開來的類型。不過各位仔細看就能發現，兩種顏色的資料有少部分會混在一起。第 2 種資料（中間圖）是無法藉由直線分開的類型，即「線性不可分離」。第 3 種資料（上右圖）比較複雜，它的邊界是同心圓的形狀，同樣也屬於「線性不可分離」的類型。

實務工作中會使用到的訓練資料，大多數屬於「線性可分離」的類型，並不會像第 2 種或第 3 種資料那麼複雜。但的確還是會有部分資料的狀態較為複雜，因此能否處理這些類型的資料，也會是選擇演算法時的一個重點。

繪製散佈圖與分類結果的函式

我們接下來從 4.3.3～4.3.8 節會依序說明 6 種演算法的特色，並利用該演算法建出分類模型，並檢視這 6 種分類演算法的效果。

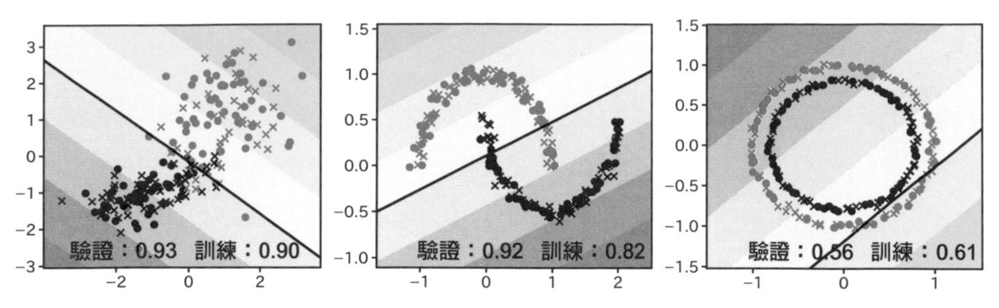

圖 4-3-3 利用函式繪製散佈圖與分類結果之輸出範例

圖 4-3-3 是用筆者撰寫的 plot_boundaries 函式的輸出範例。此函式有些複雜，本書不多做解釋，讀者可自行參考完整程式檔。以下會說明這些輸出圖形如何解讀，並介紹繪製函式所做的處理：

- 3 種範例資料均由兩種顏色各 100 個的 2 維點構成。
- 繪圖函式會將兩色各 100 個點，都各先分割成 50 個訓練用與 50 個驗證用（相當於 3.3.4 小節的「分割資料」）。
- 散佈圖上的訓練資料為「×」，驗證資料為「○」。
- 3.3.5 節的「選擇演算法」必須在呼叫繪圖函式前完成，並將該演算法以參數的方式傳遞給繪圖函式。
- 3.3.6～3.3.8 節中的「訓練」、「預測」與「評估」，都會依參數設定的演算法進行分類，並於繪圖函式內繪製。
- 分別對驗證資料與訓練資料進行評估並算出正確率，結果會以類似「驗證 0.92 訓練 0.91」的形式呈現在散佈圖上。
- 以兩種底色表示各點（x, y）對應的分類區域（請見後面程式碼 4-3-4 的執行結果）。
- 底色會用漸層來呈現分類的正確性。顏色越深就表示落在該區域的資料分類越明確，顏色越淺就表示落在該區域的資料分類沒那麼明確。

- 決策邊界會用粗線繪製（不一定每一種演算法都能畫出決策邊界）。

我們可以利用繪圖函式的輸出圖形，比較驗證資料與訓練資料的正確率，確認是否有過度配適（overfitting）的問題（請回顧 3.3.4 小節）。若驗證資料的正確率比訓練資料低很多，就表示模型的通用性不佳，恐怕在訓練階段有過度配適的狀況。

4.3.3 邏輯斯迴歸 (Logistic regression)

第 1 個要介紹的演算法是邏輯斯迴歸，使用的是 sigmoid 函數。下圖是此演算法的流程：

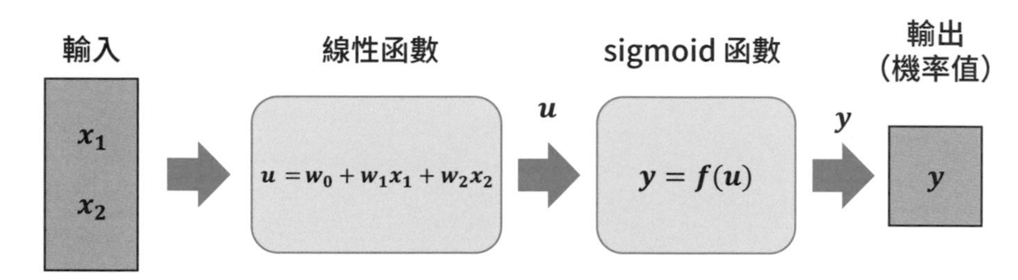

圖 4-3-4　邏輯斯迴歸的概要

步驟 1： 將輸入資料代入線性函數，算出 u 值。

步驟 2： 將 u 值代入 sigmoid 函數。此函數的輸出值 y 會介於 0～1.0 之間（請參考程式碼 4-3-3 的輸出），因此可視為機率值（0%～100%）。

步驟 3： 當 y 值大於 0.5 時，令預測結果的值為 1.0；當 y 值小於 0.5 時，令預測結果的值為 0。

```
# sigmoid 函數的定義
def sigmoid(x):
    return 1/(1 + np.exp(-x))

# 準備 x 的資料
x = np.linspace(-5, 5, 101)←── x 軸 [-5, 5] 均分成 101 個點

# 準備 y 的資料
y = sigmoid(x) ←── 經過 sigmoid 轉換到 [0, 1]

# 繪製圖形
plt.plot(x, y, label='sigmoid 函數 ', c='b', lw=2)

# 顯示圖例
plt.legend()

# 顯示網格
plt.grid()

# 繪製圖形
plt.show()
```

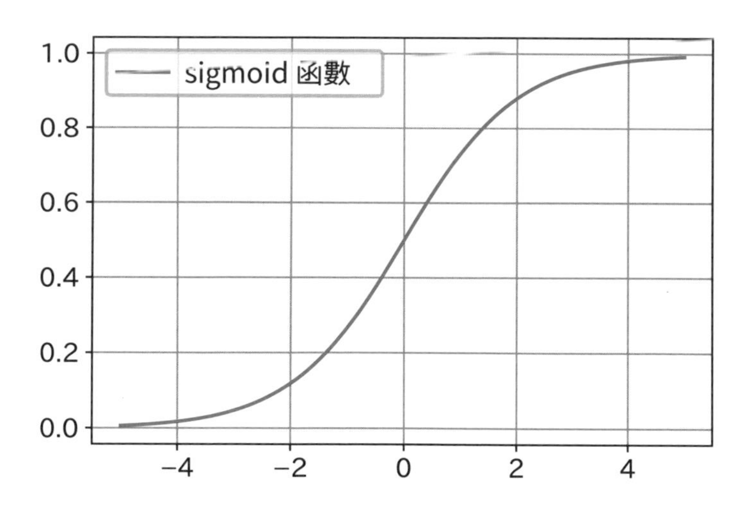

程式碼 4-3-3　sigmoid 函數的圖形

sigmoid 函數的重要性質如下：

- 單調遞增函數（函數值隨 x 增大由左下往右上遞增）
- 取值範圍為 0 到 1 之間
- 點對稱圖形，對稱中心是 (x, y) = (0, 0.5) 的點

由於 sigmoid 函數具備這些性質，因此其結果可視為機率值。若輸入資料為很大的負值，則其機率將接近於 0，若輸入資料為很大的正值，則其機率會接近於 1。

接下來我們用之前準備好的範例資料，利用邏輯斯迴歸（Logistic regression）來建立分類模型，看看會得到什麼樣的分類結果。我們需要先匯入邏輯斯迴歸的 LogisticRegression 套件，請看下面的程式：

```
# 繪製邏輯斯迴歸的散佈圖與分類結果

# 選擇演算法
from sklearn.linear_model import LogisticRegression
algorithm = LogisticRegression(random_state=random_seed)

# 顯示演算法的參數
print(algorithm.get_params())  ← 可察看此演算法的參數，
                                  在此全用預設值
# 呼叫繪圖函式
plot_boundaries(algorithm, DataList)  ← 畫出決策邊界
```

```
{'C': 1.0, 'break_ties': False, 'cache_size': 200, 'class_
weight': None, 'coef0': 0.0, 'decision_function_shape': 'ovr',
'degree': 3, 'gamma': 'scale', 'kernel': 'rbf', 'max_iter': -1,
'probability': False, 'random_state': 123, 'shrinking': True,
'tol': 0.001, 'verbose': False}
```

→ 接下頁

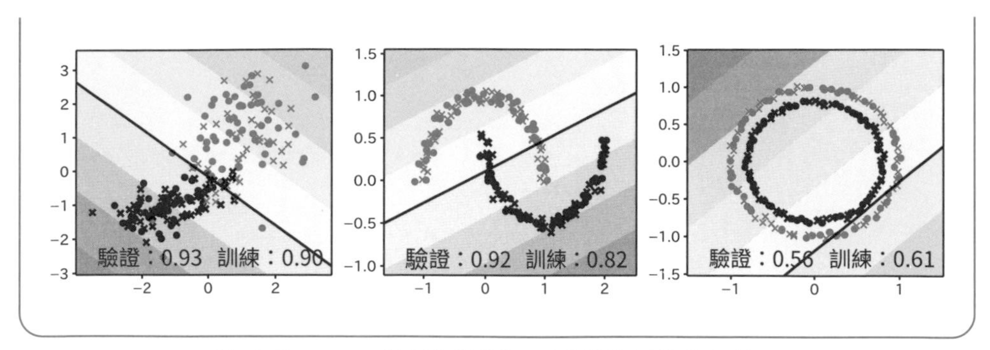

程式碼 4-3-4　繪製邏輯斯迴歸的散佈圖與分類結果

繪圖的 plot_boundaries 函式需要傳入演算法（algorithm）與輸入資料（DataList 來自程式碼 4-3-1）。程式碼中用 print 函式可將該演算法所有可用的參數都列出來，若不需要看到也可取消 print 這一行。各演算法函式都有許多可調整的參數，本書範例幾乎都使用參數預設值，讀者可於熟悉後自行設定。網路上都可查到函數各參數的用途。

這 3 種範例資料中，左邊的線性可分離類型，驗證資料與訓練資料幾乎得到同樣的正確率，而且可以用一條決策邊界分類。相對地，右邊呈圓形的資料就不適合用直線來進行分類，因此該條決策邊界的分類效果很差，正確率在 3 張圖中也最低，大約只有 56～61%（**編註：** 一般要大於 50% 才有意義，因為很容易就可達到 50%，例如將所有資料都判定為黑色）。而中間的兩道新月圖，用直線來分類也很難提高正確率。

4.3.4 支援向量機（SVM）- Kernel method

由 4.3.3 節的結果可知，當訓練資料呈現如第 2 種或第 3 種範例資料分佈時，並不適合用直線做分類。而解決這個問題的方法之一，就是本小節要介紹的支援向量機的 kernel method（譯為核化法或核方法）。下圖說明 kernel method 的概念：

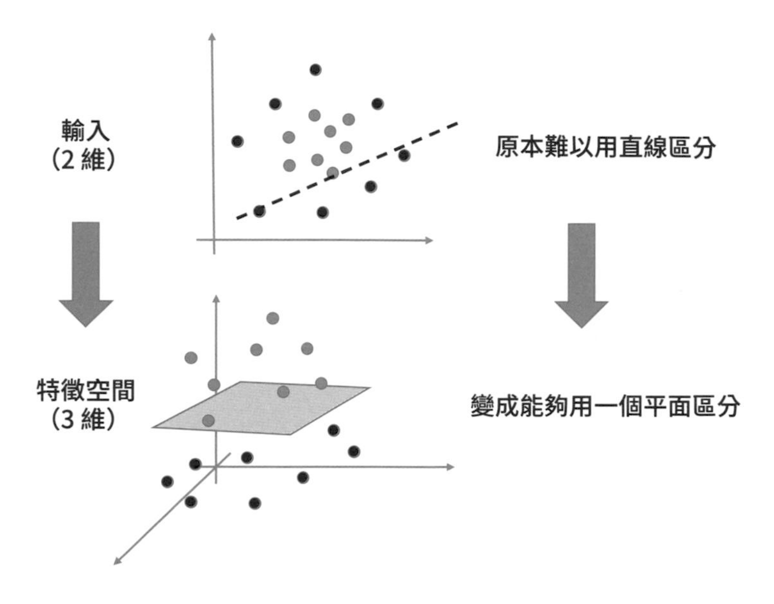

圖 4-3-5　Kernel method 的概念

編註：Kernel method 的概念

Kernel method 的概念是當兩種類別的資料在原始空間 (上圖是 2 維平面) 無法有效分類時，我們利用某些函式將這些資料轉換到另一個空間 (上圖是 3 維)，通常可以 (但不保證) 做到有效分類。其用到的轉換函式稱為 Kernel function (核函式)，而所謂的 Kernel (核) 就是一組演算法函式的組合。SVM 使用不同的演算法，也就會有不同的 Kernel。

可做空間轉換的 Kernel 有高斯核 (Gaussian kernel)、多項式核、sigmoid 核等等，其中最常使用的是高斯核，在 scikit-learn 的套件可以設定 SVC 函式的參數 kernel='rbf'，此 rbf 是 Radial Basis Function kernel 的縮寫，也稱為高斯核。

我們現在利用與剛才相同的 3 種範例資料，來看看使用高斯核的支援向量機可以得到什麼樣的決策邊界：

```
# 繪製 SVM（高斯核）的散佈圖與分類結果

# 選擇演算法
from sklearn.svm import SVC
algorithm = SVC(kernel='rbf', random_state=random_seed)

# 呼叫繪圖函式
plot_boundaries(algorithm, DataList)
```

驗證：0.96 訓練：0.93

驗證：1.00 訓練：1.00

驗證：1.00 訓練：1.00

程式碼 4-3-5　繪製支援向量機（高斯核）的散佈圖與分類結果

我們發現 4.3.3 節用邏輯斯迴歸無法有效分類的第 2、3 種範例資料，採用支援向量機的 Kernel method 都可以順利分類了。

4.3.5 神經網路演算法 (Neural network)

神經網路的概念我們在 2.6 節已介紹過，下圖中的每個圓圈都相當於一個神經元，在機器學習中稱為節點，這些節點會區分成輸入層、隱藏層、輸出層節點，並且分層相連：

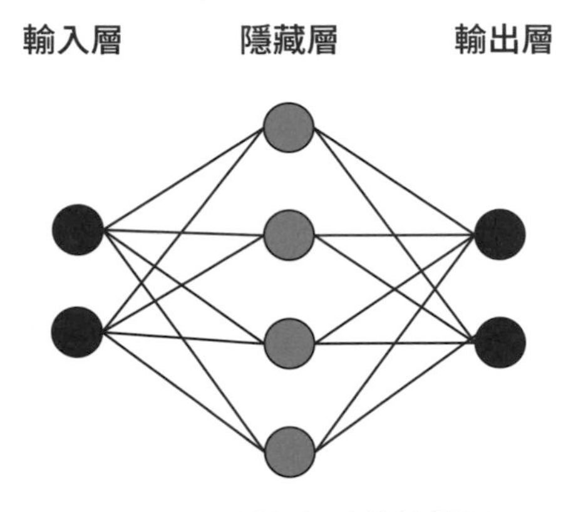

圖 4-3-6　神經網路的結構圖

由於我們能夠藉由增加隱藏層的層數建出更複雜的模型，因此即便是如範例資料中第 2 種或第 3 種線性不可分離的訓練資料，利用神經網路演算法也能夠處理。

神經網路模型的實作通常都會使用 TensorFlow 或 Keras 等深度學習用的套件，不過 scikit-learn 也同樣能夠實作。接下來，我們再以同樣的 3 種範例資料來看看若使用神經網路演算法，會得到什麼樣的預測結果。我們在此範例用的是 MLPClassifier 演算法（Multilayer perceptron）：

```
# 繪製神經網路的散佈圖與分類結果

# 選擇演算法
from sklearn.neural_network import MLPClassifier
algorithm = MLPClassifier(random_state=random_seed)

# 顯示演算法的參數
print(algorithm)

# 呼叫繪圖函式
plot_boundaries(algorithm, DataList)
```

→ 接下頁

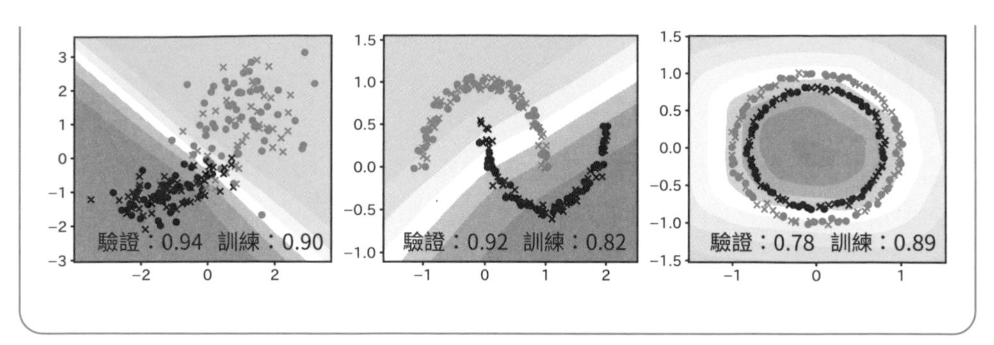

程式碼 4-3-6　繪製神經網路的散佈圖與分類結果

由第 2 個和第 3 個圖形來看，分類的效果明顯不好。

此演算法中有一個 hidden_layer_size 的參數，其預設值為 (100,)，是用來定義隱藏層有幾層以及每一層有幾個節點，預設是只有 1 層且節點數是 100 個。我們來試試將隱藏層改為 2 層，且各有 100 個節點，也就是設定 hidden_layer_sizes=(100,100) 會得到甚麼結果：

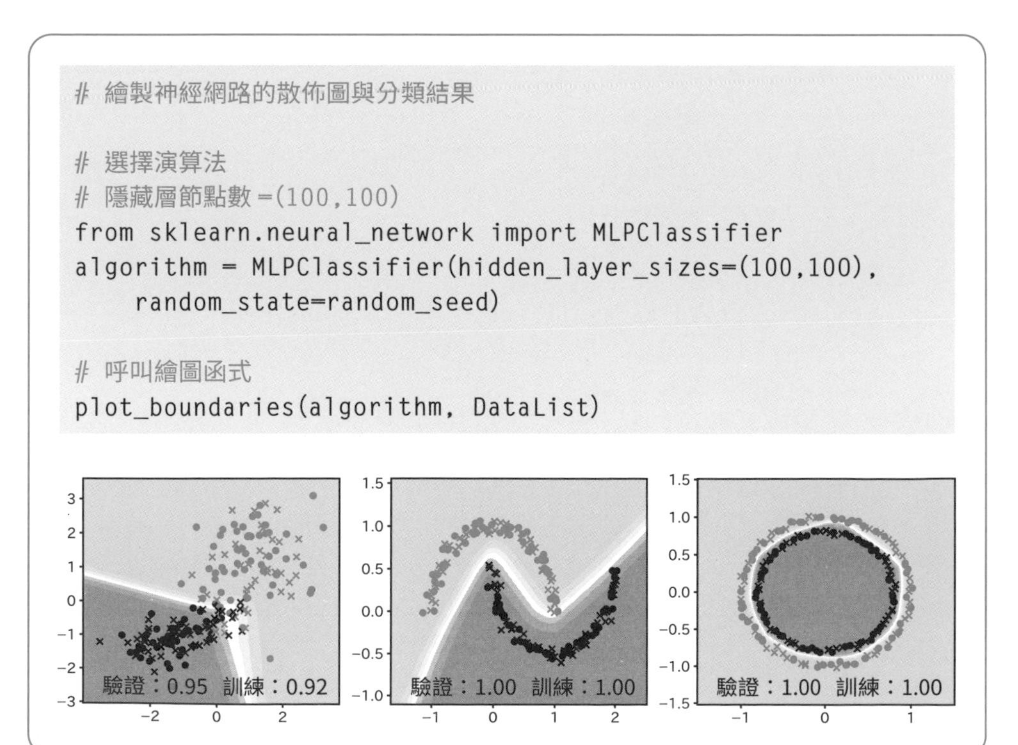

```
# 繪製神經網路的散佈圖與分類結果

# 選擇演算法
# 隱藏層節點數 =(100,100)
from sklearn.neural_network import MLPClassifier
algorithm = MLPClassifier(hidden_layer_sizes=(100,100),
    random_state=random_seed)

# 呼叫繪圖函式
plot_boundaries(algorithm, DataList)
```


程式碼 4-3-7　繪製神經網路（隱藏層 2 層）的散佈圖與分類結果

結果如上圖所示，3 種範例資料驗證正確率都明顯提升了，表示這個神經網路模型的隱藏層只要從 1 層增加到 2 層就可以得到蠻好的分類效果。

編註： 讀者可以自行嘗試調整各隱藏層的節點數或層數，看看正確率的差異。訓練階段的正確率只要達到設定的標準即可，以免出現過度配適的問題。

4.3.6 決策樹 (Decision tree)

介紹完 3 種損失函數型的演算法後，接下來就要進入決策樹型的演算法了！首先要介紹的是「決策樹」演算法，使用的是 DecisionTreeClassifier 函式。要說明決策樹的機制，最簡單明瞭的方式就是直接將決策樹繪製成圖形。

實作內容有點長，我們先在程式碼 4-3-8 載入「鳶尾花資料集」，再將品種從原本的 3 種縮減至 2 種。接下來在程式碼 4-3-9 會以縮減後的資料集建出決策樹，並將其內部分支狀態繪製成圖形：

```
# 匯入追加的套件
import seaborn as sns

# 載入範例資料
df_iris = sns.load_dataset("iris")

# 將鳶尾花的品種縮減至 2 種
df2 = df_iris[50:150]    ← 只取出第 50~149 筆的 2 個品種資料

# 將資料表切成 X, y 兩個
X = df2.drop('species', axis=1)    ← X 不包括 species 欄位
y = df2['species']                 ← y 只有 species 欄位
```

程式碼 4-3-8　載入鳶尾花資料集 (縮減至 2 個品種)

NOTE 這次的範例程式碼未將鳶尾花的欄位名稱改成中文，是因為繪製的決策樹不能正確顯示中文。

```python
# 訓練
from sklearn.tree import DecisionTreeClassifier
algorithm = DecisionTreeClassifier(random_state=random_seed)
algorithm.fit(X, y)     ←— 將 X, y 代入決策樹分類演算法

# 繪製決策樹的樹狀結構
from sklearn import tree
with open('iris-dtree.dot', mode='w') as f:
    tree.export_graphviz( algorithm, out_file=f,
        feature_names=X.columns, filled=True, rounded=True,
        special_characters=True, impurity=False, proportion=False
    )
import pydotplus
from IPython.display import Image
graph = pydotplus.graphviz.graph_from_dot_file('iris-dtree.dot')
graph.write_png('iris-dtree.png')
Image(graph.create_png())
```

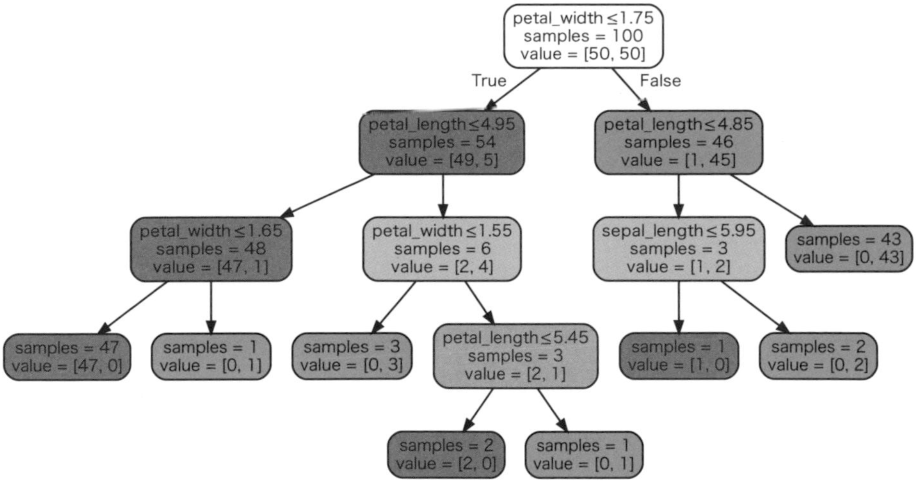

petal_width ≤ 1.75
samples = 100
value = [50, 50]
True
False
petal_length ≤ 4.95
samples = 54
value = [49, 5]
petal_length ≤ 4.85
samples = 46
value = [1, 45]
petal_width ≤ 1.65
samples = 48
value = [47, 1]
petal_width ≤ 1.55
samples = 6
value = [2, 4]
sepal_length ≤ 5.95
samples = 3
value = [1, 2]
samples = 43
value = [0, 43]
samples = 47
value = [47, 0]
samples = 1
value = [0, 1]
samples = 3
value = [0, 3]
petal_length ≤ 5.45
samples = 3
value = [2, 1]
samples = 1
value = [1, 0]
samples = 2
value = [0, 2]
samples = 2
value = [2, 0]
samples = 1
value = [0, 1]

程式碼 4-3-9　繪製決策樹的樹狀結構

圖中每個有顏色的方塊都可視為決策樹的葉子（leaf）。首先請看最上排的白色方塊，第 2 行 sample=100 是資料總數，第 3 行的 value=[50, 50]

表示 2 個品種各有 50 個。第 1 行是要根據 petal_width（花瓣寬度）的值是否小於等於 1.75 來進行第一次分類。但為何是挑選 petel_width 作為判斷的欄位以及用 1.75 作為閾值？這是決策樹演算法從資料中自行學習而來，我們不需要指定。

若 petal_width 小於等於 1.75，則產生第 2 排左側方塊，value=[49, 5] 表示 2 個品種的數量；若 petal_width 大於 1.75，則產生第 2 排右側方塊，其中也有 2 個品種數量。接下來的處理也一樣，先針對分組後的子群組設定篩選的欄位與閾值，再根據欄位值是否小於等於閾值來進行更細的分組，這就是決策樹的基本處理方式，也是人類最直覺的思考方式。

經過以上說明，相信各位對決策樹演算法應該有了基本認識，我們就繼續以同樣的 3 個範例資料為對象來建立模型。

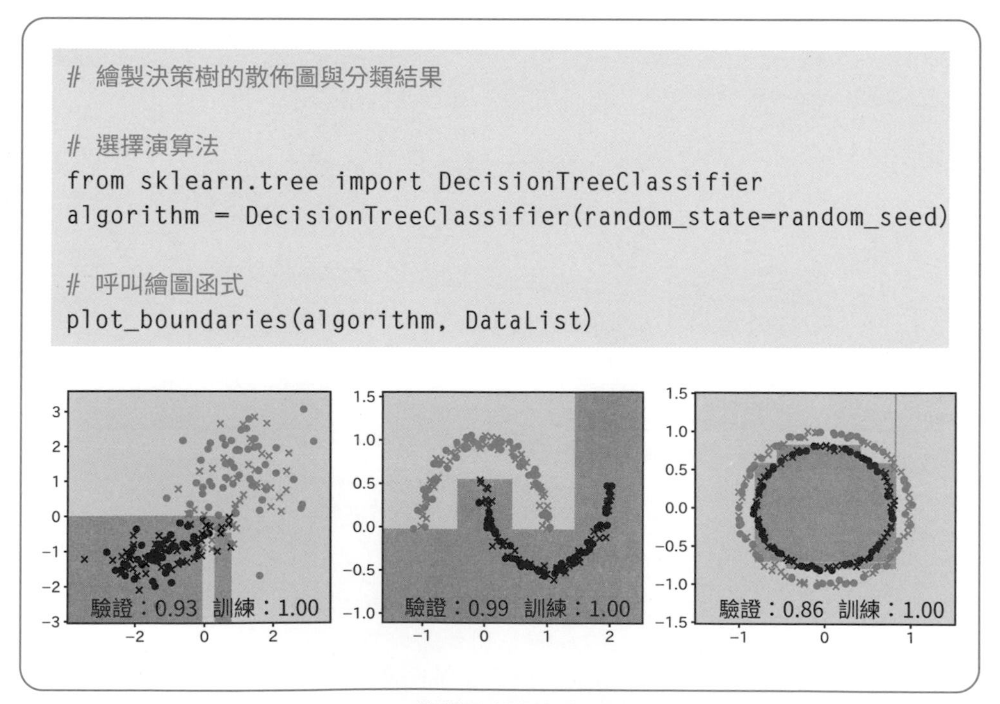

```
# 繪製決策樹的散佈圖與分類結果

# 選擇演算法
from sklearn.tree import DecisionTreeClassifier
algorithm = DecisionTreeClassifier(random_state=random_seed)

# 呼叫繪圖函式
plot_boundaries(algorithm, DataList)
```


程式碼 4-3-10　繪製決策樹的散佈圖與分類結果

跟之前幾種演算法相比，可看出決策樹具有以下特色：

- 與支援向量機（Kernel method）一樣能夠處理同心圓形的決策邊界。
- 支援向量機的邊界是曲線，而決策樹的邊界是由矩形區塊組成。
- 由於建立出來的規則是連離群值也會硬去配合，因此邊界有可能是不自然的形狀（例如左圖）。

最後一項特色是用決策樹演算法建立模型時需要注意之處，因為特別配合離群值的模型容易發生過度配適，之後當輸入新資料時的正確率恐會降低。比如說在程式碼 4-3-10 的輸出中，左圖在訓練資料的正確率雖然有 100%，但驗證資料的正確率下降到 93%，從圖上可看出有一塊細長的藍色區域，這就可能是配合離群值而產生的。

在決策樹中，**樹狀結構的深度越深，表示分得越細，產生過度配適的風險就越大**，因此解決方法之一就是預先指定樹狀結構深度的最大值，此參數即為 **max_depth**。在 DecisionTreeClassifier 函式中的決策樹深度預設是 max_depth=none，意思是不限制深度直到每個葉子內都只有一種類別為止。我們接下來將 max_depth 參數指定為 3，並使用與上次完全相同的方式進行訓練並繪製決策邊界：

```
# 繪製決策樹的散佈圖與分類結果（當 max_depth=3 時）

# 選擇演算法
from sklearn.tree import DecisionTreeClassifier
algorithm = DecisionTreeClassifier(max_depth=3,
    random_state=random_seed)

# 呼叫繪圖函式
plot_boundaries(algorithm, DataList)
```

→ 接下頁

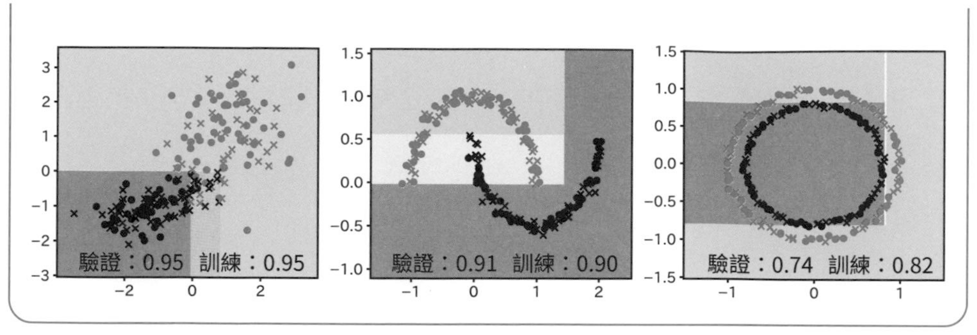

程式碼 4-3-11 繪製決策樹的散佈圖與分類結果 (max_depth=3)

由輸出可見，雖然左圖訓練資料的正確率從 100% 下降到 95%，但驗證資料的正確率從 93% 提高到 95%，這表示模型過度配適的情況減少、通用性增加。不過相對地，右圖的邊界劃分方式就不太理想，驗證資料的正確率也從 86% 大幅下降到 74%。這表示 max_depth 也**必須視個別資料的情況來決定最適合的值**。這個概念不只是對決策樹，對其它演算法的參數調整也同樣適用。

4.3.7 隨機森林 (Random forests)

從 4.3.6 節的範例可以看出，決策樹演算法的缺點是正確率不夠高，也容易發生過度配適。隨機森林演算法就是為了彌補這個缺點提出的改良方案。

其基本概念就是「**既然只靠一棵樹不行，那就種出一片森林**」，也就是隨機建出許多小決策樹搭配「**弱分類器**」(正確率不高，但比隨便亂猜要好一點的分類器。決策樹算是正確率高的強分類器)，然後再去統計這些弱分類器的分類結果，以**多數決**做出最終判斷，也就是將各個弱分類器結合成一個強分類器。以整體來看，隨機森林會比決策樹的正確率高，也較能避免過度配適的問題。

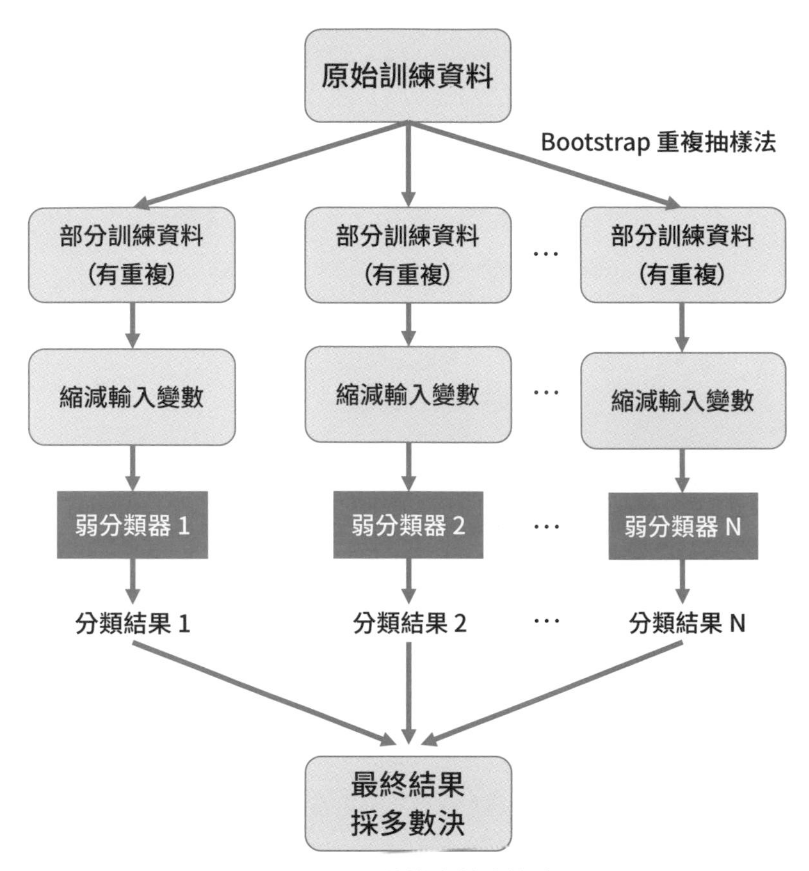

圖 4-3-7　隨機森林演算法

首先，將原始資料用 **Bootstrap 重複抽樣法**（抽後放回）隨機抽出 N 組子資料集，每個子資料集都有一個弱分類器。下一步是隨機刪減各子資料集中用於分類的欄位（可避免某個欄位被過度重視而造成分類偏差），然後用 N 組子資料集建出 N 棵相似但卻又不一定相同的小決策樹，如此就產生了一個森林。

> **編註：** 隨機森林採用的資料抽樣與弱分類器的方法稱為 Bagging (Bootstrap aggregating)，亦有人譯為裝袋法，我們在 4.3.8 節 XGBoost 演算法還會再看到。

> **編註：** 隨機森林分類器 RandomForestClassifier 函式的 n_estimators 參數預設是 100，也就是預設會建出 100 棵小決策樹。

接下來，我們就用相同的 3 種範例資料來實作隨機森林：

```
# 繪製隨機森林的散佈圖與分類結果

# 選擇演算法
from sklearn.ensemble import RandomForestClassifier
algorithm = RandomForestClassifier(random_state=random_seed)

# 呼叫繪圖函式
plot_boundaries(algorithm, DataList)
```

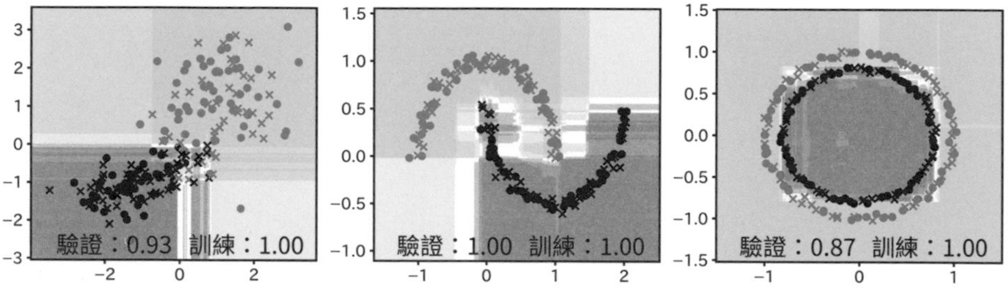

程式碼 4-3-12　繪製隨機森林的散佈圖與分類結果

比較圖 4-3-11、4-3-12，可發現隨機森林的分類邊界會比較貼近資料，不像決策樹僅用幾條直線分割，正確率也會比決策樹要高。

4.3.8 XGBoost

在決策樹型演算法中最後要介紹的是 XGBoost 演算法，全名是 eXtreme Gradient Boosting，近年被廣泛用在 Kaggle 機器學習模型競賽中且取得相當優秀的成績，以下簡單說明其概念。

編註： Kaggle (www.kaggle.com) 是建模與資料分析的競賽平臺，有興趣者可參考《自學機器學習 - 上 Kaggle 接軌世界，成為資料科學家》(旗標科技出版)。

由於各種演算法模型各有優缺點，於是就有結合幾種演算法模型優點的演算法，稱為**集成式學習法**（ensemble methods）或**整合式學習法**。XGBoost 就是以多棵樹進行分類的集成式學習法，也就是結合 **Bagging**（裝袋法，隨機森林就是採用此方法）與 **Boosting**（提昇法）組合而成的演算法。

> **編註：** 對集成式學習有興趣者可參考《Python 集成式學習 – 應用全部技術，打造最強模型》(旗標科技出版)。

Bagging 與 Boosting 都是使用多個分類器，兩者的差異在於：

- Bagging：多個分類器在互相獨立的情況下進行訓練。
- Boosting：根據前一個分類器的結果來訓練下一個分類器。

Bagging 在隨機森林的運作方式請回顧圖 4-3-7，下圖是 Boosting 的運作方式：

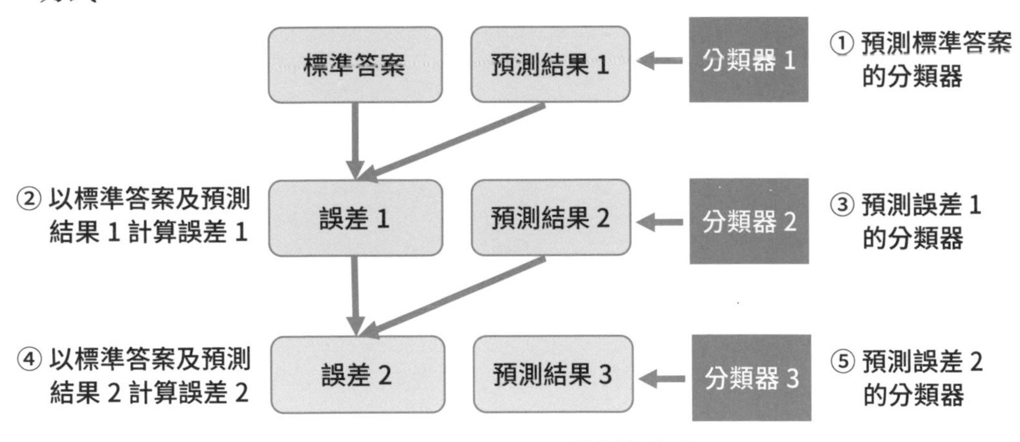

圖 4-3-8　Boosting 的運作方式

分類器 1 用輸入資料進行訓練生成第 1 棵樹，此時得到的預測值與標準答案有誤差。然後用 Bagging 隨機抽樣資料，讓分類器 2 改善第 1 棵樹沒學好之處以產生第 2 棵樹。同理，再生成第 3 棵樹去改善第 2 棵樹沒學好之處，前、後兩棵樹是互相關聯且依順序學習。XGBoost 預設會建立的分類器數量是 100 個，到最後得到一個高正確率的分類模型。

XGBoost 在每次生成下一棵樹都是採用 Bagging 隨機抽樣，所以說 XGBoost 是 Bagging 與 Boosting 的集成學習法。

實際上，XGBoost 的訓練原理要比上圖複雜得多，不過讀者大致瞭解這個概念即可。現在我們就再以同樣的範例資料，實際看看它的訓練結果如何：

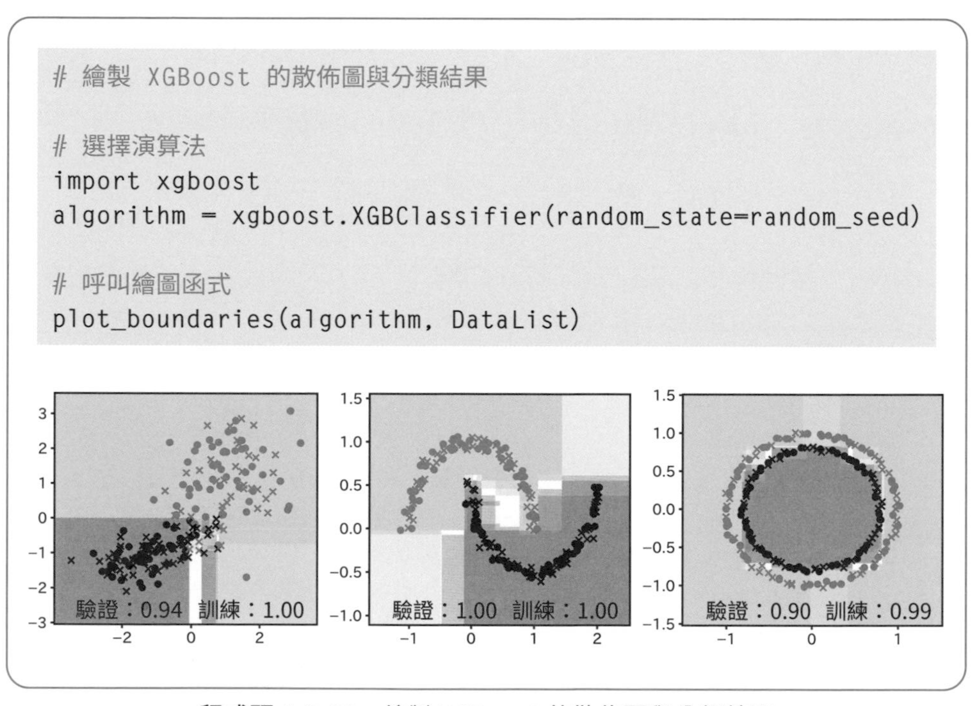

```
# 繪製 XGBoost 的散佈圖與分類結果

# 選擇演算法
import xgboost
algorithm = xgboost.XGBClassifier(random_state=random_seed)

# 呼叫繪圖函式
plot_boundaries(algorithm, DataList)
```


程式碼 4-3-13 繪製 XGBoost 的散佈圖與分類結果

XGBoost 可對應不同的資料分布去設定參數，此範例中對應 3 種不同的資料分布，左圖與中間圖的效果就不錯，但右圖的驗證正確率就只到 90%。(**編註：** 讀者可以試試調整參數，例如加入樹的深度參數 max_depth 設為 5，資料取樣比例參數 subsample 設為 0.8，則右圖的訓練正確率提高到 100%，驗證正確率可提高到 92%，但卻又不適合左圖與中間圖的資料分布)。

4.3.9 如何選擇演算法

我們在本章介紹了好幾種處理分類問題的演算法，讀者現在應該也很想知道「所以到底該使用哪種演算法才好」！這個問題沒有標準答案，我們通常會用以下幾種觀點做為選擇演算法的判斷標準。

想要了解模型的判斷依據

這是選擇演算法時一個很重要的標準。在目前介紹過的演算法中，邏輯斯迴歸與決策樹都屬於結構較為單純的演算法，很容易理解採用此演算法的模型會產生甚麼結果，如果希望建立的模型要讓人好懂（術語稱為可解釋性），這兩種演算法都是不錯的選擇。

高正確率的模型

如果不管模型是否容易理解，只追求高正確率，這時候通常會選擇支援向量機（Kernel method）、神經網路、隨機森林或 XGBoost 演算法。

那麼到底該選哪一個呢？這種情況下的標準做法，是將同樣的資料利用這幾種演算法各自建立模型，然後比較各模型的正確率之後選擇效果最好的那一個。做法可參考 4.5 節中「交叉驗證」與「網格搜尋」的內容。

訓練時間

由於本節使用的範例資料的欄位數與資料筆數都不多，因此各位不會意識到訓練時間的差異。但實務專案要處理的訓練資料筆數可能高達數百萬筆，欄位數也可能有數百個或數千個。此時，訓練時間的長短就可能成為選擇演算法的重要考量。

> **編註：** 龐大的資料量甚至有可能一訓練就長達數天甚至數月，特別是深度學習，因此研究人員對量子電腦殷切渴望。

機制較單純的「邏輯斯迴歸」與「決策樹」訓練時間通常都比較短，因此若以訓練時間的觀點來看，選擇這兩種演算法會比較有利。

下表將上述內容做成表格，可作為讀者在為專案選擇演算法時的參考：

演算法名稱	實作方式	正確率	可解釋性	訓練時間
邏輯斯迴歸	損失函數型	△	易	短
支援向量機 (Kernel method)		○	難	長
神經網路		◎	難	長
決策樹	決策樹型	△	易	短
隨機森林		○	難	長
XGBoost		◎	難	長

◎正確率最高 ○正確率高 △正確率普通

表 4-3-2 各演算法的特點

4.4 評估

評估（validation）是建立機器學習模型流程的第 8 個步驟，用於評估已經建出的模型到底好不好。本節以最常用的分類模型為主，介紹幾種不同的評估方法及其適用性。由於內容包括實務工作中需要的統計觀念，例如「混淆矩陣」（confusion matrix）、「精準性」（precision）及「召回率」（recall）等，雖然有點複雜，但請讀者務必耐心閱讀。

我們使用的範例是在第 3 章出現過的乳癌預測模型。此外，在 4.4.6 節也會講到迴歸模型的評估方法。

範例檔：ch04_04_estimate.ipynb

4.4.1 混淆矩陣 (confusion matrix)

我們在 3.3.8 節中說到分類模型中有一種評估方法是**正確率**（Accuracy），也就是**代表預測結果的正確率**。而本處要更進一步介紹**混淆矩陣**（confusion matrix），是對分類模型進行更詳細的評估，同樣會搭配 Python 程式碼說明。

混淆矩陣的 4 種情況

首先快速回顧一下第 3 章實作過的乳癌預測模型。其訓練資料包括 357 筆良性與 212 筆惡性。第 1 個建立出來的模型使用 2 個輸入變數，正確率為 87.72%。

從務實的角度仔細思考，我們期望這個模型可以做到：

1. 模型預測是良性，正確答案也是良性 ⇒ 預測正確

2. 模型預測是惡性，正確答案也是惡性 ⇒ 預測正確

然而，預測總有失準的時候，有可能是以下兩種情況：

1. 模型預測是惡性，但正確答案是良性 ⇒ 混淆了
2. 模型預測是良性，但正確答案是惡性 ⇒ 混淆了

由於模型的預測結果分為「惡性」與「良性」，標準答案也分為「惡性」與「良性」，因此預測結果與標準答案總共會有 4 種不同的組合。如果將驗證資料在**這 4 種情況中的筆數分別統計起來，整理成表格**，就能獲得比單純考慮正確率要更有意義的驗證結果。

以這個概念建出的表格即稱為**混淆矩陣**。下表是第 3 章訓練結束整理出來的混淆矩陣。矩陣中的數字是指預測的筆數，例如預測結果是良性且標準

答案也是良性的有 101 筆（預測正確），預測結果是良性但標準答案是惡性的有 19 筆（預測錯誤）：

		預測結果	
		良性	惡性
標準答案	良性	101	2
	惡性	19	49

表 4-4-1　乳癌預測模型的混淆矩陣

為了讓混淆矩陣更具通用性，我們將混淆矩陣的 4 個格子以英文縮寫表示。在醫學上有得病是陽性反應（Positive），沒得病是陰性反應（Negative），因此檢測出惡性腫瘤即為陽性，良性腫瘤即為陰性，因此混淆矩陣會改為下表：

		預測結果	
		良性	惡性
標準答案	良性	TN	FP
	惡性	FN	TP

表 4-4-2　具通用性的混淆矩陣

TP（True Positive，真陽性）：

模型預測是陽性（Positive），正確答案也是陽性（Postive）的筆數。

FP（False Positive，偽陽性）：

模型預測是陽性（Positive），正確答案是陰性（Negative）的筆數。

FN（False Negative，偽陰性）：

模型預測是陰性（Negative），正確答案是陽性（Positive）的筆數。

TN（True Negative，真陰性）：

模型預測是陰性（Negative），正確答案也是陰性（Negative）的筆數。

混淆矩陣是分類評估中最基本的表格，請各位一定要看懂！

編註：混淆矩陣的寫法

一般常見的混淆矩陣會像下面這樣 (惡性、良性的位置與上表相反，TP、TN、FN、FP 的位置也隨之改變)：

		預測結果	
		惡性	良性
標準答案	惡性	TP	FN
	良性	FP	TN

表 4-4-3 常見的混淆矩陣寫法

本書為了配合 scikit-learn 套件的 confusion_matrix 函式的輸出結果而將混淆矩陣的樣子調整為表 4-4-1、4-4-2 的格式，讀者在閱讀時請注意。

混淆矩陣的實作

接下來要實際用 Python 程式碼製作混淆矩陣的表格。我們在製作之前先建一個模型，並取得該模型在驗證資料上的預測結果。所以先複習一下第 3 章的實作範例。下面的程式碼是從載入乳癌診斷資料集一直到「分割資料」為止。

注意！乳癌診斷資料集中的惡性是用 0 表示，良性是用 1 表示，但在混淆矩陣中剛好反過來：惡性用 1、良性用 0，因此下列程式中會將載入資料集中的 0、1 對換。

```
# 從載入資料到分割資料
# 匯入套件
from sklearn.datasets import load_breast_cancer
```

→ 接下頁

```
# 載入資料
cancer = load_breast_cancer()  ←— 載入乳癌診斷資料集

# 輸入資料 x
x = cancer.data

# 標準答案 y
# 將值變更為 良性 : 0, 惡性 : 1
y = 1- cancer.target            ←— 將 0 改成 1，將 1 改成 0

# 將輸入資料縮減至 2 維
x2 = x[:,:2]

# (4) 分割資料
from sklearn.model_selection import train_test_split

x_train, x_test, y_train, y_test = train_test_split(x2, y,
    train_size=0.7, test_size=0.3, random_state=random_seed)
```

程式碼 4-4-1　從「載入資料」到「分割資料」為止

接著是從「選擇演算法」一直到「評估」的程式碼：

```
# 從選擇演算法到評估為止
# 選擇演算法 (邏輯斯迴歸)
from sklearn.linear_model import LogisticRegression
algorithm = LogisticRegression(random_state=random_seed)

# 訓練
algorithm.fit(x_train, y_train)

# 預測
y_pred = algorithm.predict(x_test)

# 評估
score = algorithm.score(x_test, y_test)

# 確認結果
```

→ 接下頁

```
print(f'score: {score:.4f}')

score: 0.8772
```

程式碼 4-4-2　第 3 章的複習，從「選擇演算法」到「評估」

然後，驗證資料的標準答案在 y_test，預測結果在 y_pred，到此都準備完畢，接著就可以利用 scikit-learn 套件的 confusion_matrix 函式生成混淆矩陣：

```
# 混淆矩陣的計算
# 匯入必要的套件
from sklearn.metrics import confusion_matrix

# 生成混淆矩陣
#   y_test: 驗證資料的標準答案
#   y_pred: 驗證資料的預測結果
matrix = confusion_matrix(y_test, y_pred)

# 確認結果
print(matrix)

[[101   2]
 [ 19  49]]
```

程式碼 4-4-3　混淆矩陣的計算與顯示

confusion_matrix 函式的使用方法非常簡單，只要傳入標準答案 y_test 與預測結果 y_pred 即可，並傳回 2D NumPy 陣列，可用 print 函式直接顯示陣列的內容。

不過單純以數值矩陣顯示，除了較難理解之外，可能也比較容易看錯。因此筆者定義了一個能夠傳回與表 4-4-1 結果完全相同的 make_cm 函式。

此函式是在資料框中建立 2 層索引的方式來呈現較複雜的資料，請讀者自行參考下面的程式碼：

```
# 用於顯示混淆矩陣之函式

def make_cm(matrix, columns):
    # matrix numpy 陣列
    # columns 項目名稱列表
    n = len(columns)

    # 將 '標準答案' 重複 n 次以生成列表
    act = ['標準答案'] * n
    pred = ['預測結果'] * n

    # 生成資料框
    cm = pd.DataFrame(matrix,
        columns=[pred, columns], index=[act, columns])
    return cm
```

程式碼 4-4-4　用於整理並輸出混淆矩陣之函式

呼叫 make_cm 函式的方式很簡單，只要傳入程式碼 4-4-3 中得到的混淆矩陣 NumPy 陣列，與想要顯示的項目名稱列表 ['良性', '惡性'] 即可。最後就會輸出與表 4-4-1 完全相同的表格：

```
# 利用 make_cm 顯示混淆矩陣
cm = make_cm(matrix, ['良性', '惡性'])
display(cm)
```

		預測結果	
		良性	惡性
標準答案	良性	101	2
	惡性	19	49

程式碼 4-4-5　顯示混淆矩陣

4.4.2 正確率、精確性、召回率、F分數

前面利用 Python 程式介紹分類模型中最基本的評估方法：混淆矩陣。接著要根據混淆矩陣中定義的 4 個項目（TP、FP、FN、TN），說明依不同目的適合的評估指標。

正確率（Accuracy）

首先，讓我們用混淆矩陣重新檢視 3.3.8 小節提到的正確率。正確率是以模型的「**正確答案數」除以「整體筆數」得到的計算結果**。我們再看一次表 4-4-1：

		預測結果	
		良性	惡性
標準答案	良性	101	2
	惡性	19	49

表 4-4-1　乳癌預測模型的混淆矩陣（再看一遍）

由上表的混淆矩陣可知，「整體筆數」有 101 + 2 + 19 + 49 = 171 筆。「正確答案數」是表中對角線上有底色的部分，有 101 + 49 = 150 筆。因此其正確率就是 150/171=0.87719…，確實符合第 3 章計算出來的正確率 87.72%。

我們依照表 4-4-2 將正確率的通用公式寫出來：

		預測結果	
		陰性	陽性
標準答案	陰性	TN	FP
	陽性	FN	TP

表 4-4-2　具通用性的混淆矩陣（再看一遍）

整體筆數 = TP + FP + FN + TN

正確答案數 = TP + TN

如此即可得到分類模型的正確率（Accuracy）公式：

$$正確率 = \frac{正確答案數}{整體筆數} = \frac{TP + TN}{TP + FP + FN + TN}$$

檢測對象為特定值的模型

經過上述說明，相信各位都已了解如何計算分類模型的正確率。那麼正確率越高，是否就代表此模型預測越準呢？事實上不一定，我們可以從下面兩個分類模型的例子，來了解為何不能只靠正確率作為評估模型好壞的指標。

Model 1：

		預測結果	
		良性	惡性
標準答案	良性	95	0
	惡性	5	0

Model 2：

		預測結果	
		良性	惡性
標準答案	良性	87	8
	惡性	3	2

表 4-4-4　訓練資料的比例相當不平衡時的混淆矩陣

上面兩個混淆矩陣同樣是乳癌預測模型的結果，但在整體數量為 100 筆的病歷當中，欲檢測的「惡性」只有極少數的 5 筆，占整體資料的 5%，比例上太過懸殊。其實分類模型經常遇到欲檢測對象（陽性）的資料量比非檢測對象（陰性）的資料量少很多的情形，例如銷售成交的預測模型與商品瑕疵檢測模型等皆是如此。

如果只看正確率，Model 1 的正確率有 $\frac{95+0}{100}=95\%$，Model 2 的正確率有 $\frac{87+2}{100}=89\%$。單憑正確率來比較是 Model 1 比較好，然而真的如此嗎？我們想要檢測到的是「惡性」，但仔細觀察這 2 個混淆矩陣就可以發現，Model 1 連 1 筆「惡性」都沒有檢測出來。

事實上，Model 1 可能只是將所有輸入不管三七二十一都預測為良性就有 95% 的正確率。相較之下，Model 2 雖然預測錯誤 8+3=11 筆，但至少發現了 2 筆想要檢測出來的「惡性」。這樣看起來，Model 2 正確率雖然比較低，但反而比 Model 1 有做事。

因此，在遇到資料比例不平衡的時候，就必須有其他的評估指標，也就是接下來要介紹的**精確性**（Precision）、**召回率**（Recall）與 **F 分數**。

精確性（Precision）

精確性是用來表示**在模型預測為「陽性」的資料中，也確實為「陽性」的比例**，亦稱為**陽性預測值**（PPV，Positive Predictive Value）。計算精確性的公式如下：

$$\text{精確性}\left(\text{PPV}\right)=\frac{\text{TP}}{\text{TP}+\text{FP}}$$

之後在 5.1 節介紹的「銷售成交預測模型」是一個很適合用精確性來判斷模型好壞的實用案例。下表是借用 5.1 節在已挑選銷售對象的情況下，推銷成功與失敗數量的混淆矩陣：

		預測結果	
		失敗	成功
標準答案	失敗	15593	376
	成功	1341	775

表 4-4-5　銷售成交預測模型的混淆矩陣

我們發現預測可銷售成功的 1151（376+775）個客戶中也確實成功的有 775 個，即可算出精確性為 67.3%（775/1151），這個數值越接近 100% 越好。

召回率 (Recall)

召回率是用來表示**模型能將真正「陽性」的資料，檢測為「陽性」的比例**，亦稱為**靈敏度**（Sensitivity）或**真陽性率**（TPR，True Positive Rate），其計算公式如下：

$$\text{召回率}\left(\text{Recall}\right) = \frac{\text{TP}}{\text{TP} + \text{FN}}$$

在表 4-4-4 中的 2 個模型，Model 1 沒有檢測出任何的惡性，其召回率為 0% ($\frac{0}{0+5}$)，而 Model 2 則在 5 個惡性中檢測出 2 個，其召回率為 40% ($\frac{2}{2+3}$)。雖然 Model 2 的正確率比 Model 1 差，但其召回率較高。

此種類型的案例在判斷模型優劣時，召回率是很重要的評估指標（不過召回率只有 40% 的模型，在實務上還是派不上用場）。

我們再以表 4-4-4 的銷售成交預測模型來思考召回率的意義。這個模型的召回率是看驗證資料當中，在總共成交的 2116（1341 + 775）位客戶中找出了 775 個，其召回率為 36.6%（$\frac{775}{2116}$）。

F 分數（F score）

當我們希望一個評估指標可以兼顧**精確性**與**召回率**這兩個指標之間的平衡，就可以使用 **F 分數**，其方法就是計算兩者的調和平均數。當兩者越平衡，F 分數會越高，計算公式如下：

$$F1 = \frac{2 \cdot \text{精確性}(PPV) \cdot \text{召回率}(TPR)}{\text{精確性}(PPV) + \text{召回率}(TPR)}$$

編註：F1 調和平均數推導

F1 的 1 是指 F 分數中的 PPV、TPR 兩者在調和平均數中的權重相同，各佔 0.5。

將精確性與召回率取調和平均數，就是：

$$F1=\frac{1}{0.5\cdot\frac{1}{PPV}+0.5\frac{1}{TPR}}=\frac{2}{\frac{PPV+TPR}{PPV\cdot TPR}}=\frac{2\cdot PPV\cdot TPR}{PPV+TPR}$$

關於評估指標的使用選擇

以下我們整理一下正確率、精確性、召回率以及 F 分數，分別應該在什麼情況下使用：

- **正確率**（Accuracy）：若標準答案中的陽性與陰性數量均衡，不論預測陽性或陰性，只要預測正確就好，像鳶尾花分類模型就適合。但若標準答案的陽性與陰性數量差異大，就應該看下面 3 種指標。
- **精確性**（Precision、PPV、陽性預測值）：在模型預測為「陽性」的資料中，也確實為「陽性」的比例。像銷售成交預測模型就適合。
- **召回率**（Recall、TPR、真陽性率、靈敏度）：模型能將真正「陽性」的資料，檢測出「陽性」的比例。像乳癌預測模型、銷售成交預測模型皆適合。
- **F 分數**（F score）：兼顧精確性與召回率這兩個指標之間的平衡。

編註：其實評估模型的指標還有好多種，此處僅介紹二元分類的其中 4 種，其它的評估指標 (包括多元分類的評估指標) 可以參考《機器學習的統計基礎》(旗標科技出版)。

利用 Python 計算精確性、召回率與 F 分數

我們接下來就用 Python 計算以上 3 種評估指標。其實從剛才的說明也看得出來，這幾個指標的公式都不複雜，可以自己寫算式計算，此處我們直接呼叫 scikit-learn 套件中的 precision_recall_fscore_support 函式，只要一行程式就能算出 3 個指標：

```
# 計算精確性、召回率與 F 分數

# 匯入套件
from sklearn.metrics import precision_recall_fscore_support

# 計算精確性、召回率與 F 分數
precision, recall, fscore, _ = precision_recall_fscore_ 接下行
    support(y_test, y_pred, average='binary')

# 確認結果
print(f'精確性  : {precision:.4f}')
print(f'召回率  : {recall:.4f}')
print(f'F 分數  : {fscore:.4f}')
```

```
精確性：0.9608
召回率：0.7206
F 分數：0.8235    ←── 可看出 F 分數會介於精確性與召回率之間
```

程式碼 4-4-6　計算精確性、召回率與 F 分數

我們在呼叫 precision_recall_fscore_support 函式時只需要傳入標準答案 y_test 與預測結果 y_pred。另外加了一個 average='binary' 的參數，表示是二元分類模型。

精確性與召回率的輸出會取決於哪一個預測結果設定為陽性（positive）。還記得在程式碼 4-4-1，我們已將惡性（陽性）設為 1、良性（陰性）設為 0，因為 precision_recall_fscore_support 函式設定陽性的參數 pos_label 預設就等於 1，所以不需要再指定。

4.4.3 機率值與閾值

機率值與閾值的關係

在分類模型中的預測值是個機率值，許多演算法會用這個機率值與事先設定好的閾值（threshold）比大小，例如機率值大於或小於 0.5 來決定要輸出 0 或是 1，這個作為判斷門檻用的 0.5 就稱為閾值。

圖 4-4-1　分類模型的閾值

上圖中的閾值設定為 0.5，因此當算出來的機率值是 0.631 大於閾值，所以預測結果會是 1。但如果將閾值設為 0.7 時，0.631 低於閾值，則預測結果就會變成 0。

接下來要介紹如何利用模型計算的機率值與更改閾值來控制模型的輸出結果。此方法會實際應用在 5.1 節的實作範例。

我們現在來思考一下，如果閾值改變了，上一節的精確性與召回率會出現什麼變化？請見下圖：

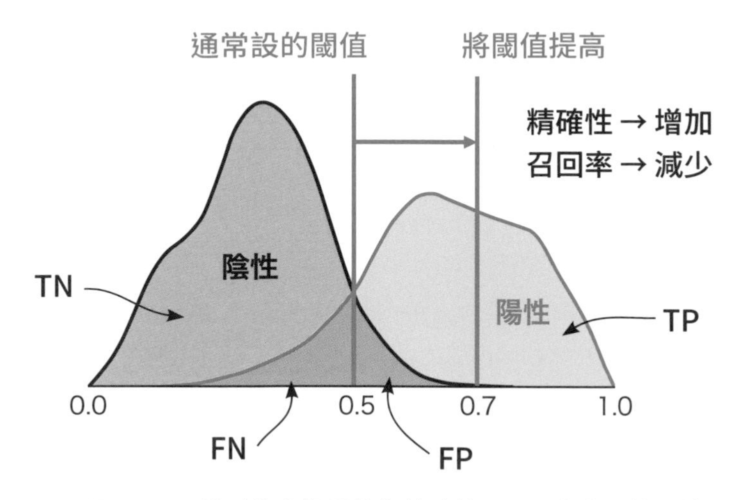

圖 4-4-2　模型的分類閾值與精確性、召回率之間的關係

上圖橫軸是機率值從 0.0~1.0。藍色曲線為陽性（y=1）的資料數分布，黑色曲線則為陰性（y=0）的資料數分布。可清楚看到當閾值為 0.5 時，機率值小於閾值的資料會被判定為陰性，大於閾值的會被判定為陽性。

如果將閾值由 0.5 提高到 0.7，我們發現 FP（偽陽性）的面積縮小。這就影響到精確性，$\frac{TP}{TP+FP}$，當分母 FP 的值變小，精確性會提高。

當然，閾值的改變也影響到藍色區域。原本閾值右側的藍色區域占了相當大的比例，現在則縮減許多。而且原本的 FN（偽陰性）的面積變大了，這也影響到召回率，$\frac{TP}{TP+FN}$，當分母 FN 的值變大，召回率會下降。

換句話說，精確性與召回率是一種折衷關係。變更閾值雖然可以提高其中一個評估指標值，但也會導致另一個評估指標值降低。雖然閾值一般預設為 0.5，但可以根據需求選擇最適合的值。

取得機率值

現在要實際用 Python 來計算預測的機率值。此處是用演算法提供的 predict_proba 函式，可得到每個分類的機率值（這是二元分類，所以會得到預測為 0 與 1 的機率值)。若輸入變數中的資料數為 N，則呼叫 predict_proba 函式的結果會輸出 N×2 的 NumPy 陣列。請看下面的程式碼：

```
# 取得機率值
y_proba = algorithm.predict_proba(x_test)
print(y_proba[:10,:])
```

```
[[0.9925 0.0075]
 [0.9981 0.0019]
 [0.0719 0.9281]
 [0.8134 0.1866]
 [0.0345 0.9655]
 [0.6376 0.3624]
 [0.9694 0.0306]
 [0.9743 0.0257]
 [0.76   0.24  ]
 [0.9775 0.0225]]
```

程式碼 4-4-7　取得機率值

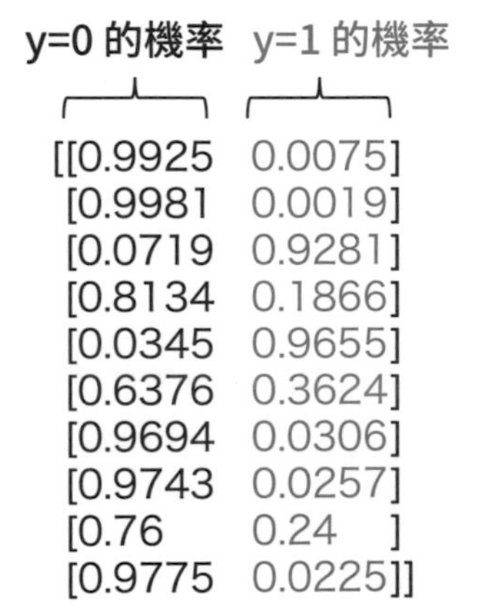

圖 4-4-3　predict_proba 函式的傳回值

y=0 的機率值與 y=1 的機率值之和會是 1，也就是每一筆資料預測為 0 與 1 的機率加總會是 1。因為我們要判斷是否為陽性（y=1）的結果，因此接下來會將預測為 1 的機率值取出（也就是上面藍色的數字）：

```
# 取得 positive(1) 的機率值
y_proba1 = y_proba[:,1]

# 確認結果
print(y_test[10:20])
print(y_pred[10:20])
print(y_proba1[10:20])
```

```
[0 1 1 0 1 0 0 0 0 0]  ←—— y_test
[0 1 0 0 1 0 0 0 0 0]  ←—— y_pred
[0.2111 0.9188 0.1617 0.0609 0.631  0.0549 0.0601 0.0506
0.0383 0.0164]
```

程式碼 4-4-8　確認機率值

我們從標準答案 y_test、預測結果 y_pred 與取出的 y_proba1 當中，挑選從第 11 筆開始的 10 筆資料來顯示（Numpy 陣列索引是從 0 開始）。若只看 y_pred 的值，我們只能知道第 12 筆和第 15 筆的值為 1。但若再加上 y_proba1 的值，就能看出第 12 筆的機率值是 0.9188，第 15 筆的機率值是 0.631，雖然兩者在閾值為 0.5 時都被當做 1，但第 12 筆是 1 的確定程度比第 15 筆是 1 要來得高。

如果我們將閾值提高到 0.7，則第 12 筆的預測結果仍然是 1，但第 15 筆的預測結果就會變成 0。因此，調整閾值也會影響模型預測的結果。以下我們分別用 y_proba1 中的機率值與閾值 0.5、0.7 比大小。比較的結果是 True 或 False，然後再用 astype 函式將 True 轉換為 1，False 轉換為 0：

```
# 變更閾值
thres = 0.5        ←— 這是一般預設的閾值
print((y_proba1[10:20] > thres).astype(int))

thres = 0.7        ←— 閾值提高到 0.7
print((y_proba1[10:20] > thres).astype(int))

[0 1 0 0 1 0 0 0 0 0]  ←— thres=0.5
[0 1 0 0 0 0 0 0 0 0]  ←— thres=0.7
```

程式碼 4-4-9　調整閾值以改變預測結果

由輸出可見，當 thres=0.5 調整為 thres = 0.7 時，只有被藍線框起的部分，也就是機率值 0.631 的那一筆改變，我們可確認閾值的高低確實會影響到判定的結果。

接下來我們可以將這種利用閾值調整預測結果的機制定義成 pred 預測函式。此函式第 1 個參數是指定演算法，第 2 個參數是測試資料，第 3 個參數是指定閾值，請看下面的程式：

```
# 定義可以改變閾值的預測函式
def pred(algorithm, x, thres):
    # 取得機率值（矩陣）
    y_proba = algorithm.predict_proba(x)

    # 預測結果 1 的機率值
    y_proba1 =  y_proba[:,1]

    # 預測結果 1 的機率值 > 閾值
    y_pred = (y_proba1 > thres).astype(int)
    return y_pred
```

程式碼 4-4-10　定義帶有閾值的預測函式 pred

然後我們可以利用下面的程式實際確認此函式是否有按照預期動作：

```
# 取得閾值為 0.5 的預測結果
pred_05 = pred(algorithm, x_test, 0.5)

# 取得閾值為 0.7 的預測結果
pred_07 = pred(algorithm, x_test, 0.7)

# 確認結果
print(pred_05[10:20])
print(pred_07[10:20])
```

```
[0 1 0 0 1 0 0 0 0 0]
[0 1 0 0 0 0 0 0 0 0]
```

程式碼 4-4-11 確認預測函式 pred 的動作

如此一來，我們就建立了一個可以隨時設定閾值的函式了。這個技巧在後面 5.1 節也會用到。

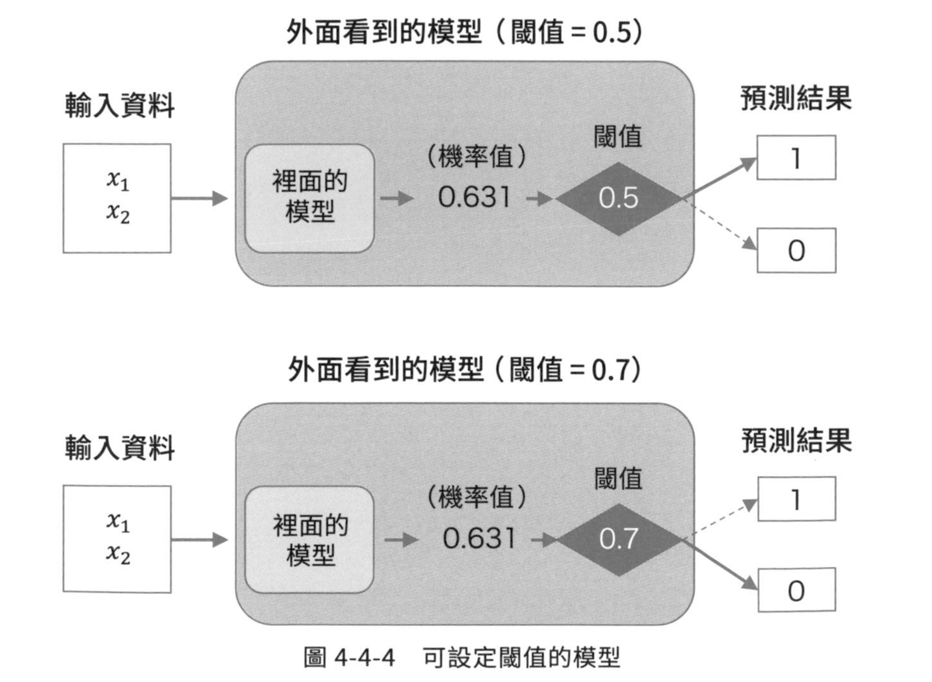

圖 4-4-4 可設定閾值的模型

4.4.4 PR 曲線與 ROC 曲線

PR 曲線（Precision-Recall curve）與 ROC 曲線（Receiver Operating Characteristic curve）是將調整閾值時的正確率變化繪製成曲線，藉以確認模型的性能。這裡會藉由實作來了解曲線的繪製方法，並說明如何用這兩條曲線的圖形面積，作為評估模型性能的方法。

PR 曲線

因為調整閾值的大小會造成精確性（Precision）與召回率（Recall）的變動，因此我們可以將這兩個指標以召回率為 x 軸，精確性為 y 軸，將它們變動的情況繪製成類似曲線的圖，據以評估模型的好壞，這條曲線就是 **PR 曲線**。

我們現在就用範例的模型來繪製 PR 曲線。首先，第 1 步就是取得閾值變化時的精確性與召回率之值，我們要用到 scikit-learn 套件中的 precision_recall_curve 函式，以標準答案 y_test 與預測的機率 y_proba1 為參數，並傳回精確性、召回率與閾值的陣列，請看下面的程式碼：

```
# 匯入套件
from sklearn.metrics import precision_recall_curve

# 取得精確性、召回率與閾值
precision, recall, thresholds = precision_recall_curve(
    y_test, y_proba1)

# 將結果轉換成資料框
df_pr = pd.DataFrame([thresholds, precision, recall]).T  ← 將矩陣轉置

df_pr.columns = ['閾值', '精確性', '召回率']  ← 加上各行的標題
```

→ 接下頁

```
# 顯示閾值 0.5 附近的結果
display(df_pr[52:122:10])
```

← 由索引 52 開始隔 10 筆取 1 筆到 121

	閾值	精確性	召回率
52	0.1473	0.7901	0.9412
62	0.2027	0.8310	0.8676
72	0.3371	0.9344	0.8382
82	0.5347	0.9608	0.7206
92	0.7763	0.9756	0.5882
102	0.9025	1.0000	0.4559
112	0.9829	1.0000	0.3088

→ 與程式碼 4-4-6 的輸出一致

程式碼 4-4-12　生成 PR 曲線的陣列

上面的輸出是以 10 列為間距，提取包括閾值、精確性、召回率的值並用 display 函式顯示出來。我們可以看出當閾值逐漸增加，精確性有逐漸提高的趨勢，而召回率則有逐漸下降的趨勢。其中第 82 列是閾值約為 0.5 的位置，此時的精確性為 0.9608，召回率為 0.7206，與程式碼 4-4-6 的輸出一致。當然，依驗證資料的不同，也可能出現不同的結果。

現在繪製 PR 曲線的前置作業都已準備完成。繪圖時通常都會用 plot 函式，不過這次改用 fill_between 函式，可將圖形覆蓋區域上色。

下面就是繪製 PR 曲線的程式碼：

```
# 設定圖形尺寸
plt.figure(figsize=(6,6))
# 將圖形區域上色
plt.fill_between(recall, precision, 0)
```

→ 接下頁

```
# 指定 x, y 的範圍 (限制在 0~1 之間)
plt.xlim([0.0, 1.0])
plt.ylim([0.0, 1.0])

# 顯示座標軸的名稱與標題
plt.xlabel('召回率')
plt.ylabel('精確性')
plt.title('PR 曲線')
plt.show()
```

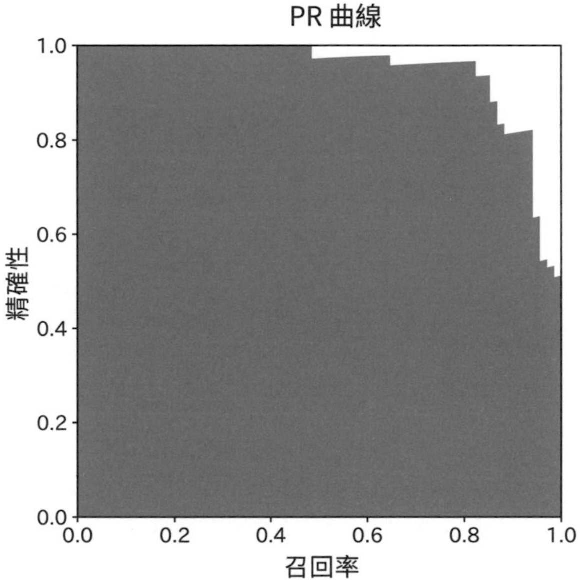

程式碼 4-4-13　繪製 PR 曲線

上圖的重點在於上色區域的面積。該面積越接近 1，模型的正確率就越高，因此該面積之值是用來衡量模型性能的指標之一。我們可以利用 scikit-learn 套件提供的 auc 函式（area under the curve 的縮寫）計算曲線下的面積：

```
# 計算 PR 曲線下的面積
from sklearn.metrics import auc
pr_auc = auc(recall, precision)
print(f'PR 曲線下的面積 : {pr_auc:.4f}')
```

```
PR 曲線下面積 : 0.9459
```

程式碼 4-4-14　計算 PR 曲線下的面積

一般來說，面積只要達到 0.9 以上就會被認為是性能不錯的模型，我們算出來的面積是 0.9459，因此這算是一個蠻好的模型。

ROC 曲線

接著要介紹的 ROC 曲線同樣是繪製模型在調整閾值時的變化，不過它的兩個座標軸不是用精確性與召回率，而是用靈敏度與偽陽性率（可先翻到程式碼 4-4-16 看輸出的 ROC 圖）。

靈敏度就是召回率或稱為真陽性率（TPR，True Positive Rate）。偽陽性率（FPR，False Positive Rate）也有人會寫為 1－特異度。以下將這幾個常見指標的計算公式列出：

靈敏度（亦稱為召回率或真陽性率）$TPR = \frac{TP}{TP + FN}$

特異度（亦稱為真陰性率）$TNR = \frac{TN}{FP + TN}$

偽陽性率 $FPR = \frac{FP}{FP + TN}$

1－特異度：$1 - TNR = 1 - \frac{TN}{FP + TN} = \frac{FP}{FP + TN} = FPR$（偽陽性率）

有些明明是同一個公式卻有不同的名稱，的確容易讓人混淆，這是機器學習與統計學領域的稱呼習慣不同，我們只要依循習慣即可。

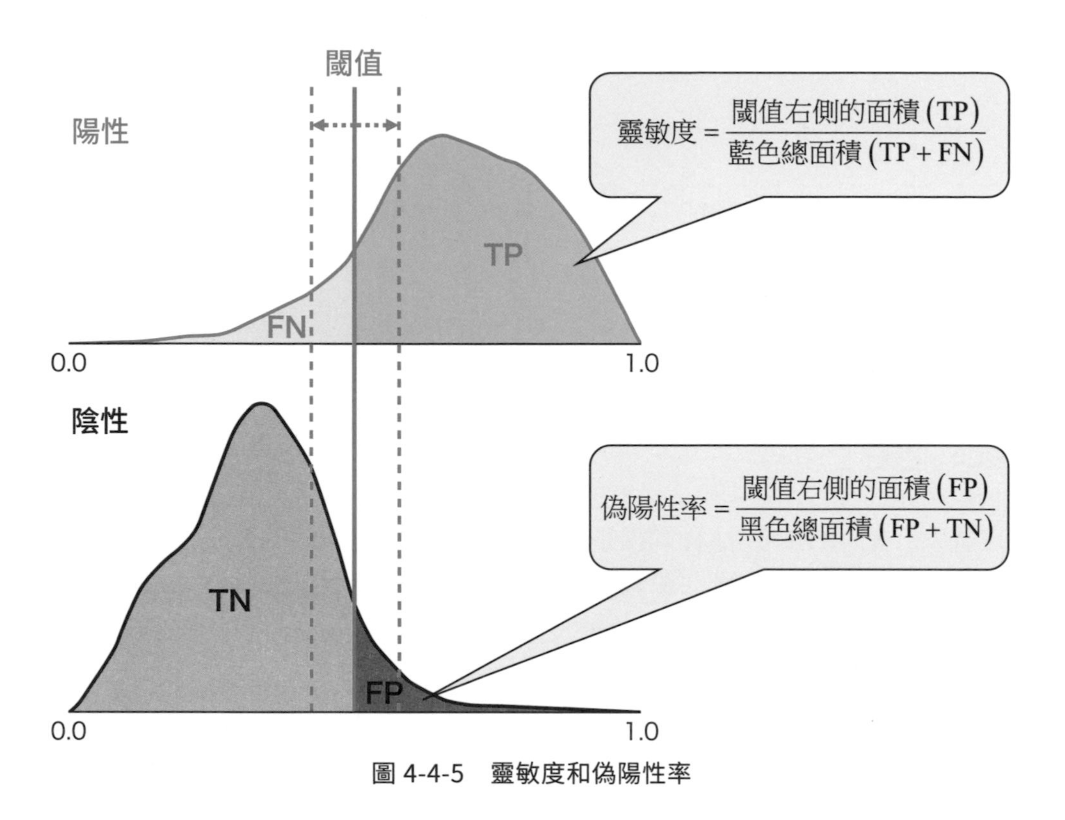

圖 4-4-5　靈敏度和偽陽性率

上面這 2 張圖是先將標準答案的資料分為陽性 (藍色) 與陰性 (黑色) 2 組，再根據模型計算的機率值 (橫軸的 0~1 即 0%~100%)，分別畫出分布圖 (**編註：** 其實就是將圖 4-4-2 的藍色與黑色拆成兩張圖)。

因此要計算靈敏度，就是計算藍色圖形中 TP (面積) 佔 TP+FN (總面積) 的比例。同理，要計算偽陽性率，就是計算黑色圖形中 FP (面積) 佔 FP+TN (總面積) 的比例。

當閾值往右（變大）或往左（變小）改變時，靈敏度與偽陽性率都會隨之改變。因此用這兩個評估指標畫出來的圖稱為 ROC 曲線。接下來就用程式實作，我們要利用 scikit-learn 套件的 roc_curve 函式，來看看靈敏度與偽陽性率受閾值影響的變化：

```
# 生成 ROC 曲線的陣列

# 匯入套件
from sklearn.metrics import roc_curve

# 取得偽陽性率、靈敏度與閾值
fpr, tpr, thresholds = roc_curve(
    y_test, y_proba1, drop_intermediate=False)

# 將結果轉換成資料框
df_roc = pd.DataFrame([thresholds, fpr, tpr]).T
df_roc.columns = ['閾值', '偽陽性率', '靈敏度']

# 顯示閾值 0.5 附近的結果
display(df_roc[21:91:10])
```

	閾值	偽陽性率	靈敏度
21	0.9829	0.0000	0.3088
31	0.9025	0.0000	0.4559
41	0.7763	0.0097	0.5882
51	0.5347	0.0194	0.7206
61	0.3371	0.0388	0.8382
71	0.2027	0.1165	0.8676
81	0.1473	0.1650	0.9412

程式碼 4-4-15　生成 ROC 曲線的陣列

我們將驗證資料的標準答案 y_test 與模型輸出的預測機率值 y_proba1 傳入 roc_curve 函式，此函式就會取出 y_proba1 中的每個機率值當作閾值去計算偽陽性率與靈敏度，然後傳回算好的偽陽性率、靈敏度，以及其對應的閾值。

roc_curve 函式預設的參數 drop_intermediate=True，會自動優化將沒有變化的閾值刪除。此處是因為想讓讀者看到完整的閾值與其算出來的偽陽性率與靈敏度，才故意將該參數設為 False 不要做優化。此參數是 True 或 False 都不影響最後畫出來的 ROC 曲線。由輸出的表格可看出當閾值越低，偽陽性率與靈敏度會越高。

現在繪製 ROC 曲線所需的資料已準備就緒，可以開始繪製了：

```
# 繪製 ROC 曲線

# 設定圖形尺寸
plt.figure(figsize=(6,6))

# 繪製虛線
plt.plot([0, 1], [0, 1], 'k--')

# 將圖形區域上色
plt.fill_between(fpr, tpr, 0)  ← 畫出座標 (0,0) 到 (1,1)
                                  的對角虛線

# 指定 x, y 的範圍
plt.xlim([0.0, 1.0])
plt.ylim([0.0, 1.0])

# 顯示座標名稱與標題
plt.xlabel('偽陽性率')
plt.ylabel('靈敏度')
plt.title('ROC 曲線')
plt.show()
```

→ 接下頁

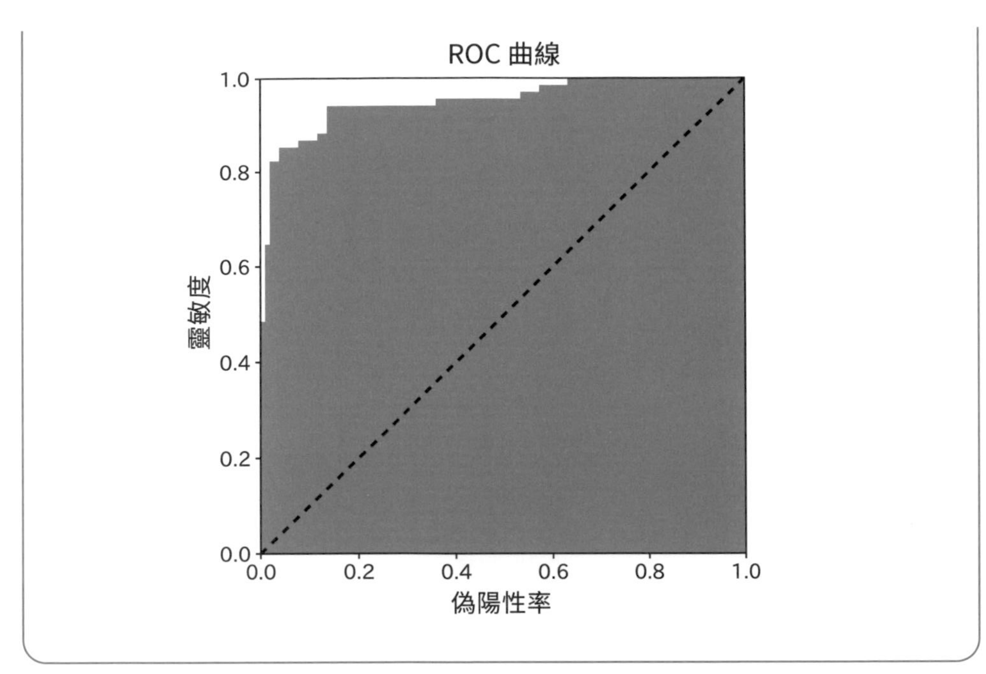

程式碼 4-4-16　繪製 ROC 曲線

我們繪製連接點（0, 0）與點（1, 1）的虛線，這條線表示模型最差的狀況，就是靈敏度（真陽性率）與偽陽性率各 50%，完全沒辦法判斷。如果 ROC 曲線越往左上方拉高，也就是靈敏度越高且偽陽性越低，藍色佔滿整個區域，這樣的模型最好。

我們接下來只要呼叫 auc 函式就能算出 AUC（曲線下的面積）的值：

```
# 計算 ROC 曲線下面積
roc_auc = auc(fpr, tpr)
print(f'ROC 曲線下面積 : {roc_auc:.4f}')
```

```
ROC 曲線下面積 : 0.9522
```

程式碼 4-4-17　計算 ROC 曲線下面積

要用 AUC 判斷模型的性能，一般會以下表的數值範圍作為評估標準。此範例算出的 AUC 是 0.9522，可以算是高性能的模型：

ROC 曲線下面積	性能
0.9-1.0	高性能
0.7-0.9	中性能
0.5-0.7	低性能

表 4-4-6　ROC 曲線下面積的值與模型性能之間的關係

我們在程式碼 4-4-14 計算 PR 曲線下的面積是 0.9459，表示使用 PR 曲線或 ROC 曲線都可判斷此模型是高性能模型。

最後，為了確認 ROC 曲線下面積與模型優劣之間的關係，我們利用在第 3 章結尾建立的改良版乳癌預測模型（輸入變數使用原本的 30 個）繪製出 ROC 曲線：

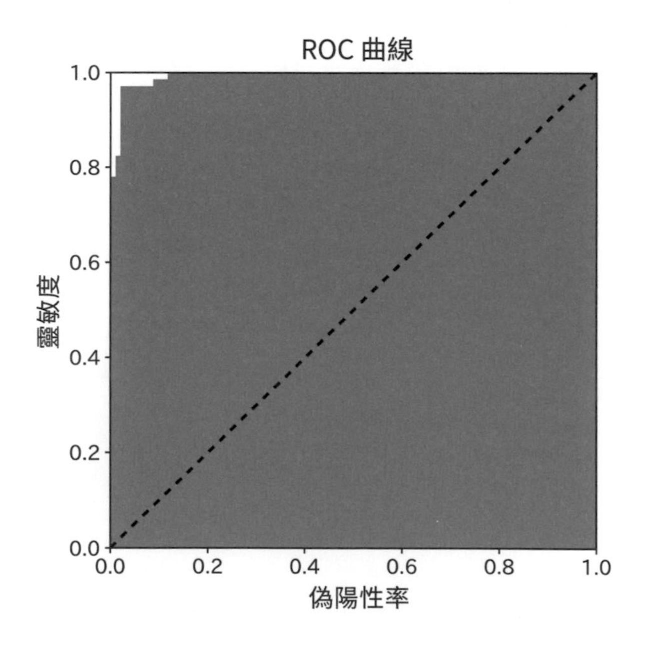

圖 4-4-6　高性能模型的 ROC 曲線

```
# 計算 ROC 的 AUC
roc_auc = auc(fpr, tpr)
print(f'ROC 曲線下面積 : {roc_auc:.4f}')
```

```
ROC 曲線下面積 : 0.9921
```

程式碼 4-4-18　高性能模型的 ROC 面積值

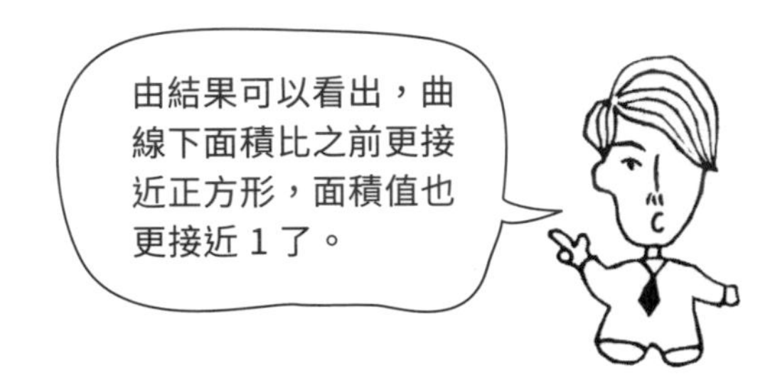

4.4.5 輸入特徵 (資料欄位) 的重要性

前面已經介紹過幾種評估指標瞭解模型能夠準確預測到什麼程度，接下來要講的是**輸入特徵 (feature) 的重要性**，也就是要找出「**各特徵與模型預測結果的相關性到什麼程度**」的方法。

一個資料集中的特徵數可能從數十個到數千個之多 (也就是資料欄位)，但是每個特徵的重要性並不相同，某些特徵可能對預測結果影響很大，而另一些特徵卻可有可無，於是我們想找出各特徵對模型預測的重要性，進而篩選出最有用的特徵再輸入模型，如此可讓模型運算更有效率。

要做到特徵篩選的方法有許多種，這裡我們用隨機森林的分類模型來示範。本例使用的是鳶尾花資料集，而且不做資料分割，直接將全部的資料送入模型，我們想看看此資料集中的 4 個特徵 (資料欄位) 的重要性如何：

```
# 建立隨機森林的模型
# 載入範例資料
import seaborn as sns
df_iris = sns.load_dataset("iris")
columns_i = ['萼片長度', '萼片寬度', '花瓣長度', '花瓣寬度', '種別']
df_iris.columns = columns_i

# 輸入資料 x
x = df_iris[['萼片長度', '萼片寬度', '花瓣長度', '花瓣寬度']]

# 標準答案 y
y = df_iris['品種']

# 選擇演算法（隨機森林）
from sklearn.ensemble import RandomForestClassifier
algorithm = RandomForestClassifier(random_state=random_seed)

# 訓練
algorithm.fit(x, y)
```

```
RandomForestClassifier(random_state=123)
```

程式碼 4-4-19　建立隨機森林模型

模型訓練完成之後，我們可以用隨機森林演算法的 feature_importances_ 屬性取得所有特徵（資料欄位）對建模的重要性：

```
# 取得重要性向量
importances = algorithm.feature_importances_

# 以特徵欄位名稱為索引，生成 Series（1維）資料
w = pd.Series(importances, index=x.columns)

# 按值由大至小排序
u = w.sort_values(ascending=False)
```

→ 接下頁

```
# 確認結果
print(u)

花瓣長度    0.4611
花瓣寬度    0.4257
萼片長度    0.0874
萼片寬度    0.0257
dtype: float64
```

程式碼 4-4-20　確認各輸入欄位的重要性

特徵的重要性可以透過隨機森林演算法的 feature_importances_ 屬性取得，並指派給 importances。此時只有各特徵的重要性數值。然後用 pandas 套件的 Series 函式將 4 個重要性數值的索引改為 x.columns 欄位名稱成一個一維資料。再用 sort_values 函式將數值從大排到小，然後輸出結果。

接著，將取得的各特徵重要性繪製成長條圖：

```
# 將重要性繪製成長條圖

# 繪製長條圖
plt.bar(range(len(u)), u, color='b', align='center')

# 顯示欄位名稱（90 度旋轉）
plt.xticks(range(len(u)), u.index, rotation=90)

# 顯示標題
plt.title(' 輸入變數的重要性 ')

plt.show()
```

→ 接下頁

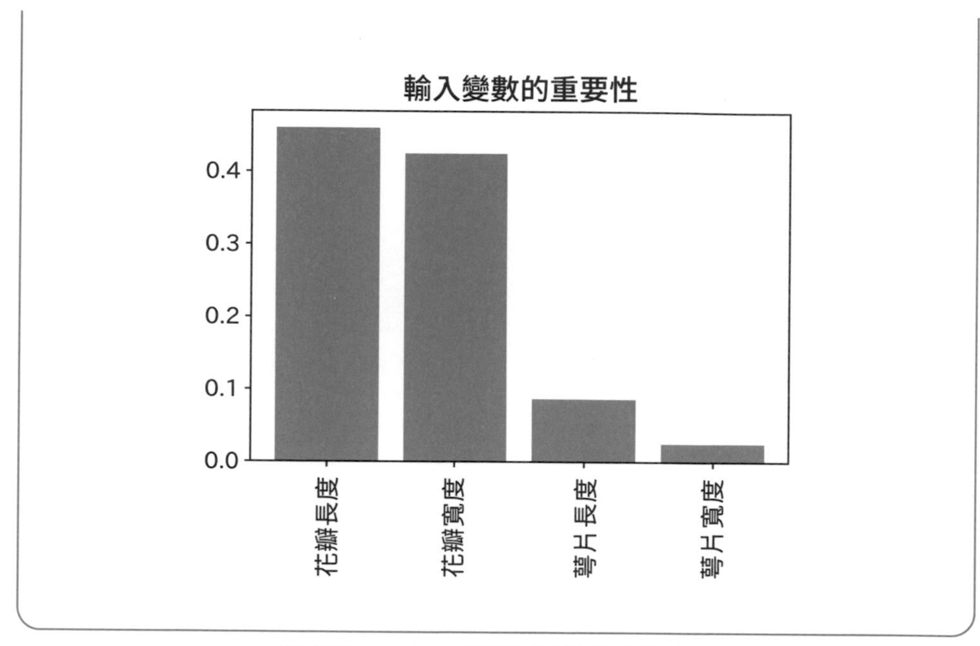

程式碼 4-4-21　將重要性繪製成長條圖

由上圖可看出此演算法最重視的是「花瓣長度」與「花瓣寬度」，而「萼片寬度」則對預測幾乎沒有貢獻。此外我們也用決策樹與 XGBoost 兩個演算法，分別繪製長條圖作為比對（以下只放繪圖結果，程式碼請直接看檔案）：

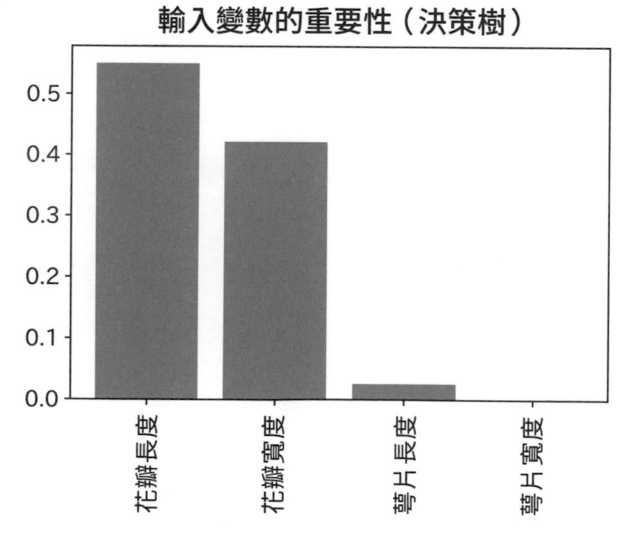

圖 4-4-7　決策樹的重要性分析結果

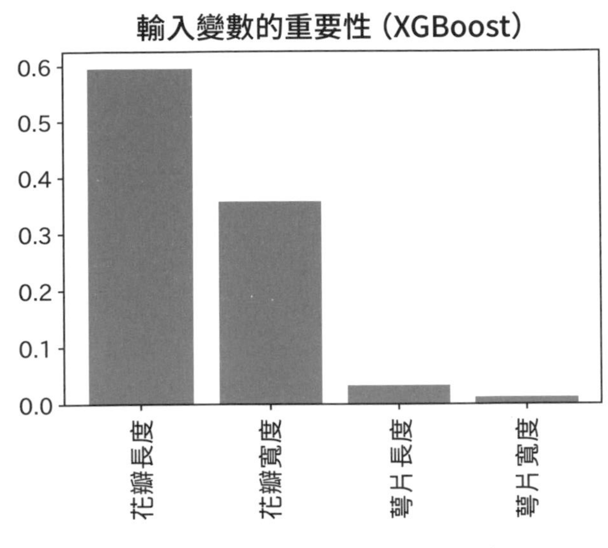

圖 4-4-8　XGBoost 的重要性分析結果

比較程式碼 4-4-21 輸出的與圖 4-4-8、4-4-9，可發現這 3 種演算法建出模型的共通點：

- 花瓣長度的重要性都大於花瓣寬度。
- 萼片寬度與萼片長度對判斷的貢獻度都非常低。

由此結果可得知這個訓練資料所產生的模型，幾乎都是根據**花瓣長度**與**花瓣寬度**兩個特徵來判定的。

在某些案例中，特徵的重要性分析可能比模型的正確率還重要。比如說，假設我們建立預測商品瑕疵或機器故障的模型，分析各欄位資料對該模型的重要性，有助於推測最有可能造成瑕疵或故障的原因，由這些線索可讓我們知道生產與維護的重點該放在哪裡。

在第 5 章的 5.1 與 5.2 節也還會再介紹重要性分析的範例。

4.4.6 迴歸模型的評估方法

到目前已經介紹過監督式學習分類模型的幾種評估方法，現在要介紹監督式學習的迴歸模型有哪些評估方法。

分類模型與迴歸模型的差異

我們先複習一下分類模型與迴歸模型的差異。下圖是分類模型中經常出現的二元分類模型，輸出的預測值會像是 0、1 這種代表不同類別的值：

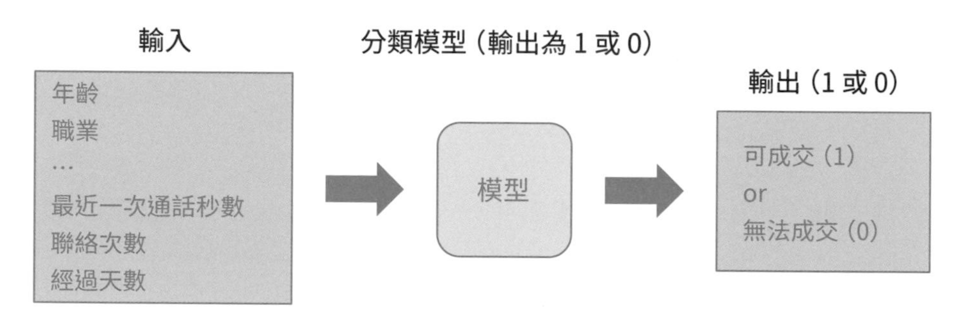

圖 4-4-9　分類模型將資料區分為不同的類別

下圖則是迴歸模型，輸出的預測值會是一個數值：

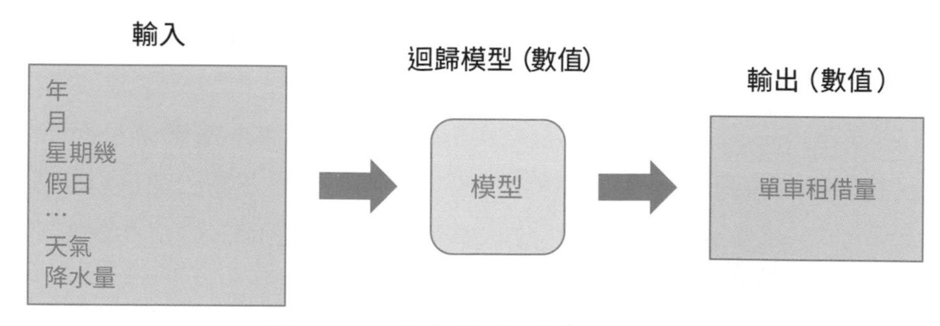

圖 4-4-10　迴歸模型是算出一個數值

決定係數 (Coefficient of Determination)

對分類模型而言，預測值比對標準答案只有「正確」或「不正確」的區別，因此預測的正確率可以用比例計算。而迴歸模型的預測值是連續的數值，我們希望預測值與標準答案的誤差要越小越好，顯然迴歸模型要有不同的評估指標。接下來我們就要介紹**決定係數**，來判斷迴歸模型的擬合程度是否適當。

決定係數介於 0~1 之間，一般記為 R^2 或 r^2。如果迴歸模型的預測值與正確答案相符，決定係數會等於 1，表示模型的預測非常準確；若迴歸模型不論輸入甚麼資料都是相同的預測值 (表示它根本沒有判斷能力)，決定係數會等於 0。

編註： R^2 決定係數是甚麼意思？

在統計學中，$R^2 = \dfrac{SSR}{SST}$，以下分別解釋：

SSR 代表迴歸模型每一個預測值 $\hat{y}_i$ 與標準答案平均值 $\bar{y}$ 之差的平方和：

$$SSR = \sum_i (\hat{y}_i - \bar{y})^2$$ ← 預測值與標準答案平均值的變異量

SST 代表每一個標準答案 y_i 與平均值 $\bar{y}$ 之差的平方和：

$$SST = \sum_i (y_i - \bar{y})^2$$ ← 資料本身的變異量

而 $R^2 = \dfrac{SSR}{SST}$ 就是迴歸模型預測的變異量與資料變異量的比值，如果此比值越接近於 1，表示兩者的變異程度趨於一致，也就表示此模型越能代表資料的樣貌。

我們在此用範例來學習如何使用套件，並了解迴歸模型性能的高低與決定係數的關係。

此處我們要實作的是經常用於迴歸模型的「波士頓房地產資料集」，做下面 2 種模型的訓練與預測（我們的目的是比較這兩個模型的決定係數）：

- **algorithm1**：只使用「波士頓房地產資料集」中的 RM 欄位資料進行訓練與預測。預測結果指派給 y_pred1。
- **algorithm2**：使用「波士頓房地產資料集」全部 13 個欄位進行訓練與預測。預測結果指派給 y_pred2。

程式中的前段是載入「波士頓房地產資料集」，並建立兩組資料框（df 包括 13 個欄位的資料，df1 只有 RM 欄位的資料）。然後利用 xgboost 套件中的 XGBRegressor 函式建出 2 個迴歸模型，分別用 df、df1 做訓練與預測。這一段不在書上列出，請讀者察看程式碼。

我們直接比對標準答案（y）與 2 個預測結果（y_pred1 只用到 RM 欄位，y_pred2 用了全部 13 個欄位），看看有甚麼差異：

```
# 確認結果
print(f'y[:5] {y[:5]}')                        ← 顯示前 5 個標準答案
print(f'y_pred1[:5] {y_pred1[:5]}')            ← 顯示 y_pred1 前 5 個預測值
print(f'y_pred2[:5] {y_pred2[:5]}')            ← 顯示 y_pred2 前 5 個預測值

y[:5] [24.   21.6 34.7 33.4 36.2]
y_pred1[:5] [25.438  20.3028 33.6333 31.4608 33.9829]
y_pred2[:5] [26.6479 22.2483 34.0721 34.315  35.4908]
```

程式碼 4-4-22　顯示標準答案與 2 個預測結果的內容

我們來研究看看這 2 個預測結果（y_pred1、y_pred2）與標準答案（y）的接近程度，使用的評估方法有以下 2 種：

- 第 1 種方法是繪製出以標準答案為 x 軸、預測結果為 y 軸的散佈圖。如果所有預測結果皆與標準答案很接近，則散佈圖中的所有點都應該落在 y = x 的直線附近。相反地，誤差越大就會離該直線的距離越遠，如此可視覺化掌握模型的性能。
- 第 2 種方法則是計算「決定係數」，並以該值來進行判斷。

利用散佈圖確認的方法

我們先實作視覺化散佈圖的方法，重點是在散佈圖上繪製 y = x 的虛線做為輔助線。因為模型性能的判斷基準就是各點與該輔助線的接近程度。而繪製輔助線的前置作業就是先確認標準答案 y 的最大值與最小值（如此才知道散佈圖的座標範圍）：

```
# 計算 y 的最大值與最小值
y_range = np.array([y.min(), y.max()])

# 確認結果
print(y_range)
```

```
[ 5. 50.]      ←── 最小值是 5, 最大值是 50
```

程式碼 4-4-23　確認標準答案的最大值與最小值

前置作業完成之後，就能同時繪製出散佈圖與輔助線了。首先繪製只使用 RM 欄位資料進行預測的結果 y_pred1：

```
# 利用散佈圖確認結果 (1 個輸入變數)

# 設定圖形尺寸
plt.figure(figsize=(6,6))

# 散佈圖
plt.scatter(y, y_pred1)

# 標準答案 = 預測結果的直線
plt.plot(y_range, y_range, 'k--')

# 顯示標籤與標題
plt.xlabel('標準答案')
plt.ylabel('預測結果')
plt.title('繪製標準答案與預測結果的散佈圖 (1 個輸入變數) ')

plt.show()
```

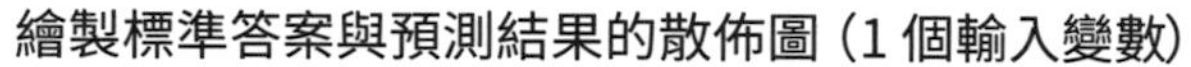

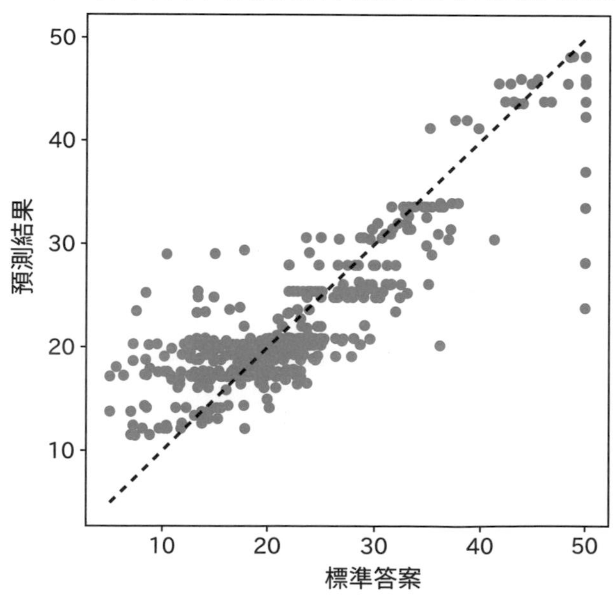

程式碼 4-4-24　繪製標準答案與預測結果的散佈圖 (1 個輸入變數)

可以看到大多數的資料點圍繞在輔助線周圍，但也有不少離群甚遠，勉強來說還算有一定程度的正確性。接著我們再將使用 13 個欄位資料預測的結果 y_pred2 也畫出散佈圖：

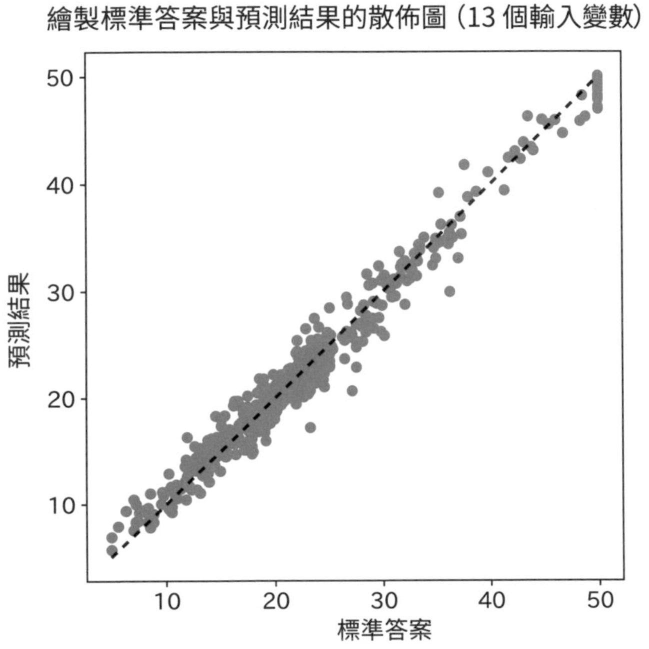

圖 4-4-11　繪製標準答案與預測結果的散佈圖 (13 個輸入變數)

和只使用 1 個欄位的散佈圖相比，可以看到幾乎所有的點都在輔助線附近，表示這個使用 13 個欄位建出的模型性能顯然比較好。

利用決定係數確認的方法

計算決定係數跟其他指標一樣方便，只要使用 scikit-learn 套件的 r2_score 函式就能算出來。接下來的程式碼會同時顯示 y_pred1 與 y_pred2 這 2 種模型得到的決定係數：

```
# 計算 r2 分數 (1 個輸入變數)
from sklearn.metrics import r2_score
r2_score1 = r2_score(y, y_pred1)
print(f'R2 score(1 個輸入變數) : {r2_score1:.4f}')
```

```
R2 score(1 個輸入變數) : 0.7424
```

```
# 計算 r2 分數 (13 個輸入變數)
r2_score2 = r2_score(y, y_pred2)
print(f'R2 score(13 個輸入變數) : {r2_score2:.4f}')
```

```
R2 score(13 個輸入變數) : 0.9720
```

程式碼 4-4-25　利用決定係數評估迴歸模型

決定係數（R^2）的值在第 1 種情況為 0.7424，第 2 種情況為 0.9720。與各自的散佈圖結果相比，都算是合理的值。尤其第 2 個可以評估為相當好的模型。

迴歸的評估指標除了本處介紹的決定係數之外，還有 MSE（均方誤差）、RMSE（均方根誤差、MAE（平均絕對誤差）、MSLE（均方對數誤差）等做法。**編註：** 有興趣者可參考《機器學習的統計基礎》（旗標科技出版）。

4.5 調整

本節要討論的調整（tuning），其目的是要提高模型的正確率。雖然針對不同的問題會有不同的調整技術，不過本節還是會跟之前一樣，用分類模型來解說。

調整模型正確率的工作有其難度，即使一本書也無法講得完整，多半需要經驗豐富的資料科學家參與才能處理得好，所以本節只介紹其中最基本的部分，只要跟著學習也能夠提高模型的正確率。希望本節提供的知識，能做為讀者進一步探索的跳板。下表將本節的內容一一列出，如此才清楚每一段在做甚麼事情：

小節	範疇	內容
4.5.1	調整的對象	多試幾種演算法
4.5.2		最佳化超參數
4.5.3	調整的方法	交叉驗證
4.5.4		網格搜尋

表 4-5-1　本節內容列表

調整的範疇包括「要調整什麼（對象）」以及「要如何調整（方法）」這兩個重點，以下就開始介紹。

範例檔：ch04_05_tuning.ipynb

4.5.1 多試幾種演算法

我們從前面講過的範例可知，機器學習模型即使要處理同樣的分類問題，也可以採用數種不同的演算法，而模型預測的正確率也會因為演算法而有差異。因此調整的第 1 個步驟就是**選擇適合的演算法**。

資料科學家隨著經驗的累積，已培養出從輸入資料的特性就大致能判斷適合哪種演算法的能力，不過我們現在還在學習階段，不妨將相同的訓練資料多用幾種演算法分別建出候選模型，然後比較這些模型，再從中選出效果最好的演算法。

載入範例資料

本小節範例使用的是第 3 章講過的「乳癌診斷資料集」，並按照訓練資料佔 90%、驗證資料佔 10% 的比例分割。準備資料的程式碼已列在下方，由於之前都已經講解過了，此處便不再說明：

```
# 載入範例資料
# （乳癌資料）

# 載入資料
from sklearn.datasets import load_breast_cancer
cancer = load_breast_cancer()

# 輸入資料：x（30 維）有 30 個欄位（特徵）
# 標準答案：y
x = cancer.data
y = cancer.target
```

程式碼 4-5-1　載入範例資料

```
# 分割範例資料
# 分割資料的參數
test_size = 0.1

# 分割資料
from sklearn.model_selection import train_test_split
x_train, x_test, y_train, y_test = train_test_split(x, y,
    test_size=test_size, random_state=random_seed,
    stratify=y)

# 確認分割後維數
print(x.shape)
print(x_train.shape)
print(x_test.shape)
```

→ 接下頁

```
(569, 30)    ←— 全部的資料，30 個欄位，共 569 筆
(512, 30)    ←— 訓練資料，512 筆
(57, 30)     ←— 驗證資料，57 筆
```

程式碼 4-5-2　分割範例資料

建立多種演算法的列表

資料準備完成之後，我們準備用線性迴歸、支援向量機（Kernel）、決策樹、隨機森林、XGBoost 這幾個演算法來建立模型，再比較看看哪個比較好：

```
# 利用多種演算法比較正確率
# 將 random_state 設定為相同的值，以使結果相同

# 線性迴歸
from sklearn.linear_model import LogisticRegression
algorithm1 = LogisticRegression(random_state=random_seed)

# 支援向量機 (Kernel)
from sklearn.svm import SVC
algorithm2 = SVC(kernel='rbf', random_state=random_seed)

# 決策樹
from sklearn.tree import DecisionTreeClassifier
algorithm3 = DecisionTreeClassifier(random_state=random_seed)

# 隨機森林
from sklearn.ensemble import RandomForestClassifier
algorithm4 = RandomForestClassifier(random_state=random_seed)

# XGBoost
from xgboost import XGBClassifier
algorithm5 = XGBClassifier(random_state=random_seed)

# 建立演算法列表
algorithms = [algorithm1, algorithm2, algorithm3, algorithm4,
    algorithm5]
```

程式碼 4-5-3　建立多種演算法的列表

上面的程式碼先將要納入比較的演算法都初始化，為了讓執行結果與書上相同，所以指定 random_state=random_seed，至於其它參數都用預設值。

> **編註：** 支援向量機 (SVM) 有區分成用於分類的 SVC (Support Vector Classification) 以及迴歸分析的 SVR (Support Vector Regression) 演算法，此處我們用的是分類演算法 SVC。

比較正確率

接下來就要利用剛才準備好的 5 種演算法，針對同樣的資料進行訓練及預測，並比較正確率：

```
# 比較多種演算法的正確率
for algorithm in algorithms:

    # 以範例資料進行訓練
    algorithm.fit(x_train, y_train)

    # 以驗證資料測量正確率
    score = algorithm.score(x_test, y_test)

    # 取得演算法名稱
    name = algorithm.__class__.__name__

    # 顯示正確率與演算法名稱
    print(f'score: {score:.4f}  {name}')
```

```
score: 0.9649  LogisticRegressuin
score: 0.8947  SVC
score: 0.9474  DecisionTreeClassifier
score: 0.9298  RandomForestClassifier
score: 0.9825  XGBClassifier
```

程式碼 4-5-4　比較多種演算法的正確率

上面程式碼中有一列比較陌生：algorithm.__class__.__name__，這是取得類別名稱的方法，也就是取得 algorithms 中 5 個演算法的類別名稱。（**編註：** 另一種寫法可用 type 函式取得：name = type (algorithm).__name__）

我們觀察這 5 個演算法輸出的正確率，可得知以下幾件事情：

- 支援向量機（SVC）的正確率最低，只有 89.46%。
- XGBoost 的正確率可達 98.25%。
- 另外 3 個候選演算法的正確率介於中間，邏輯斯迴歸 > 決策樹 > 隨機森林。

看起來我們應該採用 XGBoost 演算法建立的乳癌預測模型。不過，因為演算法函式還有一些參數可以調整，我們想給其它演算法一個機會。

4.5.2 演算法參數最佳化

下一個步驟是最佳化演算法的超參數（hyperparameter）。本次範例選用剛才 5 個演算法中正確率最低的支援向量機（Kernel），來看看調整超參數能有多少改善。

> **編註：** 超參數是指由人為指定或調整的參數，例如神經網路的隱藏層有幾層、倒傳遞學習法的學習率⋯ 等等，此處演算法的參數也可由人為調整，因此也稱為超參數。

這裡的支援向量機（Kernel）用的是高斯核（rbf），對於性能表現影響最大的是懲罰係數 C 和核函數參數 gamma。

編註：核函數參數 gamma 與懲罰係數 C 的用處？

我們在 4.3.4 節介紹過支援向量機可將低維度的資料映射 (mapping) 到高維度，gamma 參數的目的就是讓映射後的結果：「同類越接近，不同類越分開」。調整 gamma 值就是在調整如何讓兩個分類明顯區分，如果 gamma 值太小，兩類資料點還是擠在一起分不開；若 gamma 值太大，映射後的每一個資料點都分太開，過猶不及都不好。

懲罰係數 C 表示對分類誤差的容忍程度，C 值越大就越不能容忍誤差，因此分類會做得越好，這也表示分類模型會越複雜，但若 C 值過大就會出現**過度配適** (overfitting，或稱過擬合)，而缺少普適化 (generalization) 能力。反過來說，若 C 值越小則越能容忍誤差，分類就會做得較鬆散，分類模型也會比較簡單，但若 C 值過小則又會出現**擬合不足** (under-fitting) 的狀況。所以 C 值要調整到一個最佳的值，才能達到**適當擬合** (appropriate fitting)。

C 值與 gamma 值會互相影響，我們的目的就是希望調整出剛好適合此模型的這兩個值。

支援向量機演算法最佳化調整的重點就在這兩個參數。我們先將支援向量機函式的預設參數列出來：

```
# 確認預設參數
algorithm = SVC(kernel='rbf', random_state=random_seed)
algorithm._params()
```

```
{'C': 1.0, 'break_ties': False, 'cache_size': 200, 'class_
weight': None, 'coef0': 0.0, 'decision_function_shape': 'ovr',
'degree': 3, 'gamma': 'scale', 'kernel': 'rbf', 'max_iter':
-1, 'probability': False,  'random_state': 123, 'shrinking':
True, 'tol': 0.001, 'verbose': False}
```

程式碼 4-5-5　支援向量機 (Kernel) 預設的參數值

由輸出可看到 gamma 的預設值為 'scale'，C 的預設值為 1.0。scale 是由套件自動決定的設定。要如何得到 C 值與 gamma 值的最佳組合呢？本小節先試試找出能讓模型正確率最好的 gamma 值，然後固定這個 gamma 值，再去找出能讓正確率最好的 C 值：

```
# 最佳化 gamma
algorithm = SVC(kernel='rbf', random_state=random_seed)
gammas = [1, 0.1, 0.01, 0.001, 0.0001, 0.00001]
for gamma in gammas:
    algorithm.gamma = gamma
    algorithm.fit(x_train, y_train)
    score = algorithm.score(x_test, y_test)
    print(f'score: {score:.4f}  gamma: {gamma}')
```

```
score: 0.6316  gamma: 1
score: 0.6316  gamma: 0.1
score: 0.6316  gamma: 0.01
score: 0.9474  gamma: 0.001
score: 0.9474  gamma: 0.0001
score: 0.9474  gamma: 1e-05
```

程式碼 4-5-6　調整支援向量機的 gamma 值

gamma 值的調整方法是由 1 開始，逐次將值縮小為 1/10 倍，以找出最適合的值。這次的結果是在 0.001、0.0001 及 1e-05（即 0.00001）時有最佳值，正確率為 94.74 %，比在 4.5.1 節的 89.47% 改善不少，因此將 gamma=0.001 暫時設為最佳值。

下一步則是找出與 gamma=0.001 最搭配的 C 值。我們讓 C 值的調整方式是由預設值 1 開始，逐次增加 10 倍，以找到最適合的值：

```python
# 最佳化 C
# gamma 採用之前找出的最佳值 0.001

Cs = [1,  10,  100, 1000, 10000]
for C in Cs:
    algorithm = SVC(kernel='rbf',
        gamma=0.001, C=C,
        random_state=random_seed)

    algorithm.fit(x_train, y_train)
    score = algorithm.score(x_test, y_test)
    print(f'score: {score:.4f}  C: {C}')
```

```
score: 0.9474  C: 1
score: 0.9298  C: 10
score: 0.9298  C: 100
score: 0.9298  C: 1000
score: 0.9298  C: 10000
```

程式碼 4-5-7　調整支援向量機的 C 值

由結果可看出 C=1 的預設值就是最佳值。所以我們找出了可以改善支援向量機演算法的最佳參數組合：gamma=0.001、C=1。

這個例子是以支援向量機演算法為對象，因此我們嘗試調整的是 gamma 值及 C 值，其它演算法中也會有可以調整的參數，調整參數的基本概念就是一邊觀察正確率的變化，一邊尋找這些參數的最佳值。

> **NOTE** 其實這種作法找到的參數組合只是一種比較好的解，要找出最佳解請看 4.5.4 小節的網格搜尋。

4.5.3 交叉驗證

我們回想一下程式碼 4-5-4 中那 5 種演算法的比較結果。當時的初步結論是認為 XGBoost 的正確率最高，但這個結論確定是對的嗎？模型的正確率很大程度上取決於驗證資料。演算法有可能只是碰巧在某份驗證資料上得到很高的正確率，一旦改變隨機種子的值與驗證資料，正確率就有可能下降。那我們能在不受驗證資料差異的影響下評估正確率嗎？那就是本小節要介紹的**交叉驗證**（CV，cross validation）。

交叉驗證會先決定整體訓練資料的分割組數（cv），例如下圖是 cv = 4，接著將訓練資料依組數均等分割，並輪流選用其中 1 組做為驗證資料，其餘（cv - 1）組當成訓練資料。最後就能得到在 cv 組驗證資料上的正確率。求出這些正確率的平均值後，就能得到模型的平均正確率。這種做法讓我們不用擔心驗證資料的偏差，可以評估整體的正確率：

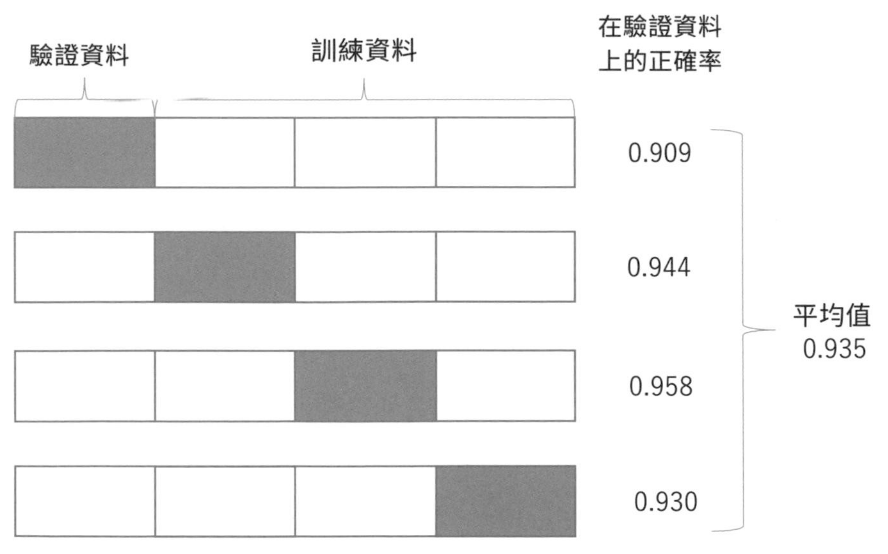

圖 4-5-1　交叉驗證的概念

第 4 章 開發流程的深入探討

接下來的範例先用支援向量機（SVC）將之前程式碼 4-5-2 分割的訓練資料（含整體 90% 的資料），再以 cv = 3 的方式均等分割，並依此評估各演算法。

```
# 針對特定演算法進行交叉驗證
# 定義演算法
algorithm = SVC(kernel='rbf',random_state=random_seed,
    gamma=0.001, C=1)

# 分割時利用 StratifiedKFold，以避免標準答案分佈不均
from sklearn.model_selection import StratifiedKFold
stratifiedkfold = StratifiedKFold(n_splits=3)

# 進行交叉驗證（分割數 = 3）
from sklearn.model_selection import cross_val_score
scores = cross_val_score(algorithm , x_train, y_train,
    cv=stratifiedkfold)

# 計算平均值
mean = scores.mean()

# 顯示結果
print(f'平均分數 : {mean:.4f}  個別分數 : {scores}')
```

```
平均分數 : 0.9141 個別分數 : [0.8889 0.9181 0.9353]
```

程式碼 4-5-8　針對特定演算法進行交叉驗證

scikit-learn 套件的 cross_val_score 函式只要在參數中指定演算法、x_train、y_train 及分割數 cv，即可自動進行交叉驗證。雖然 cv 可以直接指定數字，比如說 3，但有可能每一組的良性與惡性比例不符合原始資料的比例，因此透過 StratifiedKFold 函式就可以自動得到符合良性與惡性比例的 3 組資料。

交叉驗證的結果會傳回一個 NumPy 陣列，裡面包括 3 個分割個別的分數，我們也利用 mean 函式算出平均值。

這次在範例中進行交叉驗證的是藉由參數最佳化調整過的支援向量機（gamma = 0.001、C = 1），結果顯示 3 次試驗的正確率各有不同，但平均正確率為 91.41 %，還算不錯。

交叉驗證的目的就是要在選擇演算法與調整參數時，尋求最真實的最佳條件，因此接下來我們就使用交叉驗證來看看線性迴歸、支援向量機、決策樹、隨機森林、XGBoost 這幾個演算法哪個比較好。前置作業與 4.5.1 小節一樣，都是先建出候選演算法的列表，只是這一次支援向量機有做過參數調整（gamma=0.001, C=1）：

```
# 建立候選演算法的列表
from sklearn.linear_model import LogisticRegression
algorithm1 = LogisticRegression(random_state=random_seed)

from sklearn.svm import SVC
algorithm2 = SVC(kernel='rbf',random_state=random_seed,
    gamma=0.001, C=1)

from sklearn.tree import DecisionTreeClassifier
algorithm3 = DecisionTreeClassifier(random_state=random_seed)

from sklearn.ensemble import RandomForestClassifier
algorithm4 = RandomForestClassifier(random_state=random_seed)

from xgboost import XGBClassifier
algorithm5 = XGBClassifier(random_state=random_seed)

algorithms = [algorithm1, algorithm2, algorithm3, algorithm4,
    algorithm5]
```

程式碼 4-5-9　建出候選演算法的列表

準備就緒後，同樣將資料分成 3 組做交叉驗證尋找最佳演算法：

```
# 比較多種演算法的正確率

# 分割時利用 StratifiedKFold，以避免標準答案分佈不均
from sklearn.model_selection import StratifiedKFold
stratifiedkfold = StratifiedKFold(n_splits=3)

from sklearn.model_selection import cross_val_score
for algorithm in algorithms:

  # 進行交叉驗證
    scores = cross_val_score(algorithm , x_train, y_train,
        cv=stratifiedkfold)
    score = scores.mean()
    name = algorithm.__class__.__name__
    print(f'平均分數 : {score:.4f}  個別分數 : {scores}  {name}')
```

```
平均分數 : 0.9473 個別分數 : [0.9415 0.9474 0.9529] LogisticRegression
平均分數 : 0.9141 個別分數 : [0.8889 0.9181 0.9353] SVC
平均分數 : 0.9062 個別分數 : [0.8713 0.9415 0.9059] DecisionTreeClassifier
平均分數 : 0.9629 個別分數 : [0.9649 0.9591 0.9647] RandomForestClassifier
平均分數 : 0.9590 個別分數 : [0.9591 0.9649 0.9529] XGBClassifier
```

程式碼 4-5-10　利用交叉驗證比較演算法的正確率

由 3 組交叉驗證的平均分數來看，這次結果最好的是原本在程式碼 4-5-4 中正確率排第 4 名的隨機森林（RandomForestClassifier），而上次正確率第 2 名的決策樹（DecisionTreeClassifier）這次反而變成最差。由此結果可知，模型正確率確實很可能會受驗證資料的偏差影響。因此除了調整演算法參數以外，我們也可以利用交叉驗證來做判斷哪個模型比較好。

4.5.4 網格搜尋

我們在 4.5.2 小節尋找支援向量機最佳參數值的時候，是先找出 gamma 的最佳值，然後固定 gamma 值再去找出 C 的最佳值，然而這種做法找到的參數組合不見得是最好的。

要找到這 2 個參數的最佳組合，應該要將每一個 gamma 值與 C 值全部配對，也就是下圖中每一種組合（共 30 種）的正確率都算過一遍，而不是先決定其中一個，再去尋找另一個參數的最佳值。因此當有多個可調整的參數時，徹底計算所有可能參數值的組合來找出最佳正確率，這種方法稱為**網格搜尋**（Grid search）：

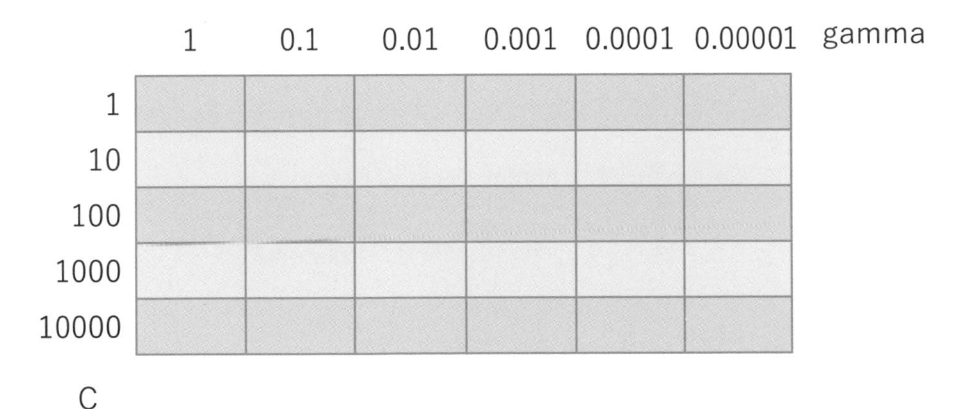

圖 4-5-2　網格搜尋的概念圖

我們同樣使用支援向量機為例，直接以範例來試試網格搜尋。在下面的程式中，我們用到 scikit-learn 套件的 GridSearchCV 函式，可以一次完成網格搜尋以及交叉驗證的整套過程（由函式名稱也可看出 Grid Search + CV）：

```
# 結合網格搜尋與交叉驗證來搜尋最佳參數
params = {
        'C':[1, 10, 100, 1000, 10000],
        'gamma':[1, 0.1, 0.01, 0.001, 0.0001, 0.00001]
}
algorithm = SVC(random_state=random_seed)

from sklearn.model_selection import StratifiedKFold
stratifiedkfold = StratifiedKFold(n_splits=3)

from sklearn.model_selection import GridSearchCV
gs = GridSearchCV(algorithm, params, cv=stratifiedkfold)
gs.fit(x_train, y_train)

# 取得最佳模型並對驗證資料進行分類
best = gs.best_estimator_
best_pred = best.predict(x_test)
print(best)
```

```
SVC(C=1000, gamma=1e-05, random_state=123)
```

程式碼 4-5-11　利用網格搜尋找出最佳參數

我們在上面的程式碼中，用 params 指定 C 與 gamma 參數的名稱與該參數的候選值列表（也就是參數的範圍），定義成字典的格式。然後，網格搜尋 GridSearchCV 就會在指定的參數範圍內，找出正確率最高的一組參數組合，以得到優化的演算法。這種方法需要注意的是：當可調整的參數很多與資料量大的時候就會非常耗時。再將此演算法呼叫 predict 函式，即可取得最佳模型的預測結果。

從最佳模型的參數當中可以看到利用網格搜尋找出來的最佳參數組合是 gamma = 1e-05 與 C = 1000。

我們用模型的正確率與混淆矩陣來確認這 2 個值是否真的更好：

```
# 取得正確率
score = best.score(x_test, y_test)
print(f'分數 : {score:.4f}')

# 輸出混淆矩陣
from sklearn.metrics import confusion_matrix
print()
print('混淆矩陣')
print(confusion_matrix(y_test, best_pred))
```

```
分數 : 0.9825

混淆矩陣
[[20  1]
 [ 0 36]]
```

程式碼 4-5-12　利用網格搜尋找到的最佳模型的評估結果

由輸出結果可見，57 筆驗證資料中只有 1 筆有誤，整體驗證資料的正確率也從一開始全用預設值的 89.47% 提高到 98.25% 了。

為甚麼兩個人用相同資料建出的模型正確率會天差地遠，差別就在會不會調整。

本處介紹的方法都是假設已經拿到正確訓練資料的情況下進行演算法優化，如果要從原始資料著手，那就需要**特徵工程**（Feature engineering）的技術，例如 4.2 節「預處理資料」介紹的缺失值處理、One-Hot 編碼及資料標準化等就包括在內。此外還有些更高階的作法不在本書討論範圍內。

MEMO

第 5 章

銷售 AI 化的案例實作

5.1 銷售成交預測 – 分類模型

專欄 瑕疵與疾病判定模型

5.2 銷量或來客數預測 – 迴歸模型

5.3 季節週期性變化預測 – 時間序列模型

專欄「冰淇淋消費預測」的時間序列模型

5.4 推薦商品提案 – 關聯分析模型

專欄「尿布與啤酒」僅是都市傳說

5.5 根據客群制定銷售策略 – 分群、降維模型

第 5 章 銷售 AI 化的案例實作

我們在第 2 章學到監督式學習與非監督式學習的 6 種問題類型，在第 3、4 章瞭解機器學習模型開發流程中的 9 大步驟重點，本章就要深入探討 5 個真實世界常見且具有代表性的實務案例。相信各位在讀完本章之後，能夠判斷自己的 AI 專案要解決的是甚麼問題，並利用前面學過的技術來創建適用於工作上的 AI 模型。

章 - 節	標題	訓練方式	問題類型	技術重點
5.1	銷售成交預測	監督式學習	分類	評估指標 (精確性、召回率)
5.2	銷量或來客數預測		迴歸	XGBoost 迴歸實作
5.3	季節週期性變化預測		時間序列	Prophet 時間序列分析
5.4	推薦商品提案	非監督式學習	關聯分析	先驗分析
5.5	根據客群制定銷售策略		分群與降維	分群與降維的組合

表 5-1　本章討論的主題列表

5.1 銷售成交預測 – 分類模型

本章第一個討論的主題是銷售成交預測。我們會建出模型來預測成交機會較高的客戶清單，讓業務在人力有限的情況下提高銷售率。筆者認為企業中最適合第一個開始採用機器學習的就是業務銷售工作，有下面兩個原因：

第 1 個是「標準答案」容易取得。監督式學習常遇到的最大挑戰就是如何取得標準答案，而銷售的成功與否通常都會有工作記錄可以追蹤，例如業務拜訪哪些客戶？銷售狀況如何？都應該能從公司系統中查到，因此只需要取出這些記錄再做資料加工，就有標準答案了。萬一貴公司沒做到這一點，那就趕快補起來。

第 2 個是業務銷售的成功率通常都不高，若原本的成功率只有 10%，而透過機器學習模型的幫助能夠提升到 30%，那就是很大的成功了，而且實際上也不難達成。

範例檔：ch05_01_bank.ipynb

5.1.1 問題類型與實務工作場景

銷售成交預測只有成功與不成功兩種結果，是屬於「二元分類」的問題，我們可以用監督式學習的分類模型來處理。

業務人員是絕大多數公司都有的職位，但這是一種需要與人密切接觸的工作，因此乍看似乎距離 AI 最遙遠，不過實際上只要依據過往資料進行學習，並對預測成交機會較高的客戶出擊，就能有效提高業績。對於優秀的業務人員而言，可能靠「敏銳的直覺和經驗」就能夠辦到，但我們期望藉由機器學習模型的幫助，能讓所有的業務人員都因此受惠。

也因為如此，對模型預測「有望成功」的客戶推銷時，真正能夠成功的比例就非常重要了。這種情況適合使用 4.4 節介紹過二元分類指標中的**精確性**（precision）來評估。另外，在有望成功的潛在客戶當中，能接觸到多少客戶比例的**召回率**（recall），也必須納入考量，以免只顧到精確性卻有接觸客戶不足的問題發生。因此在模型的「調整」階段就需要討論這種情況。

我們再舉個適用於此種需求的例子。假設某家電商想針對商品 A 舉辦促銷活動，希望找出一份有可能購買商品 A 的會員列表，其中包括過去曾經買過商品 A 的會員，以及雖然目前尚未買過商品 A，但未來很有可能會買的會員。我們能不能找出這兩群會員呢？尤其是後者。

此外，比較常被拿出來討論的是以檢驗為目的的需求，比如說工廠生產要找出瑕疵品，或是疾病檢測要找出惡性病灶等。但這類需求可能有難以應用機器學習的限制，原因會在本節最後的專欄說明。

分類問題也包括超過 2 種分類的「多類別分類」(Multiclass classification)，這在一般實務工作中的需求比較少，但隨著深度學習的發展而衍生出一些針對影像、文章等（非結構化）資料的多類別分類需求，例如辨識圖片中的數字是 0~9 的哪一個等等，有興趣者可參考筆者的另一本書《深度學習的數學地圖》(旗標科技出版)。

5.1.2 範例資料說明與使用案例

本節範例使用的資料集是「銀行行銷資料集」(Bank Marketing Data Set)，其網頁與網址連結如下圖所示：

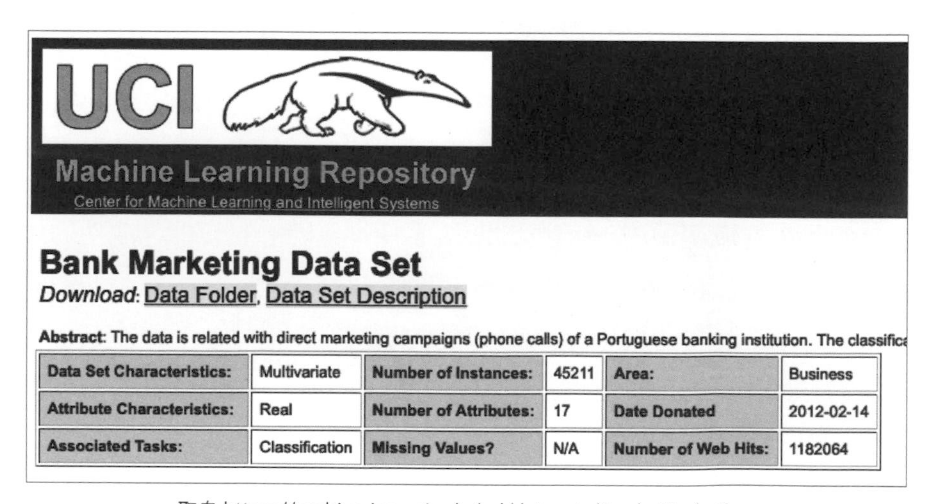

Data Set Characteristics:	Multivariate	Number of Instances:	45211	Area:	Business
Attribute Characteristics:	Real	Number of Attributes:	17	Date Donated	2012-02-14
Associated Tasks:	Classification	Missing Values?	N/A	Number of Web Hits:	1182064

取自 https://archive.ics.uci.edu/ml/datasets/Bank+Marketing

圖 5-1-1　銀行行銷資料集網頁

此資料集的輸入變數與目標變數（想要預測的對象）如下：

輸入變數：

年齡、職業、婚姻、學歷、違約、平均餘額、房屋貸款、個人信貸、聯絡方式、最近一次通話日期、最近一次通話月份、最近一次通話秒數、通話次數（促銷期間）、上次促銷後經過天數、通話次數（促銷之前）、上次促銷結果

目標變數：

本次促銷結果

此資料集為真實銀行電話行銷團隊的銷售結果。由輸入變數的內容可以看出分為兩種類型，一種是一般客戶主檔中一定會有的客戶基本資料，也就是例如年齡與職業等客戶屬性。另一種則是對客戶的銷售記錄，包括一些之前與對方聯絡的事情，可以從銷售記錄表格中彙整出來，然後將之與客戶主檔結合就得到資料集的內容。這段資料彙整的概念在第 1 章介紹過，請讀者回顧圖 1-4。

使用場景

當本模型建成而且也達到一定程度的預測正確率之後，就可以馬上在實務工作中運用。只需要根據模型預測出來的「潛在客戶列表」自動輸出成 Excel 檔案，然後分發給業務人員，他們拿到手的資料是很熟悉的 Excel 檔案，馬上就可以憑這份客戶列表進行銷售。

之後持續追蹤最後有沒有銷售成功並記錄下來，就可以算出模型預測的「精確性」，再與原本亂槍打鳥的銷售方式比較，就能看出這個模型對銷售績效有多少幫助了。

> **NOTE** 利用 pandas 套件中的 to_excel 函式，就能輕鬆將模型輸出的結果轉換成 Excel 檔案。

5.1.3 模型的概要

此模型的目的是預測舉辦行銷活動的結果，銷售成功為「yes」，不成功為「no」，明顯是屬於二元分類的問題。由過去銷售記錄可以整理出標準答案，因此可以利用監督式學習的分類模型來訓練資料。以下就是此銷售成交預測模型的基本架構：

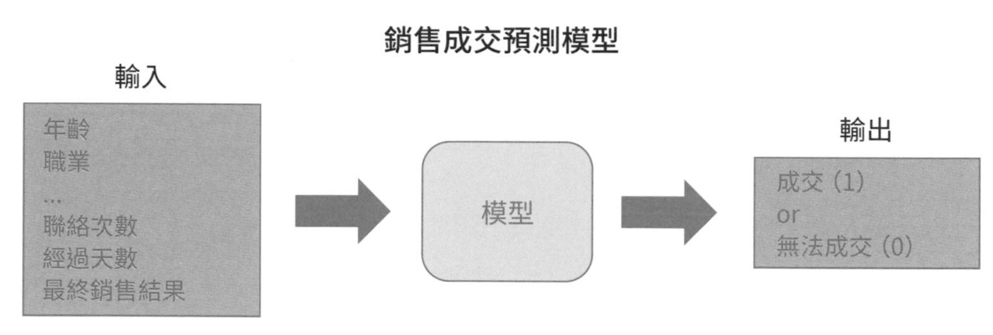

圖 5-1-2　銷售成交預測模型概念圖

此資料集總共有 45,211 筆，其中銷售成功有 5,289 筆，因此如果是隨機選擇銷售目標的成功率為 11.7%（5289/45211）。這個數字對之後模型效益的評估階段相當重要，如果採用模型推薦名單的成功率能明顯超過 11.7%，那就值得花時間開發這個模型了。

我們注意到此資料集中兩個分類資料筆數有不平衡的狀態，也就是成功率為 11.7%，代表失敗率為 88.3%，也就是我們要預測的對象：「成功」的比例相當低。其實在使用分類模型時，這種預測對象筆數偏少的情況才是正常的。比如說用來找出瑕疵品的模型就是個很典型的例子，尤其是產品良率特別高的情況下，要挑出瑕疵品對機器學習模型的難度就更高，可能要在其他方面多花點心思（本節最後的專欄再說明）。

5.1.4 從載入資料到確認資料

介紹完資料來源與模型的使用場景之後，本小節就要實際開始用 Python 來開發模型了！首先要實作的是模型開發流程 9 個步驟的第 1、2 個步驟，也就是「載入資料」與「確認資料」。請讀者務必將 3.1 節模型開發流程當作 SOP 謹記在心。

載入資料

我們先將「銀行行銷資料集」載入資料框中。此段程式碼下載 bank.zip 檔之後會先解壓縮出 bank-full.csv，因為此原始資料 csv 檔中各項目是用分號分隔（不是用逗號），因此用 read_csv 函式載入到 pandas 套件的資料框（dataframe）時，需要設定參數 sep =';' 指定分隔符號：

```
# 下載並解壓縮公開資料集
!wget https://archive.ics.uci.edu/ml/\ 接下行
machine-learning-databases/00222/bank.zip
!unzip -o bank.zip

# 將 bank-full.csv 載入資料框中
df_all = pd.read_csv('bank-full.csv', sep=';')

# 將項目名稱替換成中文
columns = [
    '年齡', '職業', '婚姻', '學歷', '違約', '平均餘額',
    '房屋貸款', '個人信貸', '聯絡方式', '最近一次通話日期',
    '最近一次通話月份', '最近一次通話秒數', '通話次數_促銷期間',
    '上次促銷後_經過天數', '通話次數_促銷之前', '上次促銷結果',
    '本次促銷結果'
]
df_all.columns = columns
```

→ 接下頁

```
--2021-11-25 02:50:41--  https://archive.ics.uci.edu/ml/ 接下行
machine-learning-databases/00222/bank.zip
Resolving archive.ics.uci.edu (archive.ics.uci.edu)... 接下行
128.195.10.252
Connecting to archive.ics.uci.edu (archive.ics.uci.edu) 接下行
|128.195.10.252|:443... connected.
HTTP request sent, awaiting response... 200 OK
Length: 579043 (565K) [application/x-httpd-php]
Saving to: 'bank.zip'
bank.zip   100%[===================>] 565.47K  --.-KB/s 接下行
in 0.1s
2021-11-25 02:50:43 (4.09 MB/s) - 'bank.zip' saved
[579043/579043]
Archive:  bank.zip
  inflating: bank-full.csv
  inflating: bank-names.txt
  inflating: bank.csv
```

程式碼 5-1-1　將公開資料集載入資料框

確認資料

接下來要確認資料框的內容：

```
# 確認資料框的內容
display(df_all.head())
```

	年齡	職業	婚姻	學歷	違約	平均餘額	房屋貸款	個人信貸	聯絡方式
0	58	management	married	tertiary	no	2143	yes	no	unknown
1	44	technician	single	secondary	no	29	yes	no	unknown
2	33	entrepreneur	married	secondary	no	2	yes	yes	unknown
3	47	blue-collar	married	unknown	no	1506	yes	no	unknown
4	33	unknown	single	unknown	no	1	no	no	unknown

→ 接下頁

	最近一次通話日期	最近一次通話月份	最近一次通話秒數	通話次數_促銷期間	上次促銷後_經過天數
0	5	may	261	1	-1
1	5	may	151	1	-1
2	5	may	76	1	-1
3	5	may	92	1	-1
4	5	may	198	1	-1

程式碼 5-1-2　確認資料框的內容

由結果可見，其中有許多項目的值都是文字資料，之後會在預處理時加工，將所有項目值轉換成數值，才適合輸入機器學習模型做訓練。

接下來，我們要確認此資料集的成功與失敗筆數以及計算成功率：

```
# 確認訓練資料的筆數與項目數
print(df_all.shape)
print()

# 確認「本次促銷結果」的分佈
print(df_all['本次促銷結果'].value_counts())
print()

# 銷售成功率
rate = df_all['本次促銷結果'].value_counts()['yes']/len(df_all)
print(f'銷售成功率 : {rate:.4f}')
```

```
(45211, 17)

no     39922
yes     5289
Name: 本次促銷結果, dtype: int64

銷售成功率 : 0.1170
```

程式碼 5-1-3　確認資料

由上面的輸出可以確認以下幾件事：

1. 訓練資料的筆數與項目數。總共有 45,211 筆與 17 個項目。
2. 目標變數「本次促銷結果」的分佈：no（失敗）有 39,922 筆，yes（成功）有 5,289 筆。
3. yes 的筆數占整體筆數的比例代表銷售成功率，由結果可知佔 11.70%。

接著，確認一下資料中缺失值的情況：

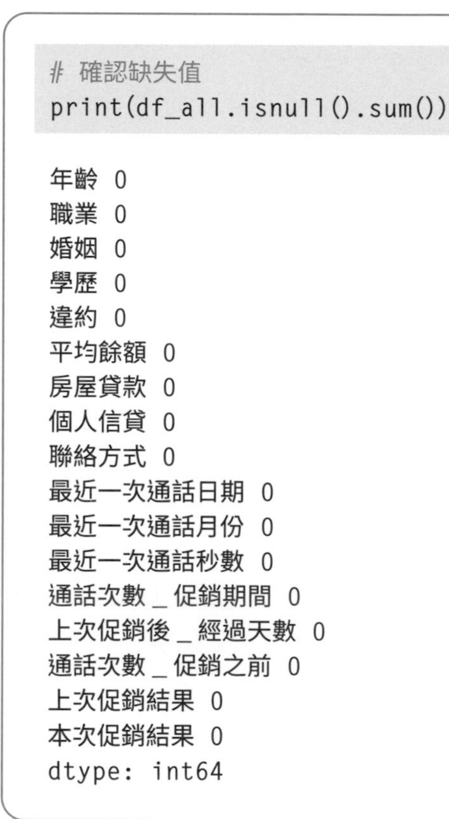

```
# 確認缺失值
print(df_all.isnull().sum())
```

```
年齡 0
職業 0
婚姻 0
學歷 0
違約 0
平均餘額 0
房屋貸款 0
個人信貸 0
聯絡方式 0
最近一次通話日期 0
最近一次通話月份 0
最近一次通話秒數 0
通話次數_促銷期間 0
上次促銷後_經過天數 0
通話次數_促銷之前 0
上次促銷結果 0
本次促銷結果 0
dtype: int64
```

程式碼 5-1-4　確認缺失值

這家銀行的行銷記錄資料很完整，完全沒有缺失值，所以不需要任何相應的處理。

5.1.5 預處理理資料與分割資料

確認完資料之後，接下來就進入「預處理資料」和「分割資料」的步驟。本小節將說明這 2 個步驟的實作方式。

這個資料集雖然沒有缺失值，但因為許多項目的資料都不是數值，需要做的預處理稍微有點複雜，因此接下來我們將此步驟再細分成更小的 3 個步驟，並依序說明。

預處理資料 Step 1

Step 1 是針對文字標籤值的項目進行 One-Hot 編碼，包括「職業」、「婚姻」、「學歷」、「聯絡方式」、「上次促銷結果」等，此處會套用 4.2.4 小節說明的 enc 函式，並依序將 df_all 中的各項目值做 One-Hot 編碼後指派給 df_all2：

```
# 利用 get_dummies 函式對種類值進行 One-Hot 編碼

# 用於對項目進行 One-Hot 編碼之函式
def enc(df, column):
    df_dummy = pd.get_dummies(df[column], prefix=column)
    df = pd.concat([df.drop([column],axis=1),df_dummy],axis=1)
    return df

df_all2 = df_all.copy()
df_all2 = enc(df_all2, '職業')
df_all2 = enc(df_all2, '婚姻')
df_all2 = enc(df_all2, '學歷')
df_all2 = enc(df_all2, '聯絡方式')
df_all2 = enc(df_all2, '上次促銷結果')
```

會傳回移除 column 項目之後的 df 複本

→ 接下頁

```
# 確認結果
display(df_all2.head())
```

	年齡	違約	平均餘額	房屋貸款	個人信貸	最近一次通話日期	最近一次通話月份	最近一次通話秒數	通話次數_促銷期間	上次促銷後_經過天數
0	58	no	2143	yes	no	5	may	261	1	-1
1	44	no	29	yes	no	5	may	151	1	-1
2	33	no	2	yes	yes	5	may	76	1	-1
3	47	no	1506	yes	no	5	may	92	1	-1
4	33	no	1	no	no	5	may	198	1	-1

	通話次數_促銷之前	本次促銷結果	職業_admin.	職業_blue-collar	職業_entrepreneur	職業_housemaid	職業_management
0	0	no	0	0	0	0	1
1	0	no	0	0	0	0	0
2	0	no	0	0	1	0	0
3	0	no	0	1	0	0	0
4	0	no	0	0	0	0	0

程式碼 5-1-5　One-Hot 編碼處理

經過 One-Hot 編碼的項目就會像「職業_admin.」一樣，每個原始項目都會建出一個新的項目，其值為 1 或 0。

預處理資料 Step 2

接下來處理只有 2 個值（yes / no）的項目，不需要做 One-Hot 編碼，只要以整數值 1 / 0 替換即可，我們發現「違約」、「房屋貸款」、「個人信貸」及「本次促銷結果」等項目的值都是 yes / no，所以定義一個 enc_bin 函式將 yes 轉成 1、no 轉成 0：

```
# 以 1/0 替換 yes/no

# 用於將二元（yes/no）之值替換成（1/0）的函式
def enc_bin(df, column):
    df[column] = df[column].map(dict(yes=1, no=0))
    return df

df_all2 = enc_bin(df_all2, '違約')
df_all2 = enc_bin(df_all2, '房屋貸款')
df_all2 = enc_bin(df_all2, '個人信貸')
df_all2 = enc_bin(df_all2, '本次促銷結果')

# 確認結果
display(df_all2.head())
```

	年齡	違約	平均餘額	房屋貸款	個人信貸	最近一次通話日期	最近一次通話月份	最近一次通話秒數	通話次數_促銷期間	上次促銷後_經過天數
0	58	0	2143	1	0	5	may	261	1	-1
1	44	0	29	1	0	5	may	151	1	-1
2	33	0	2	1	1	5	may	76	1	-1
3	47	0	1506	1	0	5	may	92	1	-1
4	33	0	1	0	0	5	may	198	1	-1

	通話次數_促銷之前	本次促銷結果	職業_admin.	職業_blue-collar	職業_entrepreneur	職業_housemaid	職業_management
0	0	0	0	0	0	0	1
1	0	0	0	0	0	0	0
2	0	0	0	0	1	0	0
3	0	0	0	1	0	0	0
4	0	0	0	0	0	0	0

程式碼 5-1-6　以 1 / 0 替換 yes / no

由輸出可見原本 yes 與 no 的項目值，現在都分別被替換成 1 與 0 了。

預處理資料 Step 3

最後還有一個「最近一次通話月份」項目，因為有 12 個月，如果進行 One-Hot 編碼就會使項目數量增加成 12 個，所以我們改用月份的數字 1~12 來表示即可，因此需要建一個字典將月份的英文縮寫對應月份數字，並定義 enc_month 函式將月份的項目值替換成數字：

```
# 將月份名稱 (jan, feb, ...) 替換成 1,2, ...

month_dict = dict(jan=1, feb=2, mar=3, apr=4,
    may=5, jun=6, jul=7, aug=8, sep=9, oct=10,
    nov=11, dec=12)

def enc_month(df, column):
    df[column] = df[column].map(month_dict)
    return df

df_all2 = enc_month(df_all2, '最近一次通話月份')


# 確認結果
display(df_all2.head())
```

	年齡	違約	平均餘額	房屋貸款	個人信貸	最近一次通話日期	最近一次通話月份	最近一次通話秒數	通話次數_促銷期間	上次促銷後_經過天數
0	58	0	2143	1	0	5	5	261	1	-1
1	44	0	29	1	0	5	5	151	1	-1
2	33	0	2	1	1	5	5	76	1	-1
3	47	0	1506	1	0	5	5	92	1	-1
4	33	0	1	0	0	5	5	198	1	-1

→ 接下頁

	通話次數_促銷之前	本次促銷結果	職業_admin.	職業_blue-collar
0	0	0	0	0
1	0	0	0	0
2	0	0	0	0
3	0	0	0	1
4	0	0	0	0

程式碼 5-1-7　以數字替換月份名稱

enc_month 函式與前面的 enc_bin 函式很像，差別只是將替換 2 個值的處理函式修改為可以處理 12 個值罷了。比較輸出的結果，原本「最近一次通話月份」資料為 may（五月）的已經變成 5。如此一來，即可將所有項目的值都變成數值。雖然花了一些時間，但終於將資料整理成能夠輸入機器學習模型的格式了。

分割資料

接下來是「分割資料」步驟，將作為標準答案的「本次促銷結果」項目分割為 y，並以刪除「本次促銷結果」項目的資料為 x。然後將全部資料以 60 / 40 的比例分割為訓練資料與驗證資料：

```
# 分割輸入資料與標準答案
x = df_all2.drop('本次促銷結果', axis=1)
y = df_all2['本次促銷結果'].values

# 分割訓練資料與驗證資料
# 以訓練資料 60%、驗證資料 40% 的比例分割
test_size = 0.4

from sklearn.model_selection import train_test_split
x_train, x_test, y_train, y_test = train_test_split(
  x, y, test_size=test_size, random_state=random_seed,
  stratify=y)
```

程式碼 5-1-8　分割資料

5.1.6 選擇演算法

分割資料之後的下一個步驟是「選擇演算法」，我們會同時使用數種演算法，並用 4.5 節介紹的交叉驗證法來找出最佳演算法。首先是建立候選演算法列表，此例我們用到邏輯斯迴歸、決策樹、隨機森林、XGBoost 演算法：

```
# 將候選演算法建立成列表

# 邏輯斯迴歸 (4.3.3)
from sklearn.linear_model import LogisticRegression
algorithm1 = LogisticRegression(random_state=random_seed)

# 決策樹 (4.3.6)
from sklearn.tree import DecisionTreeClassifier
algorithm2 = DecisionTreeClassifier(random_state=random_seed)

# 隨機森林 (4.3.7)
from sklearn.ensemble import RandomForestClassifier
algorithm3 = RandomForestClassifier(random_state=random_seed)

# XGBoost (4.3.8)
from xgboost import XGBClassifier
algorithm4 = XGBClassifier(random_state=random_seed)

algorithms = [algorithm1, algorithm2, algorithm3, algorithm4]
```

程式碼 5-1-9　將候選演算法建成列表

接下來，我們用交叉驗證 cross_val_score 函式計算出各演算法的平均分數：

```
# 利用交叉驗證選擇最佳演算法
from sklearn.model_selection import StratifiedKFold
stratifiedkfold = StratifiedKFold(n_splits=3)

from sklearn.model_selection import cross_val_score
for algorithm in algorithms:
    # 進行交叉驗證
    scores = cross_val_score(algorithm , x_train, y_train,
        cv=stratifiedkfold, scoring='roc_auc')

    score = scores.mean()
    name = algorithm.__class__.__name__
    print(f'平均分數 :  {score:.4f}  個別分數 : {scores}  {name}')
```

```
平均分數 :  0.8325  個別分數 : [0.8275 0.8287 0.8412] 接下行
    LogisticRegression
平均分數 :  0.6958  個別分數 : [0.6917 0.7023 0.6935] 接下行
    DecisionTreeClassifier
平均分數 :  0.9200  個別分數 : [0.9259 0.9196 0.9145] 接下行
    RandomForestClassifier
平均分數 :  0.9222  個別分數 : [0.9246 0.9213 0.9206] 接下行
    XGBClassifier
```

程式碼 5-1-10　選擇最佳演算法

cross_val_score 函式已經在 4.5.3 小節說明過，不過這次我們加上 scoring 參數用來指定要以何種計算方式排名，預設是用正確率（accuracy）排名。但因為這次模型中的標準答案 1 與 0 的比例相當不平衡，不大適合用正確率來評估，因此使用 4.4 節 ROC 曲線的 AUC（曲線下面積）來排名，故設定參數 scoring='roc_auc'。

> NOTE scoring 參數還有許多選項，請參考線上手冊：https://bit.ly/3djD48U。

結果顯示排名第 1 的是 XGBoost 演算法。因此之後開發流程從「訓練」開始的各步驟都會依據這個結果使用 XGBoost 演算法來進行。

5.1.7 訓練、預測、評估

以下程式碼很簡單，一口氣執行「選擇演算法」、「訓練」與「預測」步驟：

```
# 選擇演算法
# 使用 XGBoost
algorithm = XGBClassifier(random_state=random_seed)

# 訓練
algorithm.fit(x_train, y_train)

# 預測
y_pred = algorithm.predict(x_test)
```

程式碼 5-1-11　選擇演算法、訓練與預測的執行

接著利用得到的預測結果 y_pred 來「評估」模型。評估結果將顯示出混淆矩陣、精確性、召回率及 F 分數：

```
# 評估

# 輸出混淆矩陣
from sklearn.metrics import confusion_matrix
df_matrix = make_cm(confusion_matrix(y_test, y_pred),
    ['失敗', '成功'])display(df_matrix)

# 計算精確性、召回率及 F 分數
from sklearn.metrics import precision_recall_fscore_support
precision, recall, fscore, _ = precision_recall_fscore_
support(y_test, y_pred, average='binary')
print(f'精確性 : {precision:.4f}  召回率 : {recall:.4f} 接下行
    F 分數 : {fscore:.4f}')
```

→ 接下頁

		預測結果	
		失敗	成功
標準答案	失敗	15593	376
	成功	1341	775

```
精確性 : 0.6733  召回率 : 0.3663  F 分數 : 0.4744
```

程式碼 5-1-12　評估模型

結果得到精確性為 67.33%，也就是預測可銷售成功的 1,151（376+775）位客戶中，實際成功的會有 775 位。相較於隨機接觸客戶時只有 11.7% 的成功率，提高了約 5.8 倍，以效率的角度來看可說是相當成功。

雖然執行完以上步驟，本模型就可算是不錯了，但我們可以再思考一下這個模型還可以怎麼調整。這次模型提取出來的潛在（預測會成功）客戶總數為 1,151（376+775）位，但我們注意到召回率只有 36.63%，如果業務人手充足，有時間向未列在名單內的更多客戶進行銷售，應該可以把預測會失敗，但實際卻成功的那 1,341 位客戶多召回一些。

因此下一小節的「調整」會實際試試看稍微放寬判斷標準，以取得更多候選名單。目標是將程式碼 5-1-12 遺漏的 1,341 位客戶盡量納入銷售名單當中。

5.1.8 調整

一般來說，「調整」機器學習模型指的都是像 4.5 節說的，利用調整演算法與參數值來重新建立模型。但除此之外還有一種不需要改變模型的做法，是藉由調整模型的「閾值」來接近使用者期望的結果。

我們之前曾在 4.4.3 小節說過，所有分類模型內部都會算出機率值，並根據該值是否大於閾值（例如 0.5）來決定要輸出 1 或 0。我們只要善加利用這個閾值，就能解決剛才提出的「稍微放寬判斷標準，以取得更多候選名單」的問題了。

以下就直接進行說明吧！首先從該模型中取出預測結果的機率值，依照標準答案分為成功（y=1）與失敗（y=0），並分別繪製出這 2 個群組的次數分佈圖：

```
# 機率值的次數分佈圖
import seaborn as sns

# 取得 y=1 的機率值
y_proba1 = algorithm.predict_proba(x_test)[:,1]

# 將資料依 y_test=0 與 y_test=1 進行分割
y0 = y_proba1[y_test==0]
y1 = y_proba1[y_test==1]

# 繪製散佈圖
plt.figure(figsize=(6,6))
plt.title('機率值的次數分佈')
sns.distplot(y1, kde=False, norm_hist=True,
    bins=50, color='b', label='成功')
sns.distplot(y0, kde=False, norm_hist=True,
    bins=50, color='k', label='失敗')
plt.xlabel('機率值')
plt.legend()
plt.show()
```

→ 接下頁

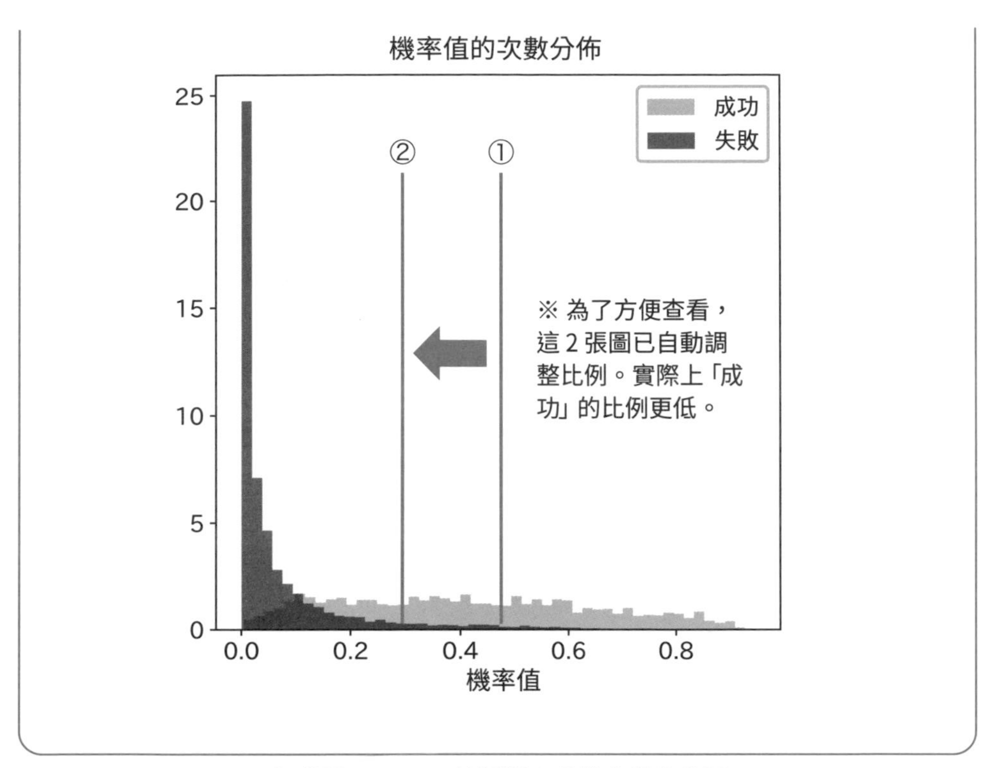

程式碼 5-1-13　繪製機率值的次數分佈圖

上圖中的直線 ① 表示目前預設的閾值是 0.5，作為成功（陽性）與失敗（陰性）分類的分隔標準，如果依此閾值進行分類，確實大多數的案例都會是「成功」的（藍色區域）。但我們也發現到，即使將閾值稍微往左移動到直線 ② 的位置，成功率也還不錯，如此一來，原本一部份被捨棄的銷售成功客戶就可以再納入業務人員手中的客戶列表。

因此我們要將閾值納入判斷的條件中，還記得在 4.4.3 小節定義的 pred 函式嗎？現在要用到它了。此函式可判斷每一筆資料預測的機率值若大於閾值則輸出 1，小於閾值則輸出 0：

```
# 定義可改變閾值的預測函式
def pred(algorithm, x, thres):
    # 取得機率值（矩陣）
    y_proba = algorithm.predict_proba(x)
    # 預測結果為 1 的 機率值
    y_proba1 =  y_proba[:,1]
    # 預測結果為 1 的機率值 > 閾值
    y_pred = (y_proba1 > thres).astype(int)
    return y_pred
```

程式碼 5-1-14　可改變閾值的預測函式 pred

接下來，我們就利用這個 pred 函式來看看當閾值由 0.5 開始逐次降低 0.05，其精確性、召回率、F 分數這 3 個評估指標會如何變化：

```
# 以 0.05 為間距逐次改變閾值，並計算精確性、召回率及 F 分數
thres_list = np.arange(0.5, 0, -0.05)

for thres in thres_list:
    y_pred = pred(algorithm, x_test, thres)
    pred_sum =  y_pred.sum()
    precision, recall, fscore, _ = precision_recall_fscore_support(
        y_test, y_pred, average='binary')
    print(f'閾值 : {thres:.2f} 陽性預測數 : {pred_sum}\
 精確性 : {precision:.4f} 召回率 : {recall:.4f}  F 分數 : {fscore:.4f})')
```

```
閾值 : 0.50 陽性預測數 : 1151 精確性 : 0.6733 召回率 : 0.3663  F 分數 : 0.4744)
閾值 : 0.45 陽性預測數 : 1412 精確性 : 0.6402 召回率 : 0.4272  F 分數 : 0.5125)
閾值 : 0.40 陽性預測數 : 1724 精確性 : 0.6108 召回率 : 0.4976  F 分數 : 0.5484)
閾值 : 0.35 陽性預測數 : 2053 精確性 : 0.5889 召回率 : 0.5714  F 分數 : 0.5800)
閾值 : 0.30 陽性預測數 : 2411 精確性 : 0.5649 召回率 : 0.6437  F 分數 : 0.6017)
閾值 : 0.25 陽性預測數 : 2823 精確性 : 0.5257 召回率 : 0.7013  F 分數 : 0.6009)
閾值 : 0.20 陽性預測數 : 3364 精確性 : 0.4822 召回率 : 0.7665  F 分數 : 0.5920)
閾值 : 0.15 陽性預測數 : 4081 精確性 : 0.4347 召回率 : 0.8384  F 分數 : 0.5725)
閾值 : 0.10 陽性預測數 : 5260 精確性 : 0.3675 召回率 : 0.9135  F 分數 : 0.5241)
閾值 : 0.05 陽性預測數 : 7523 精確性 : 0.2741 召回率 : 0.9745  F 分數 : 0.4278)
```

程式碼 5-1-15　評估指標在閾值改變時的變化

很明顯可以看出來「精確性」與「召回率」指標是一種折衷的關係，也就是精確性下降時，召回率上升，而 F 分數就可以平衡這兩個指標。因此我們這次就以 F 分數最高的 0.6017 為準，可得知其閾值是 0.30。

根據以上分析結果，本例就將閾值設為 0.30，並重新生成混淆矩陣看看預測結果如何：

```
# 最大化 F 分數的閾值為 0.30
y_final = pred(algorithm, x_test, 0.30)

# 輸出混淆矩陣
df_matrix2 = make_cm(
    confusion_matrix(y_test, y_final), ['失敗', '成功'])
display(df_matrix2)

# 計算精確性、召回率與 F 分數
precision, recall, fscore, _ = precision_recall_fscore_
    support(y_test, y_final, average='binary')
print(f'精確性 : {precision:.4f}  召回率 : {recall:.4f}\
  F 分數 : {fscore:.4f}')
```

		預測結果	
		失敗	成功
標準答案	失敗	14920	1049
	成功	754	1362

```
精確性 : 0.5649  召回率 : 0.6437  F 分數 : 0.6017
```

程式碼 5-1-16　閾值為 0.30 時的混淆矩陣

由混淆矩陣來看，閾值為 0.3 的表現確實比 0.5 來得好，之前模型預測的缺點是會錯失一些能夠成交的客戶（1,341 位），但目前遺漏掉的人數已下降許多（754 位），召回率由 36.63% 大幅提高到 64.37%，而且模型預測的精確性也還維持可接受的水準（由 67.33% 下降到 56.49%）。

這種調整的做法不需要修改模型，只要對閾值下點功夫，即可取得實務上更有效的幫助。

閾值的觀念對於模型的預測或分析結果影響很大，在 5.4.7 小節還會再看到。

5.1.9 重要性分析

最後我們要來做輸入資料的重要性分析，看看影響客戶銷售最重要的是哪幾個項目。由於輸入項目過多，因此只取出前 10 個最重要的並依大小順序畫成長條圖：

```
# 重要性分析

# 取得重要性向量
importances = algorithm.feature_importances_

# 以項目名稱為鍵，生成 Series
w = pd.Series(importances, index=x.columns)

# 按值的大小排序
u = w.sort_values(ascending=False)

# 只提取前 10 個
v = u[:10]

# 繪製重要性的直方圖
plt.title(' 輸入項目的重要性 ')
plt.bar(range(len(v)), v, color='b', align='center')
plt.xticks(range(len(v)), v.index, rotation=90)
plt.show()
```

→ 接下頁

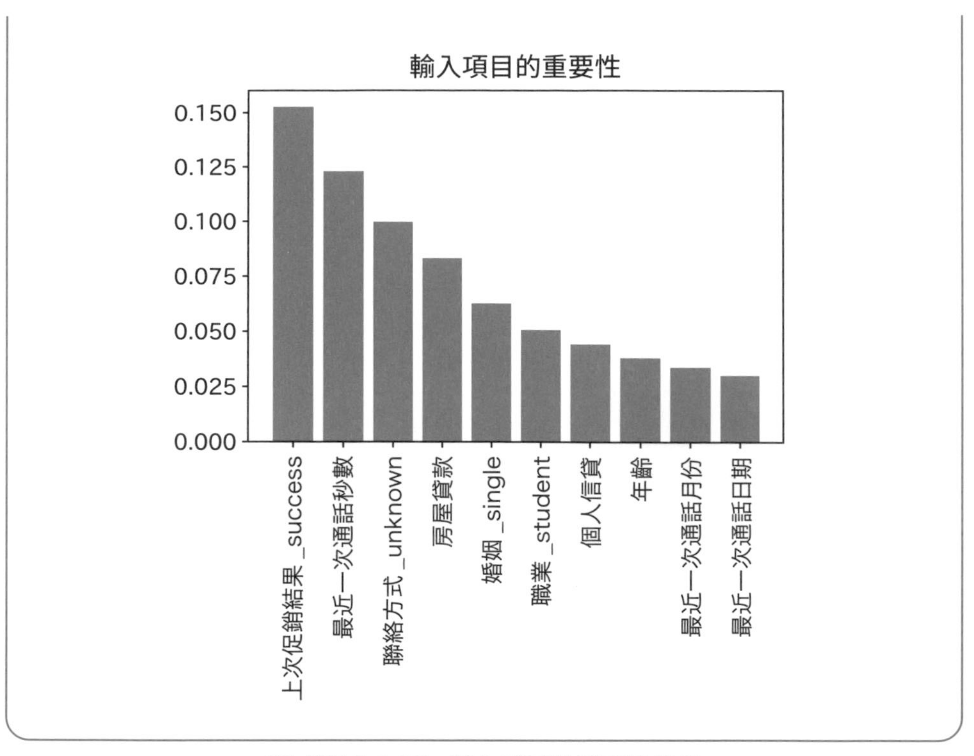

程式碼 5-1-17　輸入項目的重要性分析

在解讀此圖時需要特別注意！我們無法光憑這張圖判斷出各項目對目標變數「銷售成功」的影響是正面的還是負面的，因此接下來我們會將前幾個重要項目各別來看。首先是「上次促銷結果 _success」的影響分析：

```
column = '上次促銷結果 _success'

sns.distplot(x_test[y_test==1][column], kde=False,
             norm_hist=True, bins=5,color='b', label='成功')
sns.distplot(x_test[y_test==0][column], kde=False,
             norm_hist=True, bins=5,color='k', label='失敗')

plt.legend()
plt.show()
```

→ 接下頁

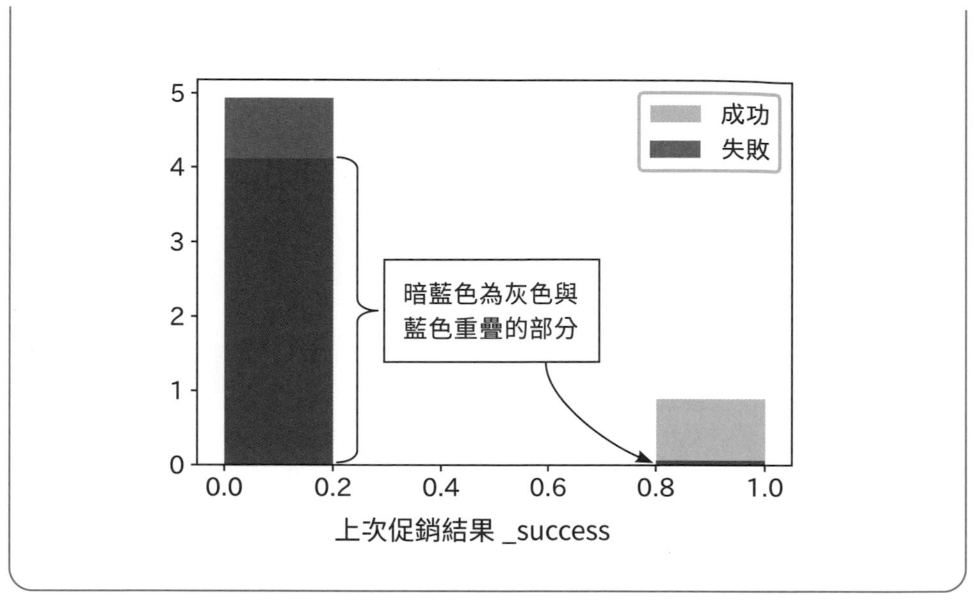

程式碼 5-1-18　上次促銷結果 _success 的影響分析結果

這個圖要看右側的直方圖，上面是藍色（成功）就表示影響是正面的，若灰色（失敗）較高表示影響是負面的。可知「上次促銷結果 _success」項目的影響是正面的，這個結論非常合理。

接下來，對「最近一次通話秒數」項目進行同樣的分析：

```
column = '最近一次通話秒數'

sns.distplot(x_test[y_test==1][column], kde=False,
             norm_hist=True, bins=50, color='b', label='成功')
sns.distplot(x_test[y_test==0][column], kde=False,
             norm_hist=True, bins=50, color='k', label='失敗')

plt.legend()
```

```
plt.show()
```

→ 接下頁

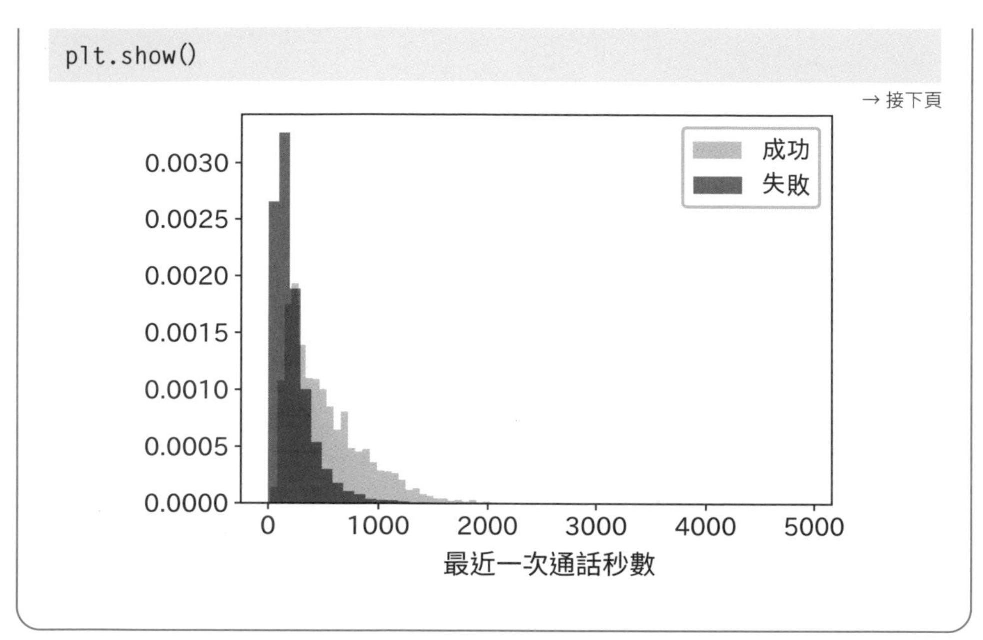

程式碼 5-1-19　最近一次通話秒數的影響分析結果

由上圖可見藍色（成功）整體分佈偏向右側，這代表上一次通話時間越長的客戶，就越有可能購買，表示客戶願意與業務交流，這也是合理的推斷。

最後再對「聯絡方式 _unkonwn」項目進行同樣的分析：

```
column = '聯絡方式_unknown'

sns.distplot(x_test[y_test==1][column], kde=False,
             norm_hist=True, bins=5,color='b', label='成功')
sns.distplot(x_test[y_test==0][column], kde=False,
             norm_hist=True, bins=5,color='k', label='失敗')
```

```
plt.legend()
plt.show()
```

→ 接下頁

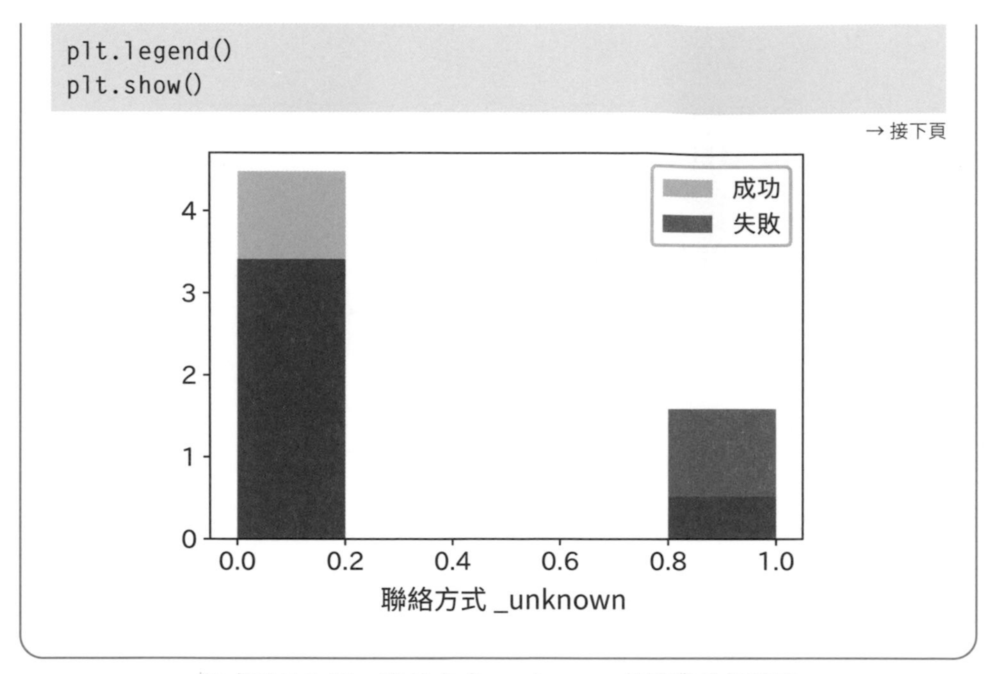

程式碼 5-1-20　聯絡方式 _unknown 的影響分析結果

我們發現上圖右側此值為 1 的灰色（失敗）大於藍色（成功），表示這個項目會產生負面影響。筆者另外也分析了其他幾個項目，發現「房屋貸款」、「個人信貸」會產生負面影響，而「婚姻 _single」及「職業 _student」則是對銷售有正面的影響。

其實這邊分析得到的結果對優秀資深業務人員來說，可能早就已內化為直覺與經驗了。但是如果能透過這種具體的方式去了解每個輸入項目的影響程度，就有可能根據這些資訊進一步找出能提高成功率的銷售手法。

> **NOTE** 在 4.4.4 小節以「鳶尾花資料集」為範例時，可能比較難理解項目重要性分析的含意，但這裡用銷售成交預測模型為例，應該對重要性分析更有體會了。

專欄 瑕疵與疾病判定模型

本專欄要討論同樣是分類問題，但目的卻與銷售成交預測模型大不相同的需求。在 5.1.1 小節最後提到工廠品管要篩選出瑕疵品，或醫院要判斷患者是否罹患特定疾病等，這種需求的目的是「毫不遺漏地找出整體中的少數例外」，以評估指標來說就是**重視召回率（也就是靈敏度、真陽性率）**。

但，重視召回率的分類問題有一項難以應用於實務的考量，就是「**很難為召回率設定一個目標值**」。假設有個機器學習模型能夠在檢測疾病時得到 95% 的召回率，這其實算相當不錯了，但醫院能否接受會有 5% 病患被遺漏？可能多數參與此開發專案的醫事人員就不會同意了。

這對在工廠篩選瑕疵品的情況來說也是一樣，即使建出召回率高達 98% 的模型，在很多情況下，漏掉那剩下的 2% 瑕疵品還是不可接受的。若是將召回率設定為 99.5%，這對機器學習模型來說，恐怕是非常高的門檻。

這類問題的難處在於想要檢測出來的「陽性」數量都遠小於不需檢測的「陰性」數量，而且能夠做出明確分類判斷的人也有限，這表示監督式學習中最重要的「標準答案」會難以取得，而且想要收集那些數量稀少的陽性標準答案也沒那麼容易。

因此，如果要建立預測瑕疵品的機器學習模型，可以利用 5.1.9 小節介紹的重要性分析來找出有哪幾項製造條件是導致出現瑕疵品的重要影響因素，如果能夠加強控制或注重保修，就有可能進一步減少瑕疵品的比例。上述這些內容都是在一開始的規劃時，就應該要設想到。

編註： 無論是工廠瑕疵品檢測或醫院疾病判定，都需要搭配影像辨識系統，那就牽涉到深度學習的範疇，不在本書討論範圍。

5.2 銷量或來客數預測 – 迴歸模型

如果我們要解決的問題不是分類，而是預測單一一個數值，例如某商品的銷售量或是商家的來客數，這種情況就屬於監督式學習的「迴歸」問題，本節就要建立能解決此問題的迴歸模型，在此會以預測單車租借量為例。

範例檔：ch05_02_bike_sharing.ipynb

5.2.1 問題類型與實務工作場景

經營共享單車最主要的工作，就是準備充足又不會過多的單車，讓想騎車的人立刻就能租到車。讀者或許覺得這與自己的工作沒甚麼相關性，以後也不可能成立單車租賃公司，但其實不然，所有的商業活動只要能正確預測客戶的需求，就能夠提高利潤。

舉例來說，蛋糕店每天準備的各種糕點，受歡迎的品項可能數量不足早早賣完，而有些卻又過多而賣不完，尤其是這種無法久放的商品，會直接造成店家的利潤損失。

規模再大一點的像是主題樂園的入園人數，這不僅僅是門票收入而已，牽涉到的層面包括餐廳的食材採購量以及工作人員的人力規劃都會受其影響。因此，若能善用機器學習模型做好預測，自然就能事先做好安排。各位在實作本案例時，就可以當成處理這類問題的預習。

5.2.2 範例資料說明與使用案例

本節範例使用的資料集是「共享單車資料集」(Bike Sharing Dataset Data Set)，網頁與網址如下圖所示：

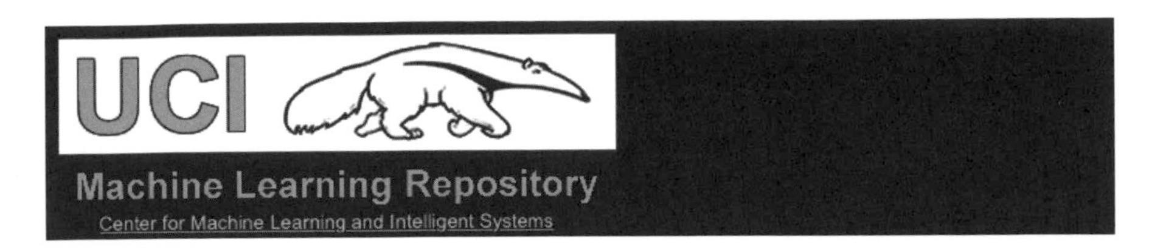

Bike Sharing Dataset Data Set

Download: Data Folder, Data Set Description

Abstract: This dataset contains the hourly and daily count of rental bikes between years 2011 and 2012 in Capital bikeshare

Data Set Characteristics:	Univariate	Number of Instances:	17389	Area:	Social
Attribute Characteristics:	Integer, Real	Number of Attributes:	16	Date Donated	2013-12-20
Associated Tasks:	Regression	Missing Values?	N/A	Number of Web Hits:	470462

取自 https://archive.ics.uci.edu/ml/datasets/bike+sharing+dataset

圖 5-2-1　Bike Sharing Dataset Data Set 的畫面

此資料集的輸入變數與目標變數（想要預測的對象）如下：

輸入變數：

日期、季節、年份、月份、國定假日、星期幾、工作日、天氣、氣溫、體感溫度、濕度、風速

目標變數：

臨時用戶租借量、註冊用戶租借量、整體用戶租借量

本資料集共有 12 個輸入變數，其代表的意義請直接看範例程式中的說明。其中有幾個輸入變數例如「氣溫」、「體感溫度」的數值並不是原始的值，而是經過標準化的值。此外也請注意，其中有 1 個「日期」輸入變數需要另外處理，這會是之後實作的重點。

這間共享單車公司的客戶有註冊會員以及臨時用戶兩種。註冊會員的租借輛數為「註冊用戶租借量」，非註冊會員的租借輛數為「臨時用戶租借量」，兩者的總和為「整體用戶租借量」，也就表示會有 3 種目標變數。

不過這樣實作會變得太複雜，因此我們鎖定其中 1 種目標變數為例。由於註冊用戶與臨時用戶是不同的客層，因此我們鎖定人數最多最穩定、對整體影響也最大的「註冊用戶租借量」進行分析與預測。而以另外 2 種目標變數為對象建立的模型，實作方式也與本例大致相同，有興趣的讀者可以自行嘗試看看。

預測單車的租借量能為工作帶來什麼幫助呢？比如說，我們可以根據租借量的預測結果來調整員工班表，有效利用人力資源。或是在預測租借量超過現場輛數時，及早調派備用車以提高可租借數量。而且只要模型預測得夠準確，馬上就能實際運用在實務工作中做驗證。

5.2.3 模型的概要

本模型的目的是根據天氣、氣溫與星期幾等條件，來預測單車租借量。由於過去的標準答案（當日有多少人租借單車）皆已儲存成資料，因此可以在訓練中使用。以下是迴歸模型運作概念圖：

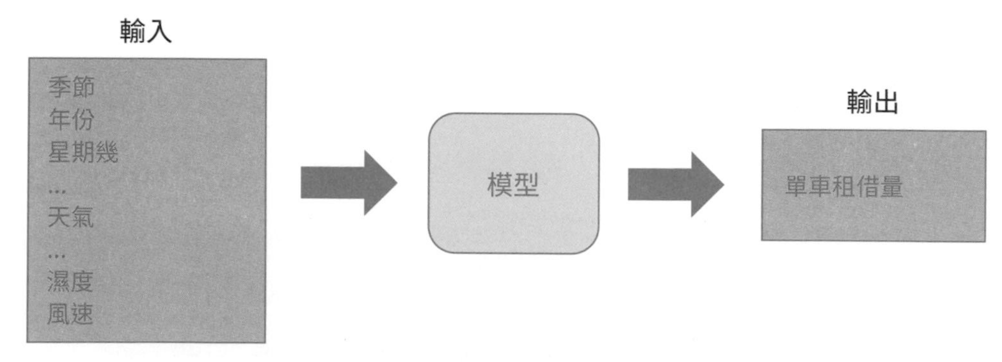

圖 5-2-2　共享單車需求預測模型概念圖

因為迴歸問題有時會需要計算每日（或每月、每年）的統計數值，因此「日期」常會是其中 1 個輸入變數。在處理日期資料時可以運用的幾個技巧，我們會詳細說明在 Python 中處理日期資料的方法，請讀者務必仔細學習，以便爾後運用在自己的專案中。

5.2.4 從載入資料到確認資料

介紹完需求與資料之後，接下來就可以開始進入範例了。首先是「載入資料」與「確認資料」。

下載並解壓縮資料

首先從網路下載 zip 檔案並解壓縮，以取得資料集的 csv 檔案（請注意！下面程式中的 !wget、!unzip、!head 都是 Unix 作業系統的命令，並不是 Python 的函式，在 Colab 開發環境中皆可正常執行）：

```
# 下載網址
url = 'https://archive.ics.uci.edu/ml/\
machine-learning-databases/00275/\
Bike-Sharing-Dataset.zip'

# 下載並解壓縮公開資料集
!wget $url -O Bike-Sharing-Dataset.zip | tail -n 1
!unzip -o Bike-Sharing-Dataset.zip | tail -n 1
```

```
--2021-11-26 08:04:24--  https://archive.ics.uci.edu/ml/
machine-learning-databases/00275/Bike-Sharing-Dataset.zip
Resolving archive.ics.uci.edu (archive.ics.uci.edu)...
128.195.10.252
Connecting to archive.ics.uci.edu
（以下省略）
```

程式碼 5-2-1　下載並解壓縮公開資料集

利用 head 命令顯示檔案內容

然後利用 head 命令看看 csv 檔案的內容，並同時察看日期資料的位置。在此僅顯示其中前 5 列：

```
# 確認資料狀態
!head -5 day.csv
```

```
instant,dteday,season,yr,mnth,holiday,weekday,workingday,weather
1,2011-01-01,1,0,1,0,6,0,2,0.344167,0.363625,0.805833,0.160446,3
2,2011-01-02,1,0,1,0,0,0,2,0.363478,0.353739,0.696087,0.248539,1
3,2011-01-03,1,0,1,0,1,1,1,0.196364,0.189405,0.437273,0.248309,1
4,2011-01-04,1,0,1,0,2,1,1,0.2,0.212122,0.590435,0.160296,108,14
```

程式碼 5-2-2　顯示 csv 檔案的內容

由輸出可以看出來，我們最需要處理的日期資料是在每筆資料的第 2 個項目 dteday。

匯入資料框

接下來用各位都已熟悉的 read_csv 函式，將 csv 資料集匯入 pandas 的資料框。這次有個與以前不同的地方就是指定了 parse_dates=[1] 這個參數，意思是以日期型態匯入剛才確認為日期項目的 [1] 行（編號由 0 開始，因此第 2 個項目是 1）。然後我們再以 df.dtypes 顯示各項目的屬性：

```
# 將 day.csv 匯入資料框
# 利用 parse_dates 指定日期所在的行
df = pd.read_csv('day.csv', parse_dates=[1])

# 確認資料屬性
print(df.dtypes)
```

```
instant                int64
dteday        datetime64[ns]
season                 int64
yr                     int64
```

→ 接下頁

```
mnth                  int64
holiday               int64
(以下省略)
```

程式碼 5-2-3　將帶有日期的 CSV 檔案匯入資料框中

由輸出可見第 2 個項目（dteday）確實已按照期望以日期型態（datetime64）匯入。如果不做這個指定就直接匯入資料框，日期資料就會變成字串（資料型態為 object）。雖然之後再轉換也可以，不過像這樣在呼叫 read_csv 函式時一併轉換，是匯入日期資料的處理技巧之一。

資料框加工

我們接下來要對資料框進行兩項加工，第一個是刪除代表資料編號的 instant 欄位，這對建立模型沒有用處，第二個是將各欄位名稱中文化：

```
# instant 為連號，預測不需使用，因此刪除
df = df.drop('instant', axis=1)

# 欄位名稱中文化
columns = [
    '日期', '季節', '年份', '月份', '國定假日', '星期幾',
    '工作日', '天氣', '氣溫', '體感溫度', '濕度', '風速',
    '臨時用戶租借量', '註冊用戶租借量', '整體用戶租借量'
]

# 將項目名稱替換成中文
df.columns = columns
```

程式碼 5-2-4　資料框加工

顯示資料框的內容

現在我們看一下資料框的內容。此次我們用 head 函式察看前 5 筆資料，以及 tail 函式察看結尾 5 筆資料：

```
# 確認開頭 5 列
display(df.head())

# 確認結尾 5 列
display(df.tail())
```

	日期	季節	年份	月份	國定假日	星期幾	工作日	天氣	氣溫	體感溫度	濕度
0	2011-01-01	1	0	1	0	6	0	2	0.3442	0.3636	0.8058
1	2011-01-02	1	0	1	0	0	0	2	0.3635	0.3537	0.6961
2	2011-01-03	1	0	1	0	1	1	1	0.1964	0.1894	0.4373
3	2011-01-04	1	0	1	0	2	1	1	0.2000	0.2121	0.5904
4	2011-01-05	1	0	1	0	3	1	1	0.2270	0.2293	0.4370

	風速	臨時用戶租借量	註冊用戶租借量	整體用戶租借量
0	0.1604	331	654	985
1	0.2485	131	670	801
2	0.2483	120	1229	1349
3	0.1603	108	1454	1562
4	0.1869	82	1518	1600

	日期	季節	年份	月份	國定假日	星期幾	工作日	天氣	氣溫	體感溫度	濕度
726	2012-12-27	1	1	12	0	4	1	2	0.2542	0.2266	0.6529
727	2012-12-28	1	1	12	0	5	1	2	0.2533	0.2550	0.5900
728	2012-12-29	1	1	12	0	6	0	2	0.2533	0.2424	0.7529
729	2012-12-30	1	1	12	0	0	0	1	0.2558	0.2317	0.4833
730	2012-12-31	1	1	12	0	1	1	2	0.2158	0.2235	0.5775

→ 接下頁

	風速	臨時用戶租借量	註冊用戶租借量	整體用戶租借量
726	0.3501	247	1867	2114
727	0.1555	644	2451	3095
728	0.1244	159	1182	1341
729	0.3508	364	1432	1796
730	0.1548	439	2290	2729

程式碼 5-2-5　確認資料框的內容（開頭與結尾）

由輸出可以看出資料的開始日期為 2011 年 1 月 1 日，結束日期為 2012 年 12 月 31 日，有整整 2 年份的資料。

這裡面的一個重點，就是我們建立模型要預測的目標變數為「註冊用戶租借量」。在二元分類模型中的目標變數是 1 或 0 的值，但迴歸模型的目標變數是會變動的數值。

繪製資料的直方圖

已知在資料框中除了日期以外的所有欄位都是數值資料，因此可呼叫資料框的 hist 函式繪製各項目的直方圖：

```
# 繪製次數分佈圖

# 用來調整圖形大小的咒語
from pylab import rcParams
rcParams['figure.figsize'] = (12, 12)

# 繪製資料框中數值欄位的直方圖
df.hist(bins=20) ←── 直方圖間隔數
plt.tight_layout()
plt.show()
```

→ 接下頁

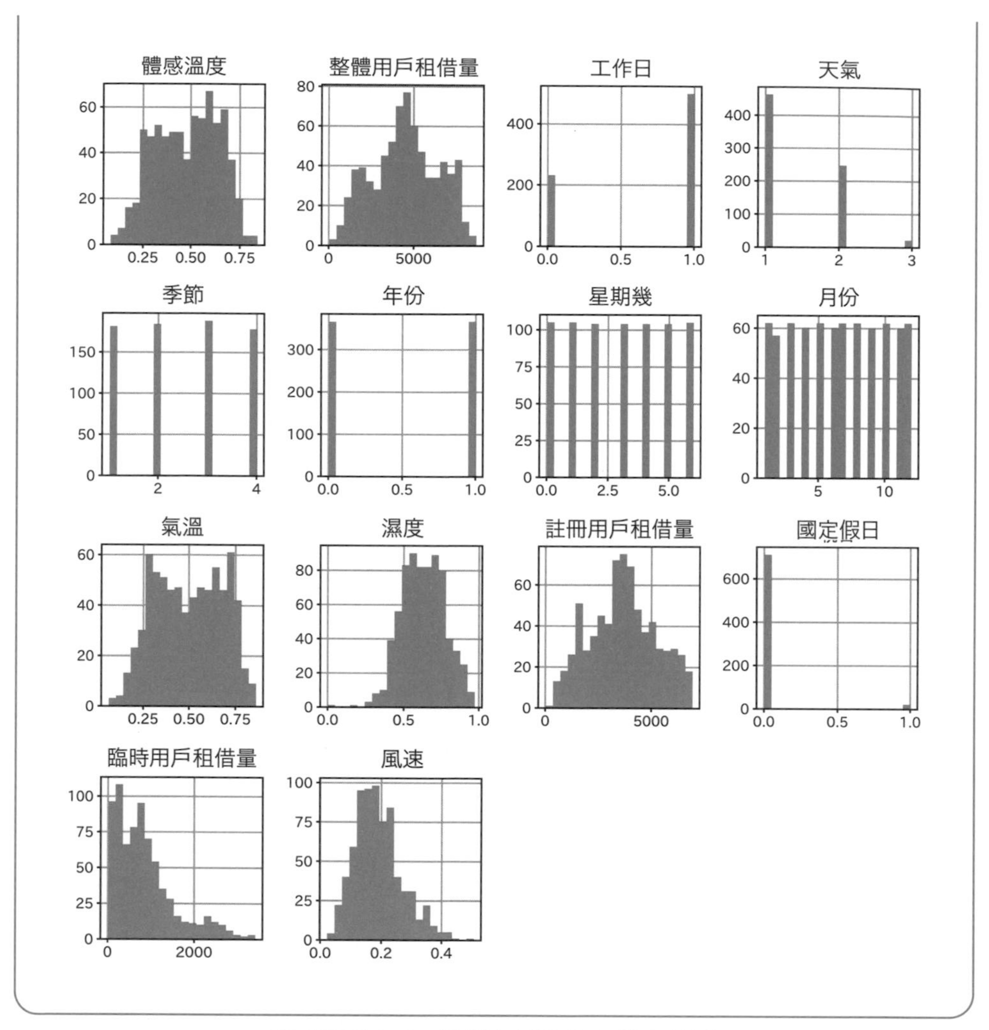

程式碼 5-2-6　繪製各欄位的次數分佈圖

由上面「體感溫度」、「氣溫」、「濕度」與「風速」可看出，其 x 軸的值都在 0~1 之間，可知皆已經過標準化處理。

接著，我們要確認資料框中是否有缺失值：

```
# 確認缺失值
df.isnull().sum()
```

```
日期  0
季節  0
年份  0
月份  0
國定假日  0
星期幾  0
工作日  0
天氣  0
氣溫  0
體感溫度  0
濕度  0
風速  0
臨時用戶租借量  0
註冊用戶租借量  0
整體用戶租借量  0
dtype: int64
```

程式碼 5-2-7　確認缺失值

由輸出可見，這是一份沒有缺失值的「乾淨」資料，省了我們很多事。

繪製時間序列資料的圖形

確認資料的最後，我們來繪製目標變數的時間序列圖。因為我們要建立的模型是預測「註冊用戶租借量」這個目標變數，因此時間序列圖就以時間為橫軸（2011-01-01 到 2012-12-31），以目標變數為縱軸畫出來：

> **編註：** 請注意！本案例的資料雖然是時間序列資料，但並未使用資料間的時間順序來做預測，而是直接用當天的各項資料 (天氣、氣溫、工作日等) 來預測當天的租借量。

```
# 繪製時間序列圖（註冊用戶租借量）
plt.figure(figsize=(12,4))

# 繪製圖形
plt.plot(df['日期'],df['註冊用戶租借量'],c='b')

# 顯示網格等
plt.grid()
plt.title('註冊用戶租借量')

# 輸出畫面
plt.show()
```

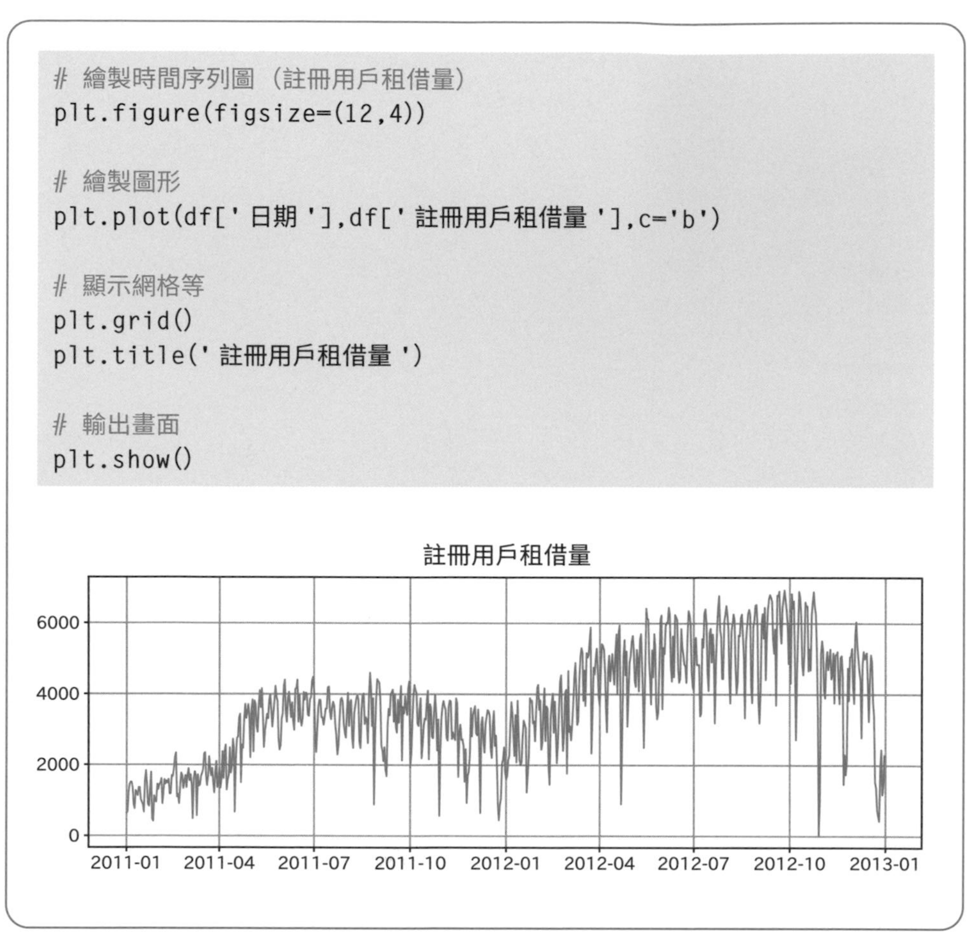

程式碼 5-2-8　註冊用戶租借量的時間序列圖

此處因為在 5.2.4 小節匯入資料時就一併將「日期」的資料型態轉換為 datetime64，所以利用 matplotlib 套件的 plot 函式繪圖時，直接將日期欄位指定為 x 軸就能畫出時間序列圖了。如果要進行比較精細的設定（例如調整時間軸的間隔為一週），本節後面會介紹。

5.2.5 預處理資料與分割資料

繪製完目標變數的圖形之後，「確認資料」的步驟就完成了，接下來是「預處理資料」與「分割資料」的步驟。由於前面已確認過資料是沒有缺失值的乾淨資料，因此直接分割資料即可。但在動手之前，有幾個與分割資料有關的策略必須先決定。

目標變數

首先要決定的是目標變數。這次的資料集中包括「臨時用戶租借量」、「註冊用戶租借量」、「整體用戶租借量」共 3 個目標變數，我們只鎖定「註冊用戶租借量」這 1 個目標變數來建立模型。

輸入變數

接著要看的是輸入變數。因為與日期相關的輸入變數當中，我們已經有「年份」與「月份」這兩個，而大部分的情況也只需要年份與月份，因此「日期」這個變數對訓練模型就有點多餘，因此不需要放入模型訓練。我們之後在 5.3 節處理「時間序列」問題時，就需要詳細處理日期資料。

分割成訓練資料與驗證資料

本範例的重點是分割訓練資料與驗證資料的方法。之前的範例都是以隨機提取的方式，不過這次的狀況是「根據過去的資料來訓練模型，然後將模型用在現在與未來」，在此情況下常見的做法是從整個資料集中選出 1 個特定的日期，並以該日期之前的資料作為訓練資料，再以該日期與之後的資料作為驗證資料。

因此我們用 2012 年 11 月 1 日做為分界日，將該日期之前的資料設為訓練資料，包括該日與之後的資料設為驗證資料。因此訓練資料是 2011-01-01 到 2012-10-31 共 22 個月份，驗證資料則是 2012-11-01 到 2012-12-31 共 2 個月份。

分割成輸入資料與標準答案

第 1 個步驟是將表格資料左右分割成輸入資料（輸入變數）與標準答案（目標變數）。我們將「註冊用戶租借量」取出指派給目標變數 y，並將不需要的輸入變數刪除後指派給輸入變數 x：

```
# 分割成 x, y
x = df.drop(['日期', '臨時用戶租借量', '註冊用戶租借量',
    '整體用戶租借量'], axis=1)
y = df['註冊用戶租借量'].values
```

程式碼 5-2-9　分割成輸入資料 x 與標準答案 y

下一個步驟是以 2012 年 11 月 1 日做分界，將該日期之前與後面的資料上下分割成訓練資料與驗證資料：

```
# 設定分割日 mday
mday = pd.to_datetime('2012-11-1')  ←— 轉換為 Timestamp

# 建立訓練用 index 與驗證用 index
train_index = df['日期'] < mday  ←— 日期早於 mday 的資料索引
test_index = df['日期'] >= mday  ←— 日期晚於 mday 的資料索引

# 分割輸入資料
x_train = x[train_index]  ←— 將列為訓練索引的資料放入訓練資料
x_test = x[test_index]    ←— 將列為驗證索引的資料放入驗證資料

# y 也進行分割
y_train = y[train_index]
y_test = y[test_index]

# 分割日期資料（用於繪製圖形）
dates_test = df['日期'][test_index]
```

程式碼 5-2-10　以日期為界進行上下分割

首先將分界日 2012 年 11 月 1 日定義為變數 mday。這時候的關鍵在於以日期字串 '2012-11-1' 為參數傳入 pandas 套件的 to_datetime 函式。接著再用 mday 與「日期」比大小，將在 mday 之前為 True 的索引放入 train_index，將在 mday 與之後為 True 的索引放入 test_index。

最後將 train_index、test_index 內的索引對應的輸入資料與標準答案分別分割給訓練資料與驗證資料。這個步驟也是運用日期的技巧之一。

此外，在日期中屬於驗證資料的部分也被單獨提取出來，放在另外準備的變數 dates_test 中，此變數會在之後繪製驗證資料的時間序列圖使用。

我們可以利用 shape 屬性和 display 函式來確認目前的資料分割結果。其中 display 函式的參數，在訓練資料上會使用 tail 函式，驗證資料則是 head 函式，這樣就能確認分界日的前後日期：

```
# 確認結果（確認大小）
print(x_train.shape)
print(x_test.shape)

# 確認結果（關注邊界值）
display(x_train.tail())
display(x_test.head())
```

```
(670, 11)
(61, 11)
```

	季節	年份	月份	國定假日	星期幾	工作日	天氣	氣溫	體感溫度	濕度	風速
665	4	1	10	0	6	0	2	0.5300	0.5151	0.7200	0.2357
666	4	1	10	0	0	0	2	0.4775	0.4678	0.6946	0.3980
667	4	1	10	0	1	1	3	0.4400	0.4394	0.8800	0.3582
668	4	1	10	0	2	1	2	0.3182	0.3099	0.8255	0.2130
669	4	1	10	0	3	1	2	0.3575	0.3611	0.6667	0.1667

→ 接下頁

	季節	年份	月份	國定假日	星期幾	工作日	天氣	氣溫	體感溫度	濕度	風速
670	4	1	11	0	4	1	2	0.3658	0.3699	0.5817	0.1573
671	4	1	11	0	5	1	1	0.3550	0.3560	0.5221	0.2662
672	4	1	11	0	6	0	2	0.3433	0.3238	0.4913	0.2705
673	4	1	11	0	0	0	1	0.3258	0.3295	0.5329	0.1791
674	4	1	11	0	1	1	1	0.3192	0.3081	0.4942	0.2363

程式碼 5-2-11　確認分割結果

由輸出可以看出 x_train.tail 的最晚月份是 10 月，x_test.head 的最早月份是 11 月，代表資料確實有依照分界日進行分割。

現在所有訓練需要的資料都已準備完成，可以開始建立模型了。

5.2.6 選擇演算法

迴歸模型有數種演算法可以選擇，但因篇幅有限，我們就不一一示範，直接選用 XGBRegressor 演算法，它是 XGBoost 分類演算法的迴歸版本，在迴歸演算法中以效果優良著稱，以下我們就來匯入 XGBRegressor 演算法：

```
# 選擇演算法
# 選擇 XGBRegressor
from xgboost import XGBRegressor
algorithm = XGBRegressor(objective ='reg:squarederror',
    random_state=random_seed)
```

程式碼 5-2-12　選擇演算法

選擇演算法時的參數只會做最低限度必要的設定。這次除了為與書上結果相同指定 random_state 為 random_seed 之外，還設定參數 objective='reg:squarederror'，是指定 XGBRegressor 演算法用 MSE（均方誤差，mean squared error）解決迴歸問題。

編註： 在迴歸問題中通常會用 MSE 當作損失函數，而在分類問題通常用交叉熵 (Cross entropy) 當作損失函數。有興趣者請參考作者的《深度學習的數學地圖》(旗標科技出版)。

5.2.7 訓練與預測

演算法選擇好之後，接下來的步驟就是「訓練」與「預測」。雖然這是本書第 1 次實作迴歸模型，但若只看程式碼會發現它和「分類」模型沒有差別，這是因為差異存在於程式碼看不到的地方，稍後會說明：

```
# 註冊用戶租借量預測模型的訓練與預測

# 訓練
algorithm.fit(x_train, y_train)

# 預測
y_pred = algorithm.predict(x_test)

# 確認預測結果
print(y_pred[:5])
```

```
[4613.577  4863.4756 4057.923  3642.1284 4354.408 ]
```

程式碼 5-2-13　註冊用戶租借量模型的訓練與預測

迴歸模型與分類模型最大的差異有以下兩點：

1. **標準答案內容與分類不同**。二元分類的標準答案 y 只會有 2 種值：1 和 0；但迴歸的標準答案是單車的 1 日租借量，會是一個數值，而且預測結果也會是一個數值。

2. **演算法的差異**。因為 Python 語言可用的演算法套件寫得非常好用，通常只要一行程式就能搞定，讓我們忽略了其實不同演算法裡面的運作方式存在很大的差異，這也是從程式碼看不出來之處。

5.2.8 評估

接下來要評估剛才訓練的迴歸模型。以下會介紹 3 種評估方式，分別是利用評估指標的做法、繪製散佈圖的做法，以及繪製時間序列圖的做法。

利用評估指標的做法

首先介紹利用迴歸的評估指標進行評估的實作方式。迴歸在訓練時呼叫 fit 函式與預測時呼叫 predict 函式的方法都與分類演算法完全相同。

事實上，迴歸演算法在進行評估時也與分類一樣有 1 個 score 函式，因此我們可以直接用驗證資料呼叫該函式取得評估值，此值其實就是 4.4.5 小節介紹過迴歸模型的 R^2 決定係數，下面我們就分別用 score 函式與 r2_score 函式計算出評估指標的值：

```
# 評估（註冊用戶租借量）

# 呼叫 score 函式
score = algorithm.score(x_test, y_test)
```

→ 接下頁

```
# 計算 R2 值
from sklearn.metrics import r2_score
r2_score = r2_score(y_test, y_pred)

# 確認結果
print(f'score: {score:.4f}  r2_ score: {r2_score:.4f}')
```

```
score: 0.5294  r2_ score: 0.5294
```
← 兩種算法得到相同的結果

程式碼 5-2-14 評估迴歸模型

現在我們知道此模型的 R^2 決定係數是 0.5294，那要如何評估此值的好壞呢？一般來說，R^2 值大於 0.5 就可被認為是有意義的模型，越接近 1 表示此模型越能代表資料（請參考 4.4.6 節對 R^2 意義的說明）。我們可以說這個模型預測的結果：雖然具有一定程度的意義，但效果並不算很好。

繪製散佈圖的做法

我們接著要以標準答案為 x 軸，預測值為 y 軸來繪製迴歸模型的散佈圖，如果預測值非常接近標準答案，則所有的點會在 y=x 這條線上或距離不遠處。反之，若差距大就表示預測不太準確，讓我們可以用視覺的方式看出預測到底準不準。以下就實際畫出來：

```
# 以散佈圖比較標準答案與預測值（註冊用戶租借量）
plt.figure(figsize=(6,6))
y_max = y_test.max()
plt.plot((0,y_max), (0, y_max), c='k')
plt.scatter(y_test, y_pred, c='b')
plt.title(f'標準答案與預測值的散佈圖（註冊用戶租借量）\
  R2={score:.4f}')
plt.grid()
plt.show()
```

→ 接下頁

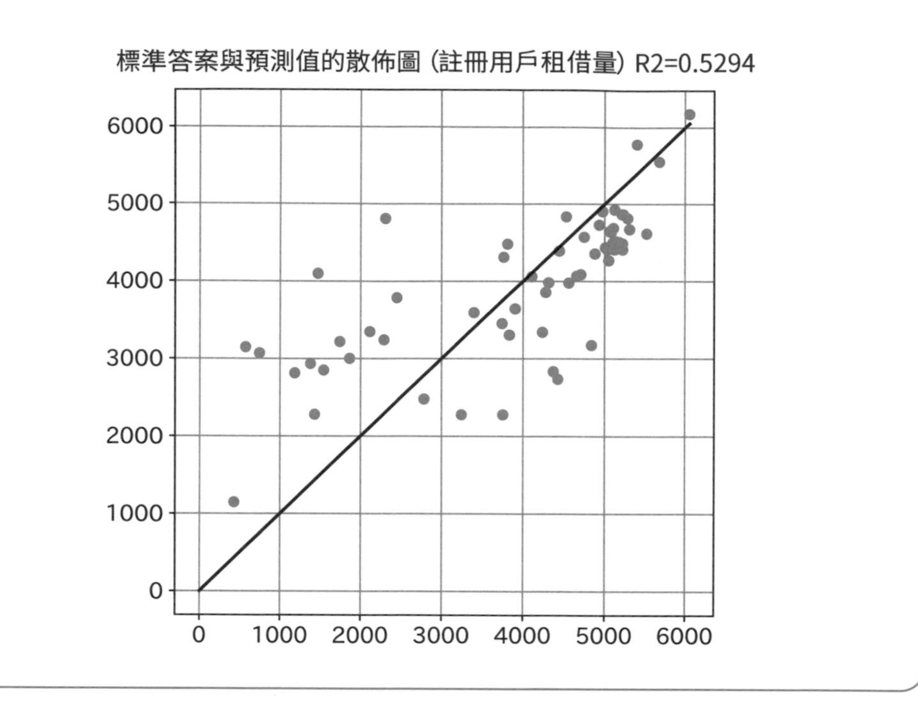

程式碼 5-2-15　繪製標準答案與預測值的散佈圖

由上圖可看出預測值與標準答案貌似存在線性關係，但其實效果不算太好，這與前面用決定係數 0.5294 推論的結果一致。

繪製時間序列圖的做法

最後要介紹的做法是將預測值與標準答案重疊繪製於時間序列圖上，這會是個依照時間順序畫出的圖：

```
# 繪製時間序列圖 (註冊用戶租借量)
import matplotlib.dates as mdates
fig, ax = plt.subplots(figsize=(8, 4))

# 繪製圖形
ax.plot(dates_test, y_test, label='標準答案', c='k')
ax.plot(dates_test, y_pred, label='預測值', c='b')
```

→ 接下頁

```
# 日期刻度間隔
# 於每週四顯示日期
weeks = mdates.WeekdayLocator(byweekday=mdates.TH)
ax.xaxis.set_major_locator(weeks)

# 將日期刻度標籤文字旋轉 90 度
ax.tick_params(axis='x', rotation=90)

# 顯示網格等
ax.grid()
ax.legend()
ax.set_title('預測註冊用戶租借量')

# 輸出畫面
plt.show()
```

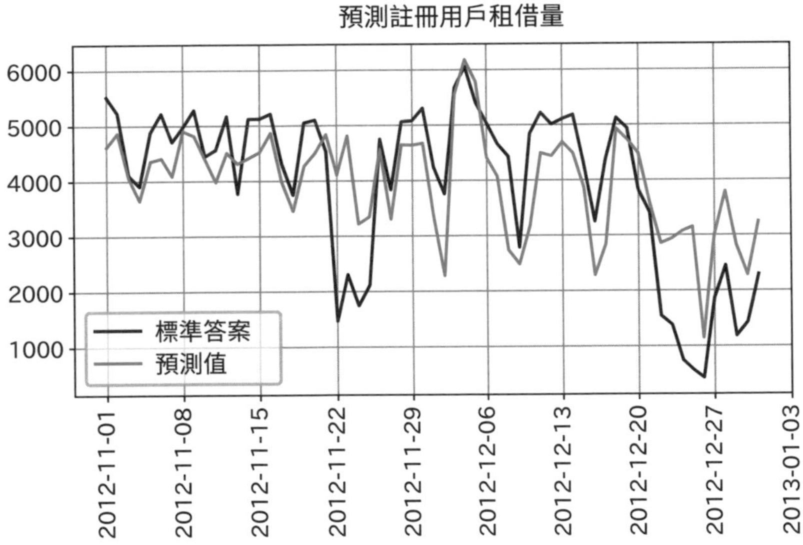

預測註冊用戶租借量

6000
5000
4000
3000
2000
1000

標準答案
預測值

2012-11-01
2012-11-08
2012-11-15
2012-11-22
2012-11-29
2012-12-06
2012-12-13
2012-12-20
2012-12-27
2013-01-03

程式碼 5-2-16　繪製時間序列圖的部分程式碼與結果

我們在這段程式碼中將時間軸的間隔設定為一週，參數的用法可以查詢網路或參考本書最後面「講座 2.3 matplotlib 簡介」的說明。由這張時間序列圖可以看出，有些日期區間預測的吻合度還不錯，但也有些差距甚大。

上面這 3 種迴歸模型的評估方式，都可以幫助我們確定模型預測的好壞，既然不管用哪一種方式都覺得差強人意，接下來就要看看有甚麼方法可以將此模型調整得準確一點。

5.2.9 調整

目前為止建出來的迴歸模型，決定係數 0.5294 雖然具有某種意義，但也說不上是多好的模型，因此本小節將重新檢視此模型並嘗試提高其預測的正確率。

我們要關注的是輸入資料中的「月份」與「季節」這 2 個原本就是數值資料的項目，當初我們就直接輸入到模型中，但像「月份」中的 12 月與隔年 1 月，本來是相鄰的 2 個月，但卻因為是數值就有大小關係，因此顯得兩個值離得最遠，這就有可能影響模型訓練的正確率。「季節」的情況也一樣，第 4 季與隔年第 1 季也是相鄰的季節。

表示原本以為可以直接用的數值或許可能是問題所在，因此我們針對這 2 個項目進行 One-Hot 編碼以排除此問題：

```
# 用於對項目進行 One-Hot 編碼之函式
def enc(df, column):
    df_dummy = pd.get_dummies(df[column], prefix=column)
    df = pd.concat([df.drop([column],axis=1),df_dummy],axis=1)
    return df

# 對「月份」與「季節」進行 One-Hot 編碼
x2 = x.copy()
x2 = enc(x2, '月份')
x2 = enc(x2, '季節')

# 確認結果
display(x2.head())
```

→ 接下頁

	年份	國定假日	星期幾	工作日	天氣	氣溫	體感溫度	濕度	風速	月份_1	月份_2	月份_3	月份_4
0	0	0	6	0	2	0.3442	0.3636	0.8058	0.1604	1	0	0	0
1	0	0	0	0	2	0.3635	0.3537	0.6961	0.2485	1	0	0	0
2	0	0	1	1	1	0.1964	0.1894	0.4373	0.2483	1	0	0	0
3	0	0	2	1	1	0.2000	0.2121	0.5904	0.1603	1	0	0	0
4	0	0	3	1	1	0.2270	0.2293	0.4370	0.1869	1	0	0	0

→ 接下頁

	月份_5	月份_6	月份_7	月份_8	月份_9	月份_10	月份_11	月份_12	季節_1	季節_2	季節_3	季節_4
0	0	0	0	0	0	0	0	0	1	0	0	0
1	0	0	0	0	0	0	0	0	1	0	0	0
2	0	0	0	0	0	0	0	0	1	0	0	0
3	0	0	0	0	0	0	0	0	1	0	0	0
4	0	0	0	0	0	0	0	0	1	0	0	0

程式碼 5-2-17　對「月份」與「季節」進行 One-Hot 編碼

接下來從分割資料到評估的實作都與之前相同，因此不再重複，讀者請直接看程式碼，在此僅以圖 5-2-3、5-2-4 顯示調整後的評估結果：

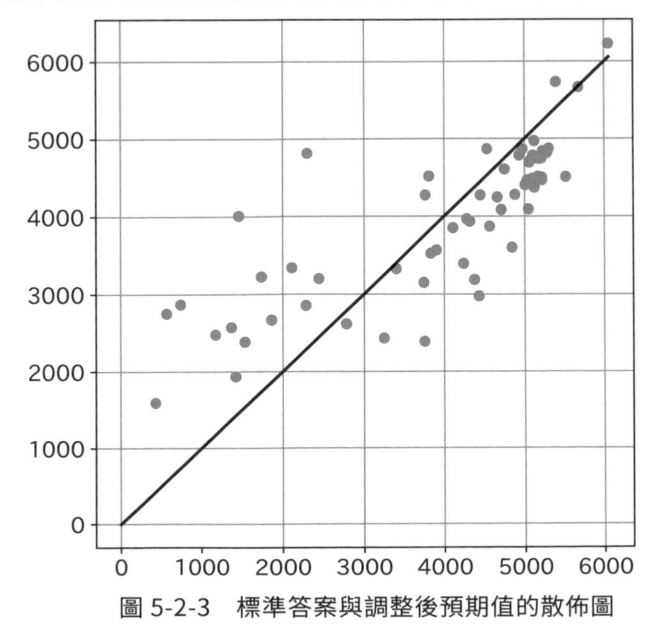

圖 5-2-3　標準答案與調整後預期值的散佈圖

由圖形標題可以看到，決定係數值已由調整前的 0.5294 提升到 0.6182，表示性能已經有所改善。

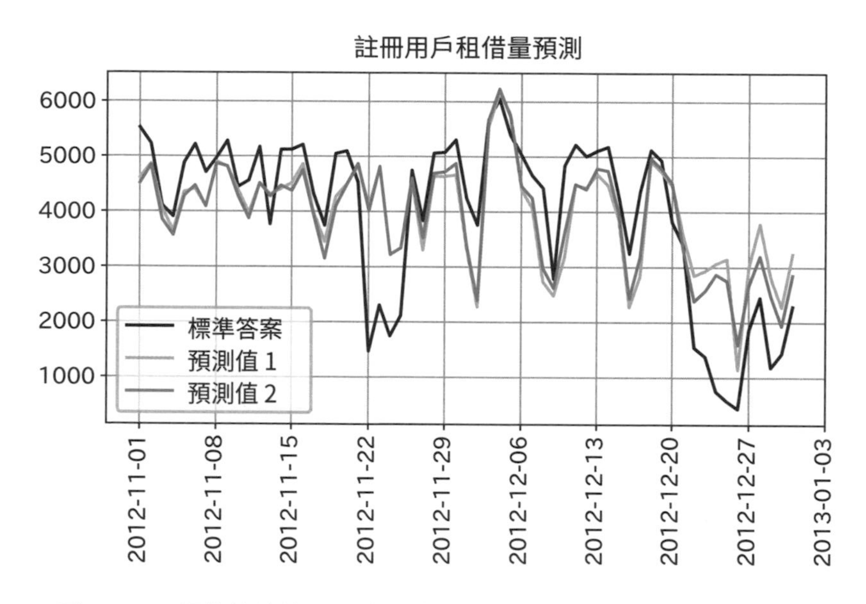

圖 5-2-4　調整後的註冊用戶租借量預測值與標準答案的時間序列圖

上面的時間序列圖中，「預測值 1」為改善前的值，「預測值 2」為改善後的值。可以看出改善後的值有比之前稍微好一些，尤其是 12 月底跨到 1 月的曲線明顯有向正確答案修正了，這就是對「月份」進行 One-Hot 編碼的效果了。

5.2.10 重要性分析

本節最後就來對建出的模型進行重要性分析！

這次使用的迴歸演算法 XGBoostRegressor 中，有 1 個能夠方便我們進行重要性分析的 plot_importance 函式，可以繪製各項目重要性的長條圖：

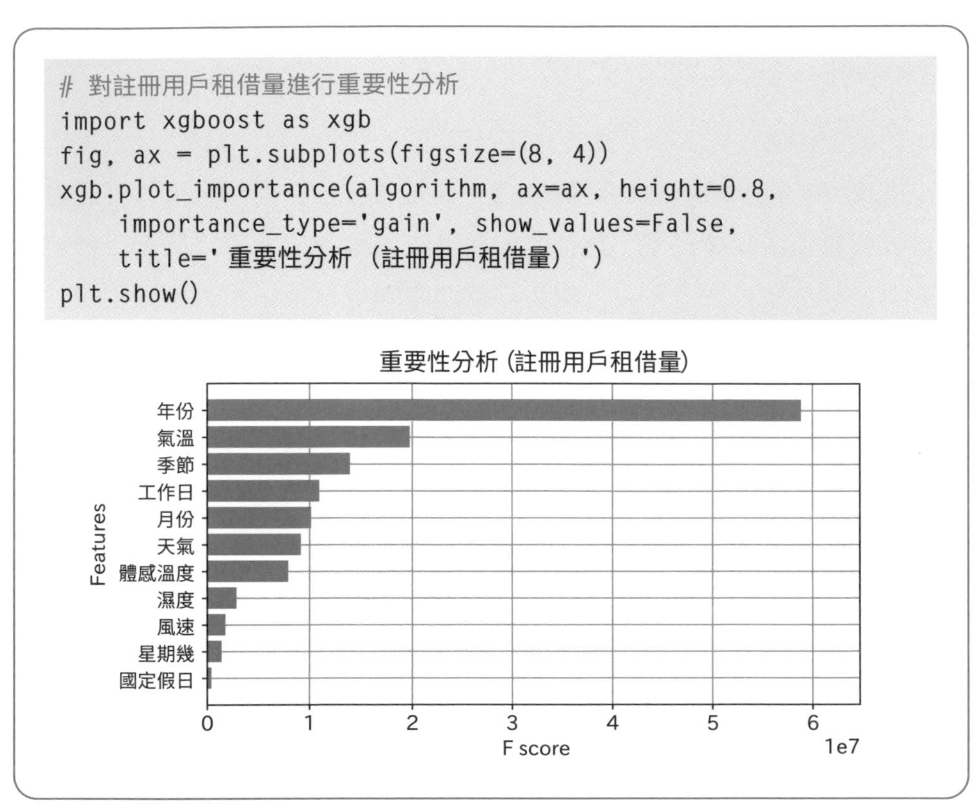

```
# 對註冊用戶租借量進行重要性分析
import xgboost as xgb
fig, ax = plt.subplots(figsize=(8, 4))
xgb.plot_importance(algorithm, ax=ax, height=0.8,
    importance_type='gain', show_values=False,
    title='重要性分析 (註冊用戶租借量)')
plt.show()
```


程式碼 5-2-18　重要性分析

由此圖可以大致看出以下幾件事情：

- 「年份」對註冊用戶租借量有壓倒性的重要性。由程式碼 5-2-8 的圖可以看出第 2 年的用戶平均數要比第一年多。這一點很合理，由於前面推廣與口碑讓更多人願意成為註冊用戶。
- 重要性第 2 大的是「氣溫」。由程式碼 5-2-8 的圖可以看出夏季秋季時的氣溫適合騎車，因此用戶也較多，而氣溫較冷的冬季在外騎車也太冷了吧。重要性第 3 與第 5 的「季節」、「月份」也都和「氣溫」有相關性。
- 重要性第 4 的「工作日」會與通勤的使用狀況有關係，如果租車還車方便，以及位於主要的轉乘地點都有助於提高使用次數。至於第 6 的「天氣」則與是否下雨影響使用人次有關。

我們在下一節會繼續探討與時間相關的問題。

5.3 季節週期性變化預測 — 時間序列模型

前面已經實作過監督式學習的分類與迴歸模型，本節要介紹的是第 3 種：用來處理具有週期性資料的**時間序列**（Time series）模型，可以**只用過去的目標變數值去訓練模型，然後將模型用在預測未來一段時間的目標變數值**。例如共享單車業者可以用過去兩年期間的每日租借量去訓練模型，再用此模型去預測未來一段期間的每日租借量。

範例檔：ch05_03_bike_sharing.ipynb

5.3.1 問題類型與實務工作場景

我們在 5.2 節討論的迴歸模型，訓練時使用的輸入資料也有時間性的關係，但與本節要介紹的時間序列模型不同，我們先來看看它們的差異。

下面是迴歸模型的預測示意圖（項目經過簡化）。此模型要預測單車的「租借量」，輸入資料為「年份」、「月份」、「星期幾」…等（下圖藍色框）。換句話說，這是利用當日收集到的資料（必須有當天的天氣等資料）去預測當日租借量的機制：

日期	租借量	年份	月份	星期幾	天氣	氣溫	濕度
11-01-01	985	0	1	6	2	0.344	0.806
11-01-02	801	0	1	0	2	0.363	0.696
11-01-03	1349	0	1	1	1	0.196	0.437
11-01-04	1562	0	1	2	1	0.200	0.590
11-01-05	1600	0	1	3	1	0.227	0.437
11-01-06	1606	0	1	4	1	0.204	0.518
11-01-07	1510	0	1	5	2	0.197	0.499
11-01-08	959	0	1	6	2	0.165	0.536
11-01-09	822	0	1	0	1	0.138	0.434
11-01-10		0	1	1	1	0.151	0.483

圖 5-3-1　迴歸模型的預測示意圖（只能預測當日）

那麼，時間序列模型又是什麼樣的處理方式呢？請見下圖：

日期	租借量	年份	月份	星期幾	天氣	氣溫	濕度
11-01-01	985	0	1	6	2	0.344	0.806
11-01-02	801	0	1	0	2	0.363	0.696
11-01-03	1349	0	1	1	1	0.196	0.437
11-01-04	1562	0	1	2	1	0.200	0.590
11-01-05	1600	0	1	3	1	0.227	0.437
11-01-06	1606	0	1	4	1	0.204	0.518
11-01-07	1510	0	1	5	2	0.197	0.499
11-01-08	959	0	1	6	2	0.165	0.536
11-01-09	822	0	1	0	1	0.138	0.434
11-01-10		0	1	1	1	0.151	0.483

圖 5-3-2　時間序列模型的預測示意圖

時間序列模型並不是用「租借量」右側那一堆項目來訓練，而是靠過去「每日」的「租借量」來訓練。

各位可能會想，單靠目標變數過去的資料，真的能夠訓練模型嗎？這時候，位於表格最左側的「日期」就有很重要的意義了，因為日期具有週期性，也就是說單車租借量在每個星期天應該都差不多，去年 4 月與今年 4 月也應該會有類似的走向。這 2 種現象就是所謂的「週循環」與「年循環」。由於我們取得的資料集記錄的是以 1 天為單位的統計資料，因此可預期的循環只會有週與年這 2 種，如果有以更短的時間為單位（例如小時）的資料，就可以預測「日循環」。

時間序列模型的基本概念，就是以週期性為前提來進行的預測。具體來說，就是將目標變數的數值資料視為以「日單位」、「週單位」、「年單位」的週期性與趨勢變化的總和，找出與過去歷史資料擬合程度高的「週期函數」與「趨勢」，就能夠建出時間序列模型並預測未來。

那麼時間序列模型適合應用在什麼類型的工作中呢？由於「迴歸」與「時間序列」想要預測的都是未來的一個數值，因此能夠運用的場景也差不多。

我們思考一下，為了開發迴歸模型我們需要收集許多項目的資料，才能訓練模型做預測。而時間序列模型卻只需要過去每日的「日期」與「租借量」就可以做訓練，怎麼看都覺得更方便。事實上也是如此，只不過以前在開發時間序列模型的人需要具備統計知識，而現在因為可使用 Facebook（2021 年已改名為 Meta）發表的 Prophet 演算法（可自動化預測時間序列的未來走勢），讓我們很容易就能開發出時間序列模型。

時間序列模型的特色還包括統計的**信賴區間**（Confidence Interval）觀念。也就是說，時間序列並不只是單純預測一個數值而已，還能夠「預測結果會有多少機率（Prophet 演算法預設是 0.8，也就是 80% ）落在估計的數值區間之內」。因此只要活用預測結果，便能有效控制風險。

> **編註：** 信賴區間是指給予預測值一個可容許的誤差範圍，比如說信賴區間是 -2 到 2 之間，標準答案 1 就落在信賴區間之內，但標準答案 3 就超出此區間。更詳細的介紹可參考《機器學習的統計基礎》（旗標科技出版）。

還有，我們也想知道「能夠預測到多遠的未來」？像 5.2 節的迴歸模型，輸入資料中包括「天氣」與「氣溫」等項目，這表示要到當天才能收集到必需的正確資料，也才能預測當天的租借量。相較之下，時間序列模型是利用過去日期的租借量，因此可以預測中長期的變化趨勢。

5.3.2 範例資料說明與使用案例

本節使用的資料集同樣是 5.2 節的「共享單車資料集」（Bike Sharing Dataset Data Set）。如圖 5-3-2 所示，基本的時間序列模型只需用到過去的「租借量」及「日期」就可訓練。不過，時間序列模型後來也發展出進階的技巧，嘗試納入其它幾個資料項目可改善模型的正確率，我們會在「調整」階段做介紹。

5.3.3 模型的概要

過去要處理時間序列的問題，雖然可以使用 Python 的 statsmodel 統計套件，但需要具備一定程度的數學與統計知識，導致程式開發者難以上手。所幸 Facebook 於 2017 年發布**時間序列預測專用的 Prophet 演算法**，由於自動化的預測功能，讓開發類模型變得簡單許多，本節我們就用它來實作。

此模型的目標變數與 5.2 節一樣只使用「註冊用戶租借量」。讀者可以比較用迴歸與時間序列兩種不同概念開發出來的模型，就更能掌握兩者的特色。

5.3.4 從載入資料到確認資料

從載入資料到匯入資料框的過程皆與上一節完全相同，因此不再重複說明。但各位可以利用下面的程式碼複習顯示資料內容與執行結果：

```
# 確認開頭 5 列
display(df.head())

# 確認結尾 5 列
display(df.tail())
```

	日期	季節	年份	月份	國定假日	星期幾	工作日	天氣	氣溫	體感溫度	濕度
0	2011-01-01	1	0	1	0	6	0	2	0.3442	0.3636	0.8058
1	2011-01-02	1	0	1	0	0	0	2	0.3635	0.3537	0.6961
2	2011-01-03	1	0	1	0	1	1	1	0.1964	0.1894	0.4373
3	2011-01-04	1	0	1	0	2	1	1	0.2000	0.2121	0.5904
4	2011-01-05	1	0	1	0	3	1	1	0.2270	0.2293	0.4370

→ 接下頁

	風速	臨時用戶租借量	註冊用戶租借量	整體用戶租借量
0	0.1604	331	654	985
1	0.2485	131	670	801
2	0.2483	120	1229	1349
3	0.1603	108	1454	1562
4	0.1869	82	1518	1600

	日期	季節	年份	月份	國定假日	星期幾	工作日	天氣	氣溫	體感溫度	濕度
726	2012-12-27	1	1	12	0	4	1	2	0.2542	0.2266	0.6529
727	2012-12-28	1	1	12	0	5	1	2	0.2533	0.2550	0.5900
728	2012-12-29	1	1	12	0	6	0	2	0.2533	0.2424	0.7529
729	2012-12-30	1	1	12	0	0	0	1	0.2558	0.2317	0.4833
730	2012-12-31	1	1	12	0	1	1	2	0.2158	0.2235	0.5775

	風速	臨時用戶租借量	註冊用戶租借量	整體用戶租借量
726	0.3501	247	1867	2114
727	0.1555	644	2451	3095
728	0.1244	159	1182	1341
729	0.3508	364	1432	1796
730	0.1548	439	2290	2729

程式碼 5-3-1 顯示資料框的內容

5.3.5 預處理資料與分割資料

預處理資料

Prophet 演算法雖然很容易使用，但規定訓練資料輸入變數的格式必須是資料框（Data frame），且資料框中的項目名稱也要用下面的名稱命名：

日期：ds

目標變數：y

因此預處理資料要做的就是建立包含上述 2 個項目的資料框：

```
# 只提取「日期」與「註冊用戶租借量」
# 以「日期：ds、註冊用戶租借量：y」替換行名，建立資料框 df2

# 複製整個資料框
df2 = df.copy()

# 提取「日期」與「註冊用戶租借量」的行
df2 = df2[['日期', '註冊用戶租借量']]

# 替換行名
df2.columns = ['ds', 'y']

# 確認結果
display(df2.head())
```

	ds	y
0	2011-01-01	654
1	2011-01-02	670
2	2011-01-03	1229
3	2011-01-04	1454
4	2011-01-05	1518

程式碼 5-3-2　Prophet 輸入資料的加工處理

輸出中顯示資料框 df2 的內容，包括「日期」與「註冊用戶租借量」，這就是要給 Prophet 演算法的輸入資料。

分割資料

我們在 5.2.5 小節是選擇 1 個特定日期，以「當日之前為訓練資料、之後為驗證資料」的方式來分割資料，此規則也同樣適用於時間序列。因此本處同樣選用 2012 年 11 月 1 日為分界日，分別將該日期前、後的資料分割為訓練資料與驗證資料：

```
# 設定分割日 mday
mday = pd.to_datetime('2012-11-1')

# 建立訓練用 index 與驗證用 index
train_index = df2['ds'] < mday
test_index = df2['ds'] >= mday

# 分割輸入資料
x_train = df2[train_index]
x_test = df2[test_index]

# 分割日期資料（用於繪製圖形）
dates_test = df2['ds'][test_index]
```

程式碼 5-3-3　分割成訓練資料與驗證資料

請注意！分類或迴歸模型的資料還會將標準答案分割出來，但時間序列模型並不需要這麼做，因為已經將標準答案放進訓練資料了。

5.3.6 選擇演算法

將資料完成預處理之後，下一個步驟就是「選擇演算法」。本次要用的就是 Prophet 演算法並指定要預測的週期性參數，請看下面的說明：

```
# 匯入套件
from fbprophet import Prophet

# 選擇模型
# 這 3 個 seasonality 參數的設定很重要
# 本資料為日單位，因此不需使用 daily_seasonality
# weekly_seasonality 與 daily_seasonality 除了 True/False 以外，
# 也可以指定數值
# seasonality_mode: additive(預設), multiplicative
```

→ 接下頁

```
m1 = Prophet(yearly_seasonality=True, weekly_seasonality
     =True, daily_seasonality=False, seasonality_mode
     ='multiplicative')
```

程式碼 5-3-4　選擇時間序列演算法

使用 Prophet 演算法建立模型時指定的參數很重要，以下一一說明。首先是 yearly_seasonality、weekly_seasonality 與 daily_seasonality 這 3 個與預測週期有關的參數。找出週期性的模式對時間序列相當重要，可能存在於時間序列資料中的週期性，有「年循環」、「週循環」與「日循環」這 3 種，因此用 Prophet 演算法建立模型時就要指定是否要啟用這 3 種週期。

由於本次要分析的是 2 年份的單車每日租借量資料，會有「年循環」（例如夏秋租借量較多，冬天較少），因此設定 yearly_seasonality=True 啟用。此份資料是以日為單位，表示也會有「週循環」（例如平日較多，週末較少），因此設定 weekly_seasonality=True 啟用。但因為沒有每小時的資料，不存在「日循環」，因此指定 daily_seasonality=False 不啟用。

年循環 yearly_seasonality=True 預設會用 10 個三角函數組合去擬合「年循環」的資料狀況，我們也可以直接指定整數，例如 yearly_seasonality=5 表示用 5 個三角函數組合。

而週循環 weekly_seasonality=True 預設會用 3 個三角函數組合去擬合「週循環」，同樣也可以直接指定一個整數，例如 weekly_seasonality=4。

這個整數設得越大表示用越多個三角函數組合，也就越能擬合資料，不過若在訓練資料筆數較少的情況下指定了過大的值，恐會發生「過度配適」（overfitting），因此還是必須根據實際情況再試著調整。

編註：為甚麼要用三角函數去擬合資料？那是因為三角函數是週期性變化的函數，很適合用來組合出一個「週期函數」去擬合具有週期性的資料。

另一個重要的參數是 seasonality_mode。這個參數可以設定 2 種值：additive（加法）或 multiplicative（乘法）。預設值為 additive，表示週期函數會用加法的方式來影響趨勢。假設假日的租借量比平日少，差異應該以少的人數為準？還是要以少的比例為準？例如平日租借量 2000，假日是 1600，差異是 -400 輛，如果用比例來看是 -20%，我們認為用比例來看比較合理，因此指定 seasonality_mode='multiplicative'。事實上，若直接使用預設的 additive，本模型的正確率會較低。

5.3.7 訓練與預測

演算法選擇好後，接下來的步驟就是「訓練」與「預測」。以下依序說明使用 Prophet 演算法的實作方式。

訓練

首先是訓練。我們之前學到的「分類」與「迴歸」模型，都是以輸入資料 x 與標準答案 y 這 2 種變數，但時間序列必須以日期（ds）及目標變數（y）組成的資料框為輸入資料，因此訓練時的輸入只會有 1 種變數：

```
# 訓練
m1.fit(x_train) ←── 呼叫 Prophet 演算法的 fit 函式做訓練

INFO:numexpr.utils:NumExpr defaulting to 2 threads.
<fbprophet.forecaster.Prophet at 0x7f721632af10>
```

程式碼 5-3-5　訓練 Prophet 模型

預測

在 Prophet 演算法預測之前，我們需要先用 make_future_dataframe 函式建出包括“未來”日期的資料框，慣例上會用 futureXX 來命名。下面的程式碼是將用 2011-01-01 到 2011-10-31 的資料訓練出來的 m1 模型，呼叫 make_future_dataframe 函式建出準備做預測的資料框：

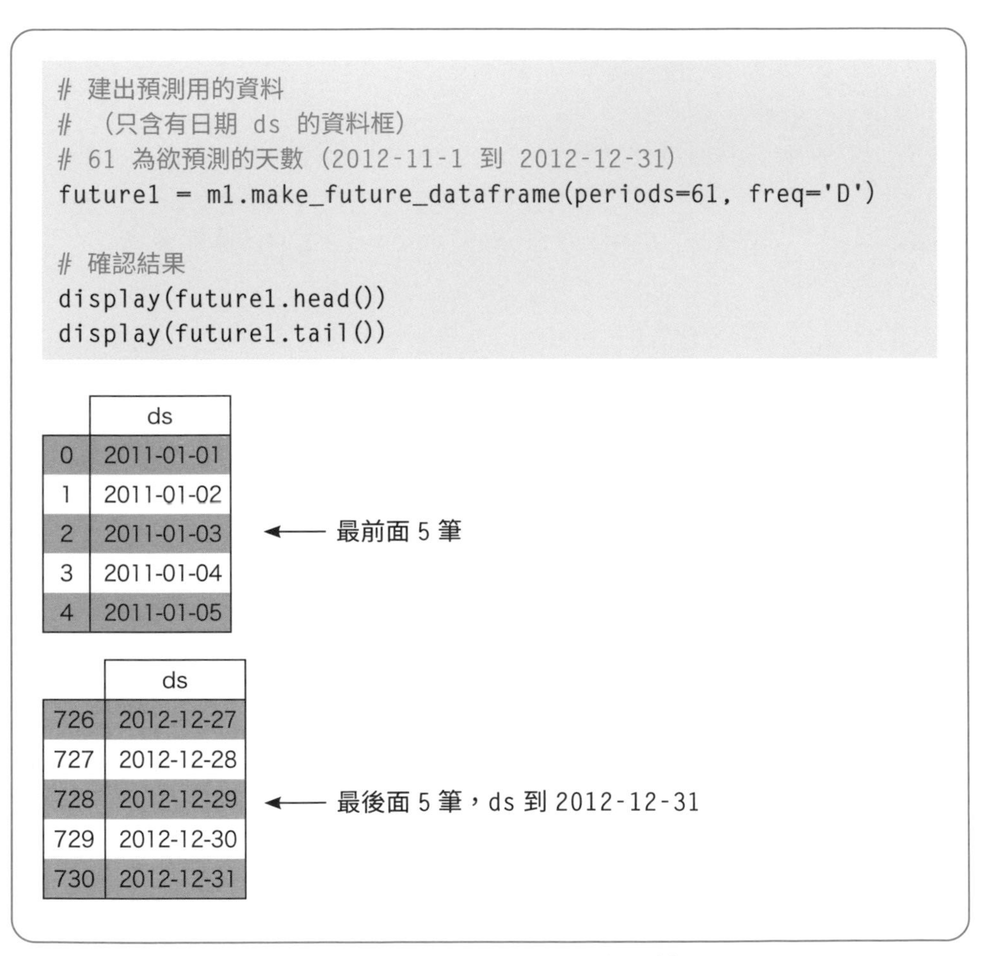

```
# 建出預測用的資料
#  (只含有日期 ds 的資料框)
# 61 為欲預測的天數 (2012-11-1 到 2012-12-31)
future1 = m1.make_future_dataframe(periods=61, freq='D')

# 確認結果
display(future1.head())
display(future1.tail())
```

	ds
0	2011-01-01
1	2011-01-02
2	2011-01-03
3	2011-01-04
4	2011-01-05

	ds
726	2012-12-27
727	2012-12-28
728	2012-12-29
729	2012-12-30
730	2012-12-31

程式碼 5-3-6　建出預測用的資料

由上面可看出此函式不只建出未來的日期，也會在前面補上訓練時用到的日期。

在 make_future_dataframe 函式的參數當中，periods=61 表示要往後生成 61 個週期，freq='D' 表示以天（Day）為單位，因此會生成 61 天。由 future1.tail( ) 的輸出可知預測的最後一日確實是 2012 年 12 月 31 日。

準備好預測用的資料框之後，下個步驟就是呼叫演算法的 predict 函式進行預測：

```
# 預測
# 結果會以資料框傳回
fcst1 = m1.predict(future1)
```

程式碼 5-3-7　利用 Prophet 的 predict 函式進行預測

預測的做法是以剛才建立的 future1 為參數，呼叫已訓練完成模型 m1 的 predict 函式。預測結果會以資料框的格式傳回，並指派給 fcst1 變數。

到目前為止，我們已經完成所有以 Prophet 演算法建立模型、進行訓練與預測的步驟了。那麼預測的結果到底是甚麼呢？接下來介紹幾種評估方法就可以看到。

5.3.8 評估

繪製各元素的圖形

首先要介紹的是呼叫 plot_components 函式繪製出 3 張圖，依序是「長期趨勢」(trend)、「週循環」(weekly) 與「年循環」(yearly) 圖，這是 Prophet 獨有的評估方式：

```
# 繪製各元素的圖形
# 現階段為趨勢、週循環及年循環
fig = m1.plot_components(fcst1)
plt.show()
```

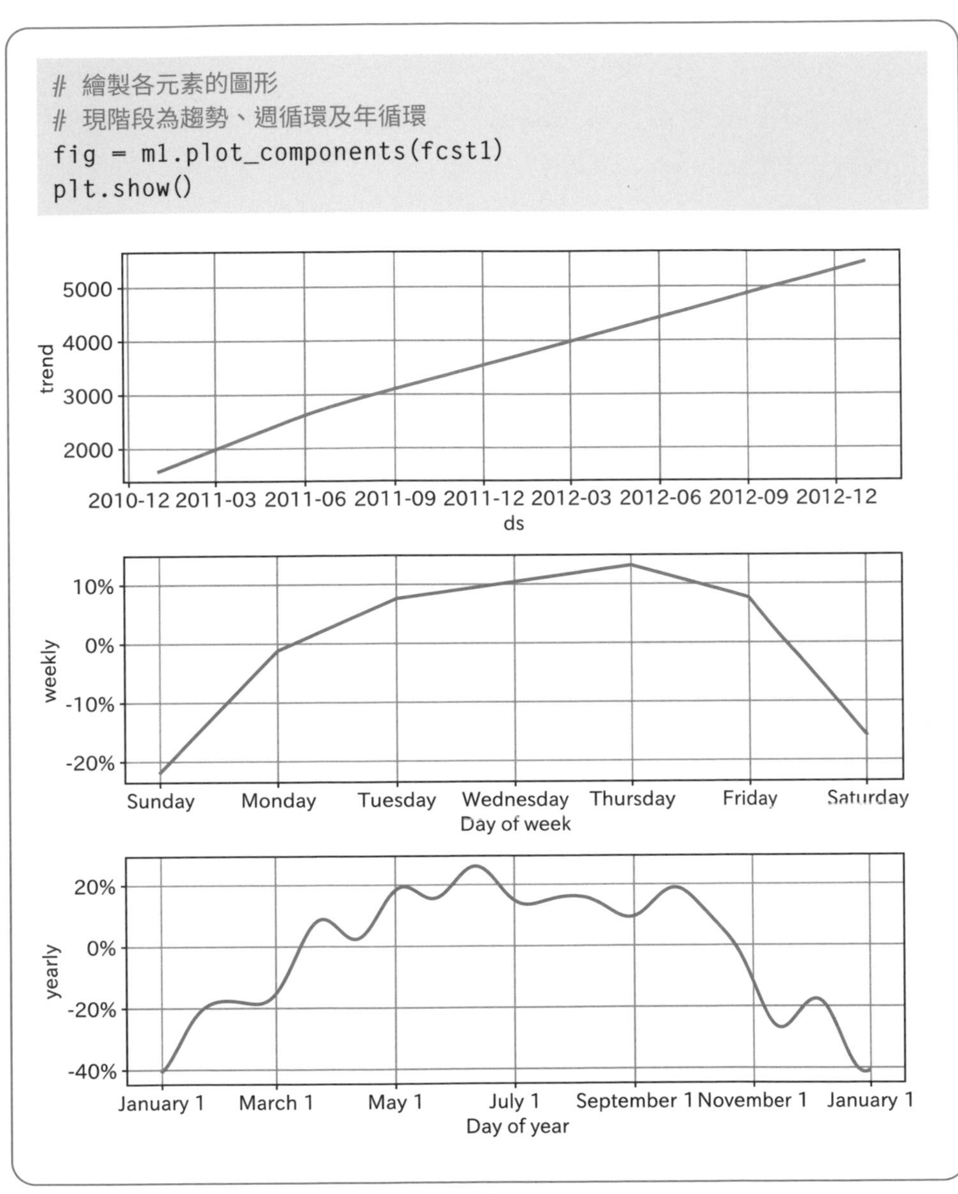

程式碼 5-3-8　繪製各元素的圖形

模型預測出的結果，其實是長期趨勢與週期變化的集合。由「長期趨勢」圖可看出租借量正在逐漸增長。由「週循環」圖可看出平日租借量較多、假日租借量較少。由「年循環」圖可看出夏、秋季租借量較多，而冬季較少。這些分析結果也都符合 5.2.10 小節得到的迴歸模型重要性分析結果。

繪製整體訓練資料與驗證資料的圖形

接著，我們將所有訓練資料與驗證資料連同預測結果繪製成圖形，使用的是 Prophet 演算法的 plot 函式：

```
# 將整體訓練資料與驗證資料繪製成圖形
fig, ax = plt.subplots(figsize=(10,6))

# 繪製預測結果的圖形 (prophet 演算法的函式)
m1.plot(fcst1, ax=ax)

# 設定標題等
ax.set_title('註冊用戶租借量預測')
ax.set_xlabel('日期')
ax.set_ylabel('租借量')

# 繪製圖形
plt.show()
```

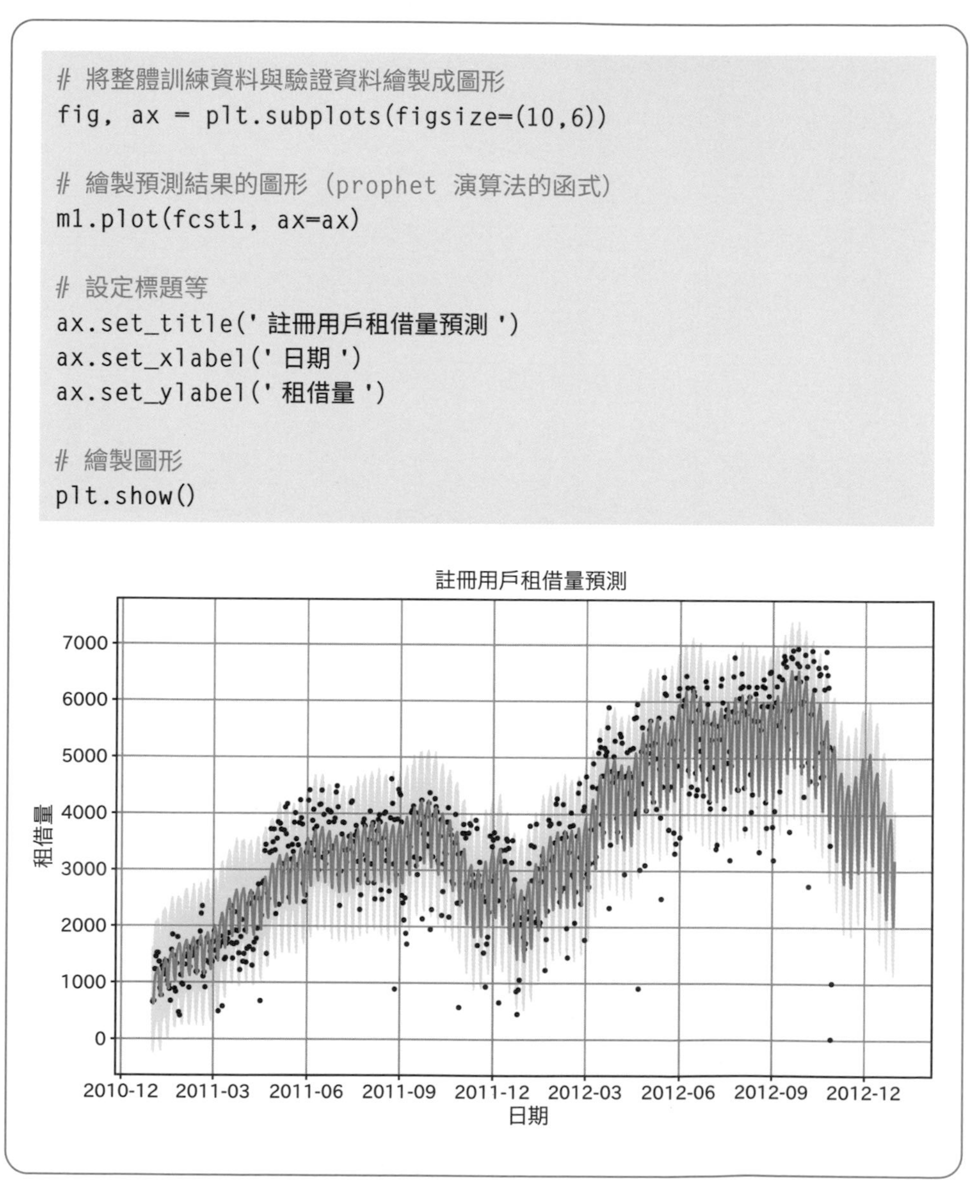

程式碼 5-3-9　將整體訓練資料與驗證資料繪製成圖形

仔細觀察圖中曲線會發現其中包含兩種圖，一種是在中間的深藍色線，另一種則是範圍比較寬的淺藍色線區域。由於時間序列預測的結果並不只是 1 個值，而是 1 個預測值（yhat）再加上信賴區間的上界（yhat_upper）與下界（yhat_lower）這 3 個值（**編註：** 意思就是只要標準答案有落在預測出來的 [yhat_lower, yhat_upper] 區間之內，就算預測正確）。因此淺藍色線的區域就是算出來的信賴區間，深藍色線則是其中機率最高的值。

此外，圖中的黑點代表原本的標準答案。其中有少部分黑點超出淺藍色區域，表示該標準答案未包含在模型預測的信賴區間中，也就是該些日期的預測結果誤差超過可接受的範圍。因為黑點是既成事實不會變動，所以我們調整模型的目的，就是去調整淺藍色區域，盡可能含括住大多數的黑點。

計算 R^2 值

接下來是在迴歸模型用過的 R^2 決定係數，在時間序列模型也適用：

```
# ypred1：只從 fcst1 中提取預測部分
ypred1 = fcst1[-61:][['yhat']].values ←── yhat 就是指預測值

# ytest1：預測期間內的標準答案
ytest1 = x_test['y'].values ←── y 就是原本的標準答案

# 計算 R2 值
from sklearn.metrics import r2_score
score = r2_score(ytest1, ypred1)

# 確認結果
print(f'R2 score:{score:.4f}')
```

```
R2 score:0.3725
```

程式碼 5-3-10　計算 R^2 決定係數值

預測的結果包含預測值 yhat，以及 yhat_lower、yhat_upper，因此最後 61 筆預測值 yhat 可以用 fcst1[-61:][['yhat']].values 取得。再與最後 61 筆的標準答案 y 代入 r2_score 函式計算 R^2 值可得到 0.3725。我們說此值要大於 0.5 才算具有某種程度上的意義，顯然此模型還不行。

繪製驗證期間的圖形

在分析的最後，我們直接單獨提取驗證期間的資料，將標準答案與預測結果的圖形繪製出來比較看看：

```
# 繪製時間序列圖
import matplotlib.dates as mdates
fig, ax = plt.subplots(figsize=(8, 4))

# 繪製圖形
ax.plot(dates_test, ytest1, label='標準答案', c='k')
ax.plot(dates_test, ypred1, label='預測結果', c='b')

# 日期刻度間隔
# 於每週四顯示日期
weeks = mdates.WeekdayLocator(byweekday=mdates.TH)
ax.xaxis.set_major_locator(weeks)

# 將日期刻度標籤文字旋轉 90 度
ax.tick_params(axis='x', rotation=90)

# 顯示網格等
ax.grid()
ax.legend()
ax.set_title('註冊用戶租借量預測結果')

# 輸出畫面
plt.show()
```

→ 接下頁

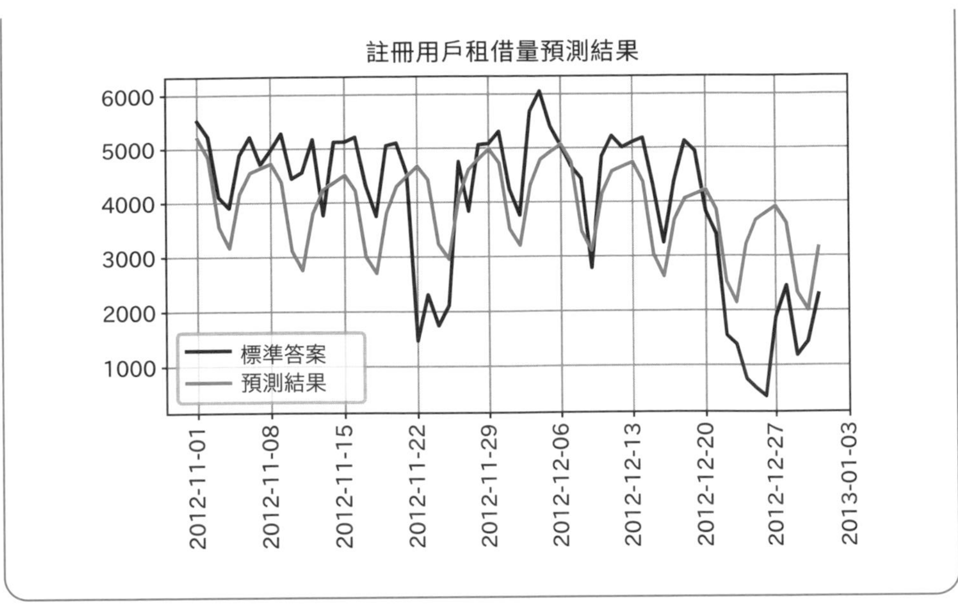

程式碼 5-3-11　繪製驗證期間的圖形

由輸出結果可以看到，其實 Prophet 已經很努力去擬合標準答案了，但若註冊用戶租借量的標準答案中原本就包含太多不規律的資料，那這種做法就有其極限。不過，我們再想想辦法，如果只靠租借量還不夠，是不是可以再考慮其它因素進來？例如「國定假日」的影響？我們接下來的調整階段就來試試看。

5.3.9 調整 (1)

調整採取的第 1 個步驟是將「共享單車資料集」中的「國定假日」項目納入模型，方法就是用 Prophet 演算法的 holidays 參數。指定方式是在資料框中設定節假日名稱（用以區分不同的節日與假日）、節假日發生日期、該節假日會對發生日期的前後幾日產生影響。以下來實作如何納入節假日資料（本資料集中只有國定假日）：

```
# 提取國定假日
df_holiday = df[df['國定假日']==1]    ← 挑出是國定假日的那些記錄
holidays = df_holiday['日期'].values ← 將國定假日的日期放入
holidays

# 轉換為資料框格式
df_add = pd.DataFrame({'holiday': 'holi', ← 將假日名稱訂為 holi
    'ds': holidays,     ← 在資料框中對應到 holidays 中的日期
    'lower_window': 0,  ← 假日之前幾日會受到影響
    'upper_window': 0   ← 假日之後幾日會受到影響
})

# 確認結果
display(df_add.head())
display(df_add.tail())
```

	holiday	ds	lower_window	upper_window
0	holi	2011-01-17	0	0
1	holi	2011-02-21	0	0
2	holi	2011-04-15	0	0
3	holi	2011-05-30	0	0
4	holi	2011-07-04	0	0

	holiday	ds	lower_window	upper_window
16	holi	2012-09-03	0	0
17	holi	2012-10-08	0	0
18	holi	2012-11-12	0	0
19	holi	2012-11-22	0	0
20	holi	2012-12-25	0	0

程式碼 5-3-12　準備「國定假日」節假日資料

我們在程式中假設國定假日對於前後幾日都沒有影響，因此將 lower_window 與 upper_window 皆設為 0。共享單車資料集中的 holiday 剛好只有「國定假日」1 種，就定義為 holi，但若不只 1 種，像是棒球比賽日

可以定義成例如「baseball」、跨年演唱會定義成例如「concert」，如此即可區分不同的節假日（讀者可看下面的補充說明，也可以先跳過等有需要時再看）。

編註：如何加入其它類型的 holiday ？

假設我們要額外將已知的棒球比賽日期以及跨年演唱會日期加入 holidays 中，可以這樣做：

```
# 轉換為資料框格式
df_add = pd.DataFrame({'holiday': 'holi',
        'ds': holidays,
        'lower_window': 0,
        'upper_window': 0
})

# 指定棒球比賽日期名稱為 baseball, 以及設定 ds 的日期
baseballs = pd.DataFrame({'holiday': 'baseball',
        'ds': pd.to_datetime(['2011-05-20', '2011-07-18',
                              '2011-09-28', '2011-11-11',
                              '2012-01-10', '2012-03-04',
                              '2012-07-18', '2012-09-28',
                              '2012-11-11']),
        'lower_window': 0,
        'upper_window': 0
})

# 指定跨年演唱會日期名稱為 concert, 以及設定 ds 的日期
concerts = pd.DataFrame({'holiday': 'concert',
        'ds': pd.to_datetime(['2011-12-31', '2012-12-31']),
        'lower_window': 0,
        'upper_window': 1
})
```

→ 接下頁

```
# 將 baseballs 與 concerts 附加到國定假日之後
df_add1 = df_add.append(baseballs)
df_add2 = df_add1.append(concerts, ignore_index=True)

# 整理資料框用 ds 日期排序，重建新的索引，並將舊索引刪除
df_add = df_add2.sort_values(by='ds').reset_index().drop
('index', 1)

# 確認結果
display(df_add.head())
display(df_add.tail())
```

	holiday	ds	lower_window	upper_window
0	holi	2011-01-17	0	0
1	holi	2011-02-21	0	0
2	holi	2011-04-15	0	0
3	baseball	2011-05-20	0	0
4	holi	2011-05-30	0	0

	holiday	ds	lower_window	upper_window
27	baseball	2012-11-11	0	0
28	holi	2012-11-12	0	0
29	holi	2012-11-22	0	0
30	holi	2012-12-25	0	0
31	concert	2012-12-31	0	1

接著要利用程式碼 5-3-12 準備好的節假日資料 df_add，我們要在 Prophet 演算法中加入參數 holidays=df_add 來重新建立模型：

```
# 以國定假日 (df_add) 為模型輸入

# 選擇演算法
# 新增 holidays 參數並生成模型 m2
m2 = Prophet(yearly_seasonality=True,
    weekly_seasonality=True, daily_seasonality=False,
    holidays = df_add, seasonality_mode='multiplicative')

# 訓練
m2 = m2.fit(x_train)

# 預測
fcst2 = m2.predict(future1)
```

程式碼 5-3-13　實作已指定 holidays 參數的模型

新模型的圖除了原本的「長期趨勢」、「週循環」、「年循環」圖，還多了一個「節假日」(holidays) 圖。我們從此圖可看出只要是假日就會下降 20% 多，這是合理的現象。

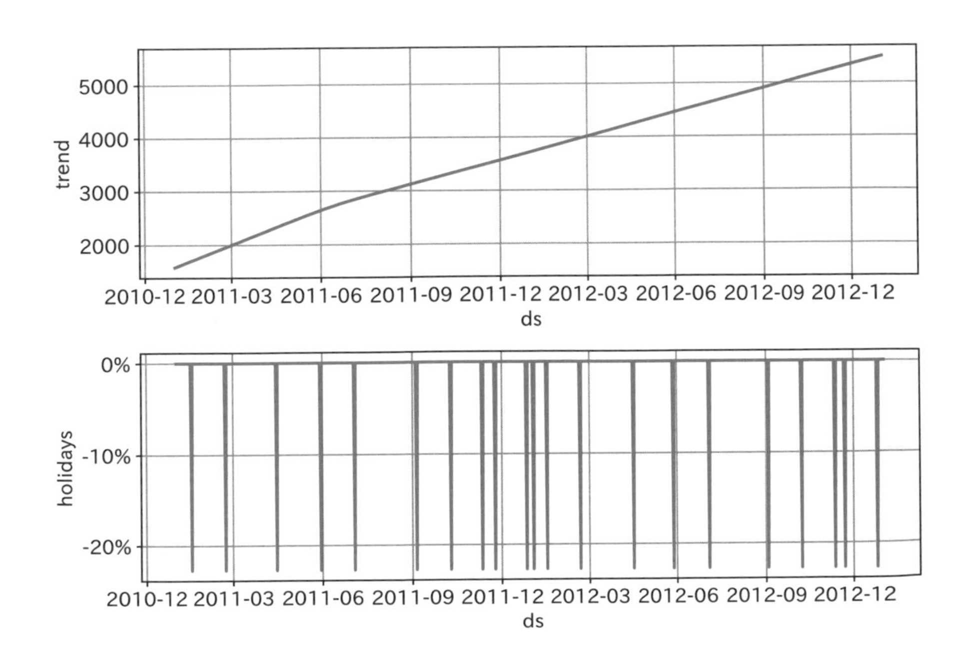

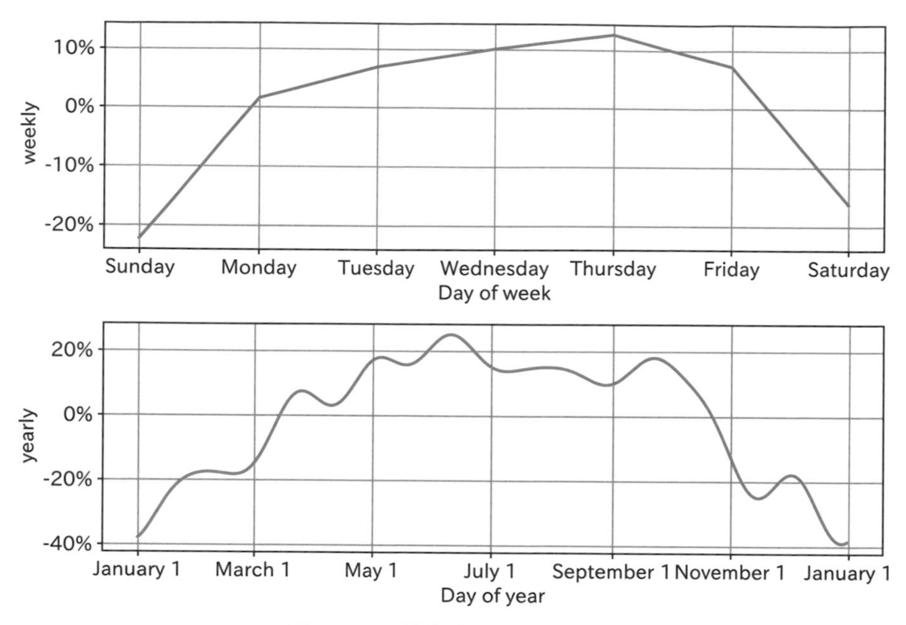

圖 5-3-3　繪製各元素的圖形 1

為了確認驗證期間的預測結果，我們將納入假日前後的變化一起繪製到下圖中，其中深藍色線是納入假日，淺藍色線是未納入假日，黑色線是標準答案：

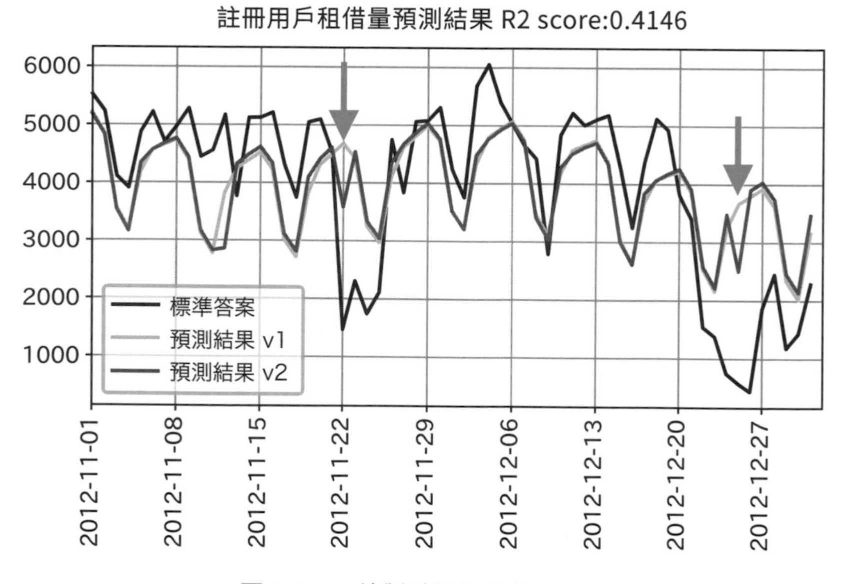

圖 5-3-4　繪製驗證期間的圖形 1

請注意上圖中 2 個箭頭指到的位置，這 2 天都是國定假日，而且預測結果都比上次的值下降，也就是比較接近標準答案。實際上從 R^2 值也可以看出從原本的 0.3725 提高到 0.4146（程式碼請直接看範例檔），表示考慮假日的影響之後確實是往好的方向走，但應該還可以更好。

5.3.10 調整 (2)

Prophet 除了可以設定剛才介紹的節假日（holidays）之外，還可以跟迴歸一樣將「日期」以外的項目也新增到輸入資料。

原本時間序列的資料框 df2 中只有 ds 與 y 兩個項目（「國定假日」是用參數的方式傳入 Prophet 演算法），我們現在要將 df 資料框中的「天氣」、「氣溫」、「風速」及「濕度」項目用 concat 函式加到 df2 的右邊（設定參數 axis=1），變成 6 個項目，然後再分割出訓練資料與驗證資料：

```
# 在訓練資料中新增「天氣」、「氣溫」、「風速」及「濕度」
df3 = pd.concat([df2, df[['天氣', '氣溫', '風速', '濕度
']]], axis=1)

# 分割輸入資料
x2_train = df3[train_index]  ←— 訓練資料
x2_test = df3[test_index]    ←— 驗證資料

# 確認結果
display(x2_train.tail())     ←— 確認訓練資料只到 2012-10-31
```

	ds	y	天氣	氣溫	風速	濕度
665	2012-10-27	5209	2	0.5300	0.2357	0.7200
666	2012-10-28	3461	2	0.4775	0.3980	0.6946
667	2012-10-29	20	3	0.4400	0.3582	0.8800
668	2012-10-30	1009	2	0.3182	0.2130	0.8255
669	2012-10-31	5147	2	0.3575	0.1667	0.6667

程式碼 5-3-14　在訓練資料中新增「天氣」、「氣溫」、「風速」及「濕度」

如此一來，訓練資料就準備就緒，可以開始重新訓練了。要記得！Prophet 演算法仍然要指定 holidays = df_add 參數：

```
# 選擇演算法
m3 = Prophet(yearly_seasonality=True,
    weekly_seasonality=True, daily_seasonality=False,
    seasonality_mode='multiplicative', holidays = df_add)

# 利用 add_regressor 函式將「天氣」、「氣溫」、「風速」及「濕度」納入模型中
m3.add_regressor('天氣')
m3.add_regressor('氣溫')
m3.add_regressor('風速')
m3.add_regressor('濕度')

# 訓練
m3.fit(x2_train)
```

```
<fbprophet.forecaster.Prophet at 0x7f71f7842ed0>
```

程式碼 5-3-15　新增「天氣」、「氣溫」、「風速」及「濕度」並進行訓練

上面的程式碼中有 4 行是利用 add_regressor 函式，將 4 個項目新增到 Prophet 演算法中，這樣做的意思就是告訴 Prophet 在訓練時要將這些新增項目也補進演算法的算式中。

編註：Prophet 演算法如何加入額外的項目？

因為 Prophet 演算法的內部是用多個三角函數組合而成的單變數非線性函數，沒辦法再接受額外的變數，因此只能將額外的變數視為附加變數，以迴歸的方式補進演算法函式。如果未用 add_regressor 函式加入，即使訓練資料框中有放入那些變數的資料，Prophet 演算法也不會取用。

訓練完成之後，就可以呼叫 predict 函式開始預測：

```
# 建立預測用的輸入資料
future3 = df3[['ds', '天氣', '氣溫', '風速', '濕度']]

# 預測
fcst3 = m3.predict(future3)
```

程式碼 5-3-16　執行預測

預測完成之後，我們一樣繪製出結果。此次除了「長期趨勢」、「節假日」、「週循環」、「年循環」圖，還多了一個額外項目的影響圖（extra_regressors_multiplicative），對應到天氣及氣溫等 4 個項目的影響：

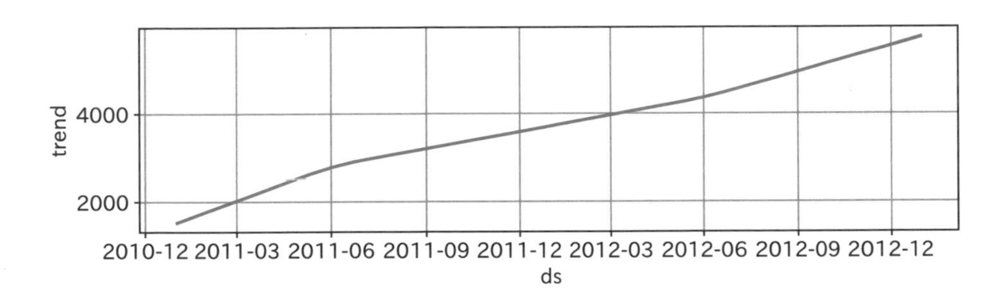

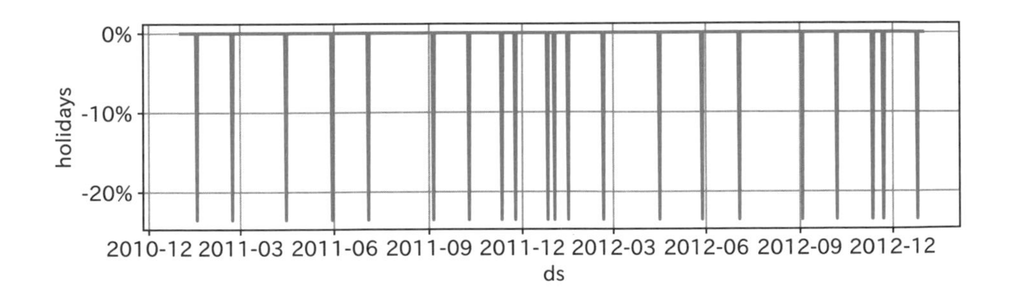

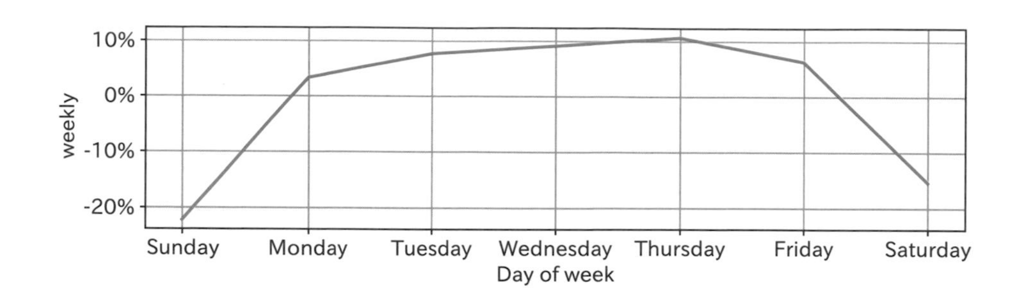

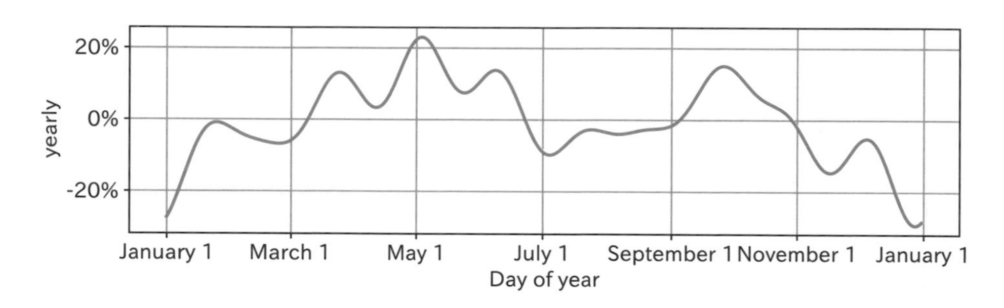

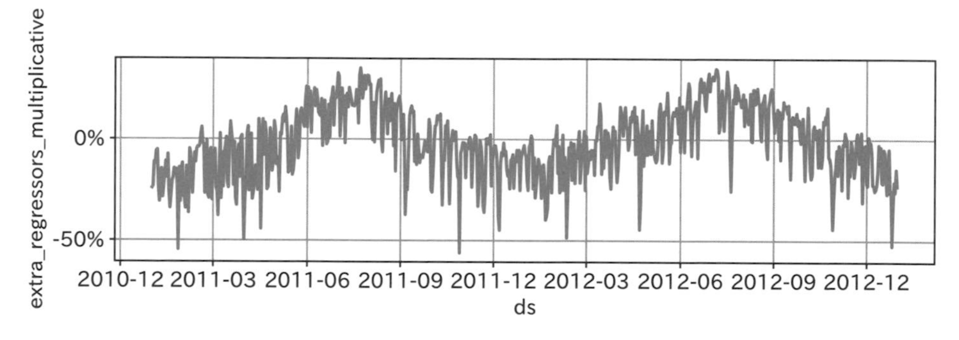

圖 5-3-5　繪製各元素的圖形 2

比較這次的「長期趨勢」、「節假日」、「週循環」圖與之前圖 5-3-3 的幾張圖好像沒甚麼差異，不過，仔細觀察「年循環」圖在加入天氣與氣溫等新元素後，曲線就有明顯的變化。

我們下面就將這一次納入多種項目的預測結果（深藍色線）、只納入節假日的預測結果（淺藍色線），以及標準答案（黑色線）畫在同一張圖上做比較（程式碼請直接看範例檔，書中不列出）：

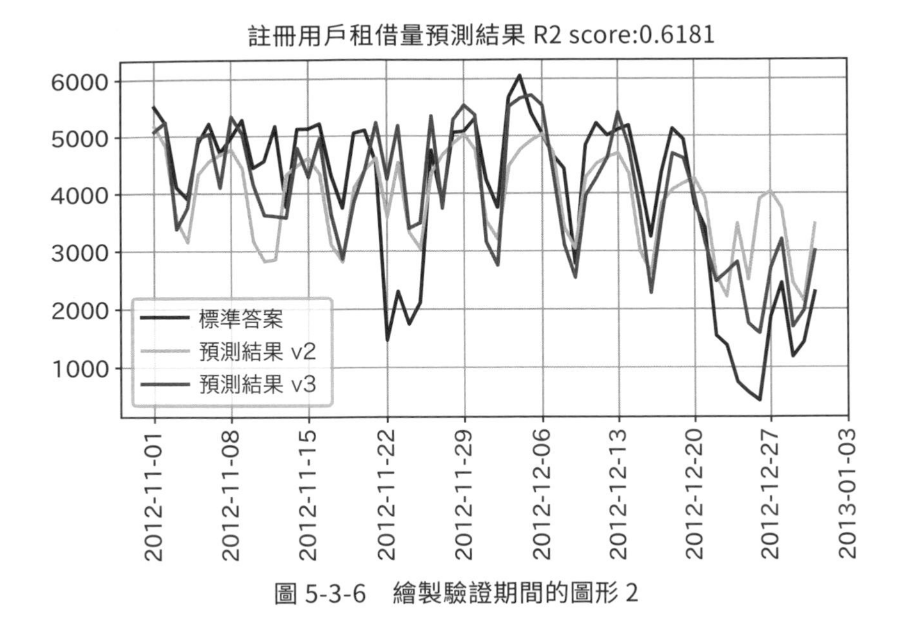

圖 5-3-6　繪製驗證期間的圖形 2

我們發現在納入 4 個與氣溫有關的項目資料之後，深藍色線比淺藍色線更加接近標準答案。而且 R^2 值也由上次的 0.4146 上升到 0.6181。雖然調整過程費了點功夫，但可以看得出來，將氣溫元素加入輸入資料之後確實對模型更有幫助了。

5.3.11 迴歸與時間序列模型的選擇

經過 5.2、5.3 的實作之後，相信讀者已了解「迴歸」與「時間序列」其實是具有相同目的的 2 種模型，只是預測時使用的輸入資料不同而已。那麼，我們實際處理時間序列資料時，建立哪一種模型才適合呢？

我們的建議是，如果要預測的是週期性較強且變動因素較少的值，則選擇時間序列模型會比較適合，這當然是因為 Prophet 演算法幫助我們解決了統計的問題，因而能自動化建出模型。

相反地，如果影響較大的是非週期性事件，例如不固定出現的雨天、颱風，則選擇「迴歸」模型會比較適合。但是在建立「迴歸」模型時，需要準備的輸入項目與資料會比較多。也就是說，共享單車業者幾乎不可能記錄每日氣溫狀況，而我們為了建出迴歸模型就必須透過其它管道取得相關資訊，再整合出輸入資料，這在資料收集上會相當累人。

或者我們也可以兩種方式混合著用，像是在時間序列模型中增加一些原本迴歸模型需要的項目（例如 5.3.10 小節）。此外，也可以用時間序列模型做出中長期的預測，再利用迴歸模型對當天做更準確的預測。各位在選擇建立模型時，請將以上幾點考慮進去，再根據實際情況判斷。

專欄　「冰淇淋消費預測」的時間序列模型

比起使用以日為單位的資料，Prophet 演算法更適合使用以月為單位的資料進行預測。因為用比較長的時間單位做統計，可以淡化天氣等變動因素的影響。本節的最後，我們就用「冰淇淋消費預測」為例，以 Prophet 演算法做個簡單的示範。

本範例使用的 Excel 資料是參考以下連結中的「金澤冰淇淋調查報告」表格，筆者抓取資料後建成（從事這個領域的工作者需要具備收集資料的能力）：

https://www.icecream.or.jp/biz/data/expenditures.html
（日本冰淇淋協會）

在 ch05_03_bike_sharing.ipynb 檔中包括本範例的程式，實作方式與本章內容幾乎相同，本處就不再解說。資料內容是從 2015 年 1 月到 2019 年 12 月的整整 5 年份：

→ 接下頁

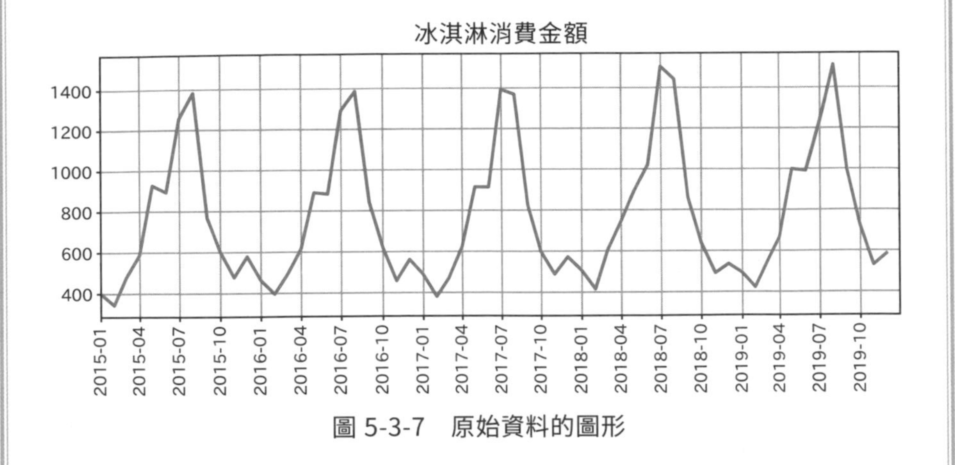

圖 5-3-7　原始資料的圖形

由上圖可看出這個資料有相當規律的週期性，很適合時間序列模型。為了驗證模型的正確率，我們將前 4 年分割為訓練資料，最後 1 年為驗證資料。下圖就是驗證期間的預測結果與標準答案的比較：

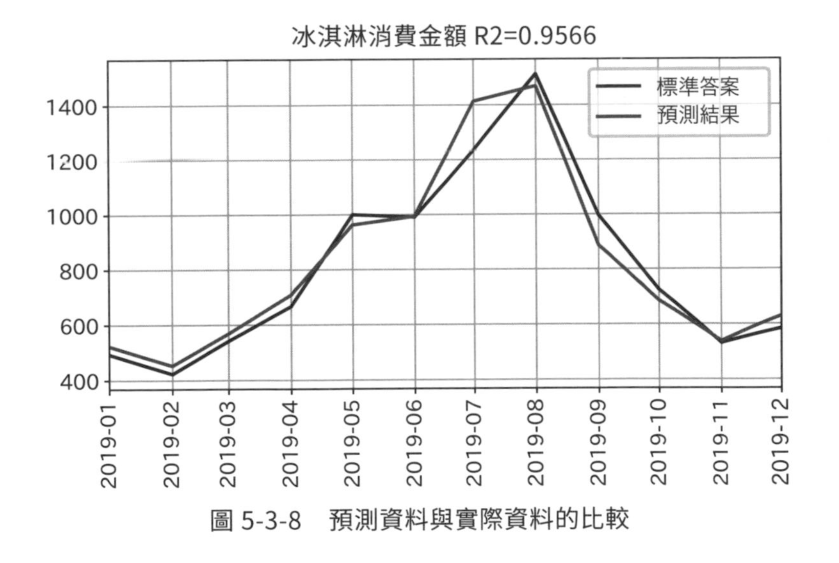

圖 5-3-8　預測資料與實際資料的比較

由上圖可見預測結果相當接近實際資料，R^2 值 0.9566 也相當高，本次預測幾乎不需做任何調整。請注意！本例在選擇 Prophet 演算法時，我們是設定 yearly_seasonality=5，表示只用 5 個三角函數的組合做擬合。但如果是用 yearly_seasonality=True (預設是 10)，則 R^2 值只有 0.9501。所以我們瞭解到，調整此處也可以用來改善模型。

5.4 推薦商品提案 – 關聯分析模型

本章從 5.1 到 5.3 節討論的都是「監督式學習」的模型，從本節開始要挑戰沒有標準答案的「非監督式學習」模型，我們先從找出不同商品關聯性強弱的「關聯分析」(Association analysis) 開始。

範例檔：ch05_04_item_recommend.ipynb

5.4.1 問題類型與實務工作場景

關聯分析是從大量的商品購買記錄中，去找出商品之間關聯性的分析方法，其結果很適合用於規劃行銷方案。例如我們發現商品 A 與商品 B 同時被購買的關聯性很高，那麼就可以考慮將這兩樣商品搭配銷售。當然，由商品間的關聯性也可以發現到原本不容易注意到的事情，比如下面就是一個著名的關聯分析案例。

假設便利商店中有 1 項單價便宜、銷售量也低的商品 X，單看它的表現可能替換成其他商品會比較好。但關聯分析的結果顯示消費者在購買商品 X 時，經常會同時購買另一項高單價的商品 Y，因此整體看來，商品 X 對業績的貢獻其實並不低。其原因可能是一般商店皆未販賣商品 X，因此消費者會特地前來且一併購買高單價的商品 Y。若能知道這些分析結果，相信店長也會很樂意讓商品 X 繼續留在架上。

編註： 例如超商裡銷售的低價軟木塞開瓶器很少人會買，但購買者很可能會一併帶走葡萄酒。

監督式學習的模型在訓練與驗證後就能估算出可提高多少效益，但非監督式學習的模型只單純提供分析的結果，必須**將分析結果經過研擬策略，實際執行並取得成效之後才具有意義**，這是兩種模型很大的差異。

5.4.2 範例資料說明與使用案例

本節範例使用「線上零售資料集」(Online Retail Data Set)，此資料集是來自一家英國的電商，由資料中的購買數量來看，銷售的對象應該是零售商，而非一般消費者。以下附上網頁畫面：

Online Retail Data Set
Download: Data Folder, Data Set Description

Abstract: This is a transnational data set which contains all the transactions occurring between 01/12/2010 and 09/12/2011 for a UK-based and registere

Data Set Characteristics:	Multivariate, Sequential, Time-Series	Number of Instances:	541909	Area:	Business
Attribute Characteristics:	Integer, Real	Number of Attributes:	8	Date Donated	2015-11-06
Associated Tasks:	Classification, Clustering	Missing Values?	N/A	Number of Web Hits:	471253

取自 https://archive.ics.uci.edu/ml/datasets/Online+Retail/

圖 5-4-1　線上零售資料集的頁面

此資料集經常作為商品購買分析的範例，資料總數約 54 萬筆，裡面包括的項目請看以下說明：

InvoiceNo：訂單編號

StockCode：商品編號

Description：商品說明

Quantity：商品數量

InvoiceDate：發票日期

UnitPrice：商品單價

CustomerID：客戶編號

Country：國名

下圖是該電商銷售的其中 2 項商品（男孩餐具組與女孩餐具組），是法國客戶經常同時購買的商品。本節的目的就是想從「線上零售資料集」分析這兩個商品在銷售上的關聯性。如果發現關聯性很強，甚至可以考慮推出商品組合推薦給客戶：

圖 5-4-2 法國客戶經常同時購買的 2 項商品

5.4.3 模型的概要

關聯分析最早在 1994 年提出。據說當時是百貨公司向研究人員請教該如何運用過往的大量銷售資料，才開始了這項研究。其突破性在於面對大量商品資料時，也能在有限的時間內找出答案。而且評估值的計算方法非常簡單，只要有基礎的機率與統計觀念就足夠了。

關聯分析有 3 個重要的概念，分別是「**支持度**」(support)、「**信賴度**」(confidence，或稱可靠度) 以及「**增益值**」(lift，或稱提升度)。我們一開始會說明它們的計算方式，這些都是運用關聯分析必須具備的基礎觀念，請讀者務必耐心學會。

接著我們來做一點簡單的計算。如下表所示，假設有 10 個客戶和 4 種商品的購買記錄。我們想要分析商品間的關聯性，例如「買商品 A 的客戶也會買商品 B」之間存在甚麼關係。

	商品 A	商品 B	商品 C	商品 D
客戶 1	Y	N	Y	Y
客戶 2	Y	Y	N	N
客戶 3	Y	Y	Y	N
客戶 4	N	Y	N	Y
客戶 5	N	N	N	Y
客戶 6	N	Y	N	N
客戶 7	N	N	Y	N
客戶 8	Y	Y	Y	N
客戶 9	N	N	N	Y
客戶 10	N	N	N	Y

表 5-4-1　客戶別商品購買結果

支持度

第 1 個概念是「支持度」，也就是「**已購買目標商品的客戶佔整體客戶的比例**」。令支持度為 S（support），則可算出只購買商品 A、B 的支持度（也就是機率值）：

S（商品 A）= 4/10 = 0.4 ← 上表中商品 A 在 10 位客戶中有 4 位購買

S（商品 B）= 5/10 = 0.5 ← 上表中商品 B 在 10 位客戶中有 5 位購買

同理，如果我們將「同時購買商品 A 與商品 B」視為一個機率事件，我們也可以算出這個事件的支持度有多少：

S（商品 A 且 商品 B）= 3/10 = 0.3 ← 可從上表中查出

信賴度

第 2 個概念是「信賴度」，也就是「**買了商品 A 的人之中有多少比例也買了商品 B**」事件，我們可看出前提條件是「買了商品 A 的人」，而「也買了商品 B」是符合前提條件的事件，顯然我們要算的是條件機率，在此處就是信賴度，算式為：

S(商品 A 且 商品 B) / S(商品 A) = 0.3 / 0.4 = 0.75

此算式的意思是購買商品 A 的客戶（佔比 0.4）中，有多少客戶買了商品 B（佔比 0.3），答案是 0.75。

> **編註：** 條件機率的公式是 $P(B \mid A)=\frac{P(A \cap B)}{P(A)}$，其中 $P(B \mid A)$ 的意思就是在符合 A 的前提下符合 B 的機率。因此，上例的信賴度就是計算 S(商品B | 商品A) 的值，其值就等於 $\frac{S(商品A \cap 商品B)}{S(商品A)}$。如果早就忘記事件、條件機率，可參考《機器學習的數學基礎》(旗標科技出版)。

增益值

第 3 個概念是「增益值」，也就是「**將商品 A、B 組合銷售會比單獨銷售有多少增益的效果**」，當然我們預期要能銷售得比單獨銷售更好才有組合商品的意義。增益值的算式如下（算式中的 A、B 位置對調也不影響結果）：

S(商品 A 且 商品 B) / (S(商品 A) × S(商品 B)) = 0.3 / (0.4 × 0.5) = 1.5

增益值大於 1 越多，就表示「購買商品 A」與「購買商品 B」的正相關性越強，表示兩者組合的增益效果越好。若增益值等於 1，表示兩者為獨立事件，沒有相關性。若增益值小於 1，表示兩者組合反而賣得比單獨銷售更差，負相關性強。

> **編註：** 如果事件 A、B 是獨立事件，也就是發生 A 與發生 B 無關，則「發生 A 且發生 B」的事件機率為 $P(A \cap B)=P(A)\times P(B)$。但如果事件 A、B 不是獨立事件呢？增益值的意思就是想算出 A、B 不是獨立事件時，會比是獨立事件時好或差多少？因此就將兩者相除：$增益值=\frac{P(A \cap B)}{P(A)\times P(B)}$。

支持度的閾值

上面的簡單例子很容易就能算出來，但真實電商中的商品數量可能高達幾萬甚至幾十萬種，這時候商品組合的數量會太多，無法一一處理。為了解決此問題，就需要設定「**支持度的閾值**」。

關聯分析在開始的時候會設定一個支持度的值，也就是訂出目標事件的購買比例下限值（閾值，threshold）。只要低於此下限值的就會被當成不受歡迎的商品（或商品組合），並從待分析的對象中排除。這種分析演算法稱為「**先驗分析**」，下面為其概念圖：

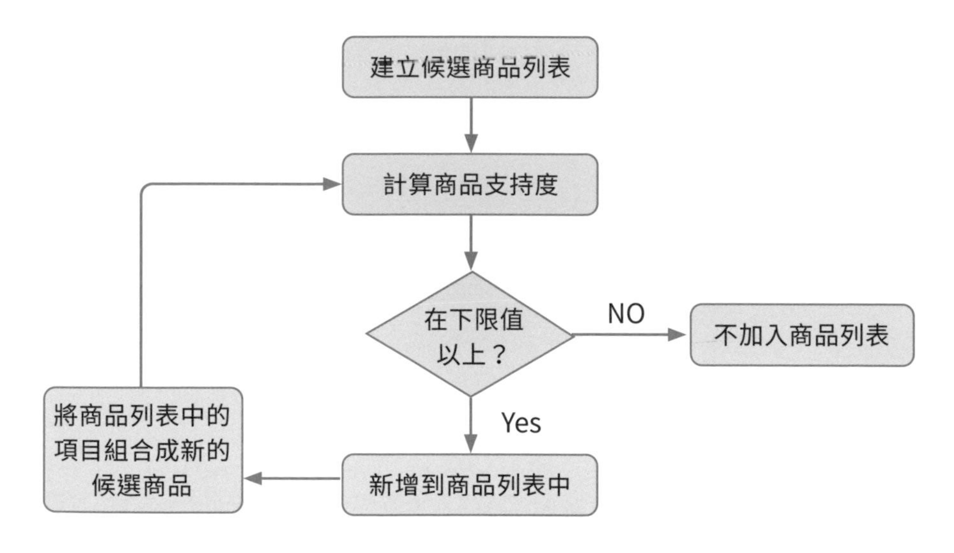

圖 5-4-3　先驗分析

建立這個判斷的機制之後，即使有數十萬種商品需要計算，也可以借用電腦之力完成。這個機制會讓銷售頻率低的商品被過濾掉，不會加到考慮的商品列表中。因此，**支持度的下限值是關聯分析中最重要的參數**。我們之後在 5.4.7 小節的「調整」中還會再說明。

關聯分析的第 2 步是將通過支持度閾值篩選出來的商品列表中，找出高信賴度或高增益值的關聯規則。下面是關聯分析的整體概念圖：

圖 5-4-4 關聯分析的整體概念

每位客戶下的訂單中可能包括多種商品，而且客戶也會下單很多次，因此要彙整同一位客戶的訂單資料，就必須將購買記錄與客戶編號連結起來。不過，我們想要做的是找出商品之間的關聯性，而不是分析客戶的喜好，因此我們可以將每一筆訂單都視為不同客戶的訂單來處理。

本節範例就是使用這種不區分客戶的分析方式。由於範例資料集之中也包括客戶編號，因此讀者也可以自行延伸以客戶為單位做分析，不過在本節中用不到。

> **NOTE** 本節範例是將同一個購物籃中的所有商品視為一筆訂單，因此這裡的關聯分析也可稱為「購物籃分析」(Basket analysis)。

> **編註：** 因為本範例用不到客戶編號的資料，因此在 5.4.4 小節「確認資料」的步驟，即使發現「客戶編號」項目有很多缺失值也無需填補，因為後續分析都用不到。如果讀者需要依客戶編號做分析，就必須處理缺失值，可複習 4.2.2 小節。

5.4.4 從載入資料到確認資料

經過以上的說明，相信各位對關聯分析都有了基本的認識。那麼接下來就趕快進入實作吧！

載入資料

開發流程的第 1 個步驟是「載入資料」。由於本次使用的「線上零售資料集」是存在 Excel 檔放在網路上，我們可以用資料框的 read_excel 函式直接從指定網址載入資料集。然後將項目名稱全部替換成中文：

```
# 載入資料
# 此公共資料集為 Excel 格式，可利用 read_excel 函式直接載入
# 請注意，會需要花費一點時間  （檔案大小約 23MB）
df = pd.read_excel('http://archive.ics.uci.edu/ml/\
machine-learning-databases/00352/Online%20Retail.xlsx')

# 將項目名稱替換成中文
columns = [
    '訂單編號', '商品編號', '商品說明', '商品數量',
    '發票日期', '商品單價', '客戶編號', '國名'
]
df.columns = columns
```

程式碼 5-4-1　載入 線上零售資料集

確認資料

載入資料之後，下一個步驟就是要「確認資料」。這次要確認的有資料筆數、資料內容、缺失值並統計各國購買的商品筆數：

```
# 確認資料筆數
print(df.shape[0])

# 確認資料內容
display(df.head())  ←— 顯示前 5 筆資料
```

```
541909      總共有這麼多筆資料
```

	訂單編號	商品編號	商品說明	商品數量
0	536365	85123A	WHITE HANGING HEART T-LIGHT HOLDER	6
1	536365	71053	WHITE METAL LANTERN	6
2	536365	84406B	CREAM CUPID HEARTS COAT HANGER	8
3	536365	84029G	KNITTED UNION FLAG HOT WATER BOTTLE	6
4	536365	84029E	RED WOOLLY HOTTIE WHITE HEART.	6

	發票日期	商品單價	客戶編號	國名
0	2010-12-01 08:26:00	2.55	17850	United Kingdom
1	2010-12-01 08:26:00	3.39	17850	United Kingdom
2	2010-12-01 08:26:00	2.75	17850	United Kingdom
3	2010-12-01 08:26:00	3.39	17850	United Kingdom
4	2010-12-01 08:26:00	3.39	17850	United Kingdom

程式碼 5-4-2　確認資料筆數與資料內容

接下來要確認缺失值的狀況：

```
# 確認缺失值
print(df.isnull().sum())  ←— 有缺失值則為 True (=1), 加總
```

```
訂單編號         0
商品編號         0
商品說明      1454
```

→ 接下頁

```
商品數量          0
發票日期          0
商品單價          0
客戶編號     135080
國名          0
dtype: int64
```

程式碼 5-4-3　確認缺失值

由輸出可見「商品說明」與「客戶編號」兩個項目中皆有缺失值。「商品說明」的缺失值我們之後會處理。而「客戶編號」的缺失值，則因為本次是以訂單為單位來進行分析，而非針對個別客戶，因此不做處理也沒有關係。

最後，用客戶的國名做統計，看看各國訂購的商品有幾筆資料：

```
# 確認國名
print(df['國名'].value_counts().head(10))
```

```
United Kingdom    495478
Germany             9495
France              8557
EIRE                8196
Spain               2533
Netherlands         2371
Belgium             2069
Switzerland         2002
Portugal            1519
Australia           1259
Name: 國名, dtype: int64
```

程式碼 5-4-4　確認各國訂購的商品有幾筆資料

由輸出可見該電商本地（United Kingdom）客戶訂購的商品筆數佔絕大多數。

請注意！此資料集是將同一個訂單編號內的 N 個商品，記錄為 N 筆資料，所以上面的數字並不是訂單數量，而是所有商品在訂單中出現次數的加總（例如第 1 個訂單有 3 種商品，第 2 個訂單有 4 種商品，所以查出來的資料就會有 3+4=7 筆）。到 5.4.5 小節時會將同一個訂單編號購買的商品整合成一筆資料。

5.4.5 預處理資料

還記得我們要分析甚麼嗎？請再看一次圖 5-4-2，我們想從訂單中找出法國客戶經常同時購買的這兩個商品之間的關聯性。因此我們在「預處理資料」步驟要進行以下 3 件事：

- 將要分析的訂單限定為有效訂單
- 將要分析的國家限定為法國
- 將資料的值轉換成 True/False 的形式（因為要找會同時購買的商品組合，而不是買的數量，因此只要有買就是 True，沒買就是 False。這是關聯分析特有的處理方式）

將要分析的訂單限定為有效訂單

此公開資料集「訂單編號」項目的第 1 個字元是有意義的，'5' 表示有效訂單（例如 536365）、'C' 表示原訂單取消（例如 C536365）、'A' 表示調整壞帳（例如 A536365）。

我們不希望在分析時受到已取消訂單及調整壞帳的影響，因此只提取有效訂單出來作分析。所以我們要先在資料框中新增「訂單類型」：

```
# 新增「訂單類型」的行

# 複製資料以便進行預處理
df2 = df.copy()

# 將訂單編號的第 1 個字元（字串第 0 個位置）提取到另一個項目當中
# （5：有效訂單 C：取消）
df2['訂單類型'] = df2['訂單編號'].map(lambda x: str(x)[0])

# 確認結果
display(df2.head())

# 確認類型的數量
print(df2['訂單類型'].value_counts())
```

	訂單編號	商品編號	商品說明	商品數量
0	536365	85123A	WHITE HANGING HEART T-LIGHT HOLDER	6
1	536365	71053	WHITE METAL LANTERN	6
2	536365	84406B	CREAM CUPID HEARTS COAT HANGER	8
3	536365	84029G	KNITTED UNION FLAG HOT WATER BOTTLE	6
4	536365	84029E	RED WOOLLY HOTTIE WHITE HEART.	6

	發票日期	商品單價	客戶編號	國名	訂單類型
0	2010-12-01 08:26:00	2.55	17850	United Kingdom	5
1	2010-12-01 08:26:00	3.39	17850	United Kingdom	5
2	2010-12-01 08:26:00	2.75	17850	United Kingdom	5
3	2010-12-01 08:26:00	3.39	17850	United Kingdom	5
4	2010-12-01 08:26:00	3.39	17850	United Kingdom	5

```
5    532618      有效訂單
C      9288      已取消訂單
A         3      壞帳
Name: 訂單類型, dtype: int64
```

程式碼 5-4-5　新增「訂單類型」的行

上面程式碼在提取「訂單編號」第 1 個字元（也是 Python 字串的索引 0）時用到 map 函式，用來將 lambda 表達式（lambda expressions）運算後的資料傳回，此例 lambda x: str(x)[0] 表示傳回每筆「訂單編號」字串 (x) 的第 0 個字元 (str(x)[0])。

> **編註：** 我們在建立可重複使用的函式時，會用 def 去定義之，後面用到時就呼叫該函式名稱。但有時候我們只需要很單純的功能，沒必要特別定義一個函式，就可以用 lambda 表達式 (或稱匿名函式) 去運算，語法為 “lambda 參數 : 參數算式”，並傳回算式的結果。例如 “lambda x, y : x * y” 可將所有 x*y 的結果傳回。

接下來我們只提取「訂單類型」等於 '5' 的有效訂單資料：

```
# 只提取有效訂單
df2 = df2[df2[' 訂單類型 ']=='5']

# 確認筆數
print(df2.shape[0])
```

```
532618        共有這麼多筆資料
```

程式碼 5-4-6　只提取有效訂單

將要分析的國家限定為法國

接下來要從有效訂單中提取來自法國（France）的資料筆數：

```
# 將分析對象限定為法國
df3 = df2[df2[' 國名 ']=='France']

# 確認筆數
print(df3.shape[0])
```

```
8408
```

程式碼 5-4-7　只提取法國的資料

在程式碼 5-4-4 可查到來自法國的資料有 8557 筆，其中有效訂單的資料數為 8408 筆，這些資料就是本範例要分析的對象。

將資料轉換成 True / False 的形式

預處理的最後一步是將資料轉換成 True/False 的形式，這是關聯分析特別之處。其目的先依「訂單編號」彙整出每筆訂單各買了哪幾件商品，然後將該筆訂單中有購買的商品設為 True，將沒購買的商品設為 False。這是因為我們最終要分析的是法國市場哪幾樣商品適合組合銷售，而不是各獨立商品銷售幾個。

為了達到此目的，我們要先找出每筆訂單中各自都買了哪些商品。原始資料中每一筆資料都是像下面左表那樣，也就是一筆訂單中的 N 個商品會分成 N 筆資料，例如訂單 1 的 A、C、D 商品就被記錄成 3 筆資料。而我們想要將每個訂單中的商品整合出像右表依訂單別列出該訂單內全部的商品，有購買就是 Y（True），沒購買就是 N（False）：

縱向

訂單編號	商品編號
訂單 1	商品 A
訂單 1	商品 C
訂單 1	商品 D
訂單 2	商品 A
訂單 2	商品 B
訂單 3	商品 A
訂單 3	商品 B
訂單 3	商品 C
訂單 4	商品 B
訂單 4	商品 D
:	:

橫向

	商品 A	商品 B	商品 C	商品 D
訂單 1	Y	N	Y	Y
訂單 2	Y	Y	N	N
訂單 3	Y	Y	Y	N
訂單 4	N	Y	N	Y
訂單 5	N	N	N	Y
訂單 6	N	Y	N	N
訂單 7	N	N	Y	N
訂單 8	Y	Y	Y	N
訂單 9	N	N	N	Y
訂單 10	N	N	N	Y
	:	:	:	:

圖 5-4-5　將資料從縱向改為橫向

我們接下來的工作就是將左表轉換為右表。轉換時，要設「訂單編號」與「商品編號」的**索引層級**（index level，或稱為鍵（key）），去整合每一個訂單中包括哪幾個商品編號，並將相同商品編號的「商品數量」加總：

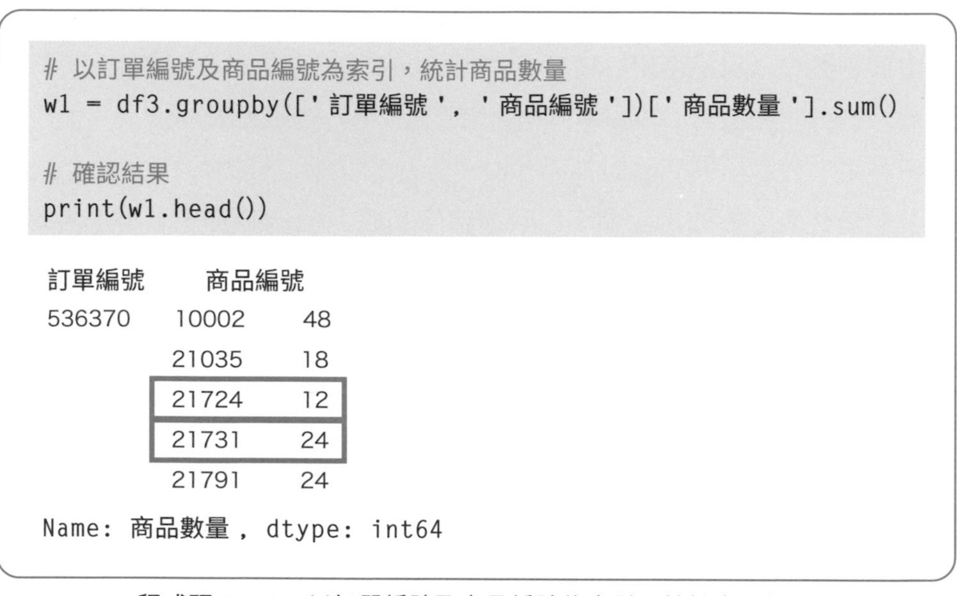

```
# 以訂單編號及商品編號為索引，統計商品數量
w1 = df3.groupby(['訂單編號', '商品編號'])['商品數量'].sum()

# 確認結果
print(w1.head())
```

```
訂單編號    商品編號
536370    10002     48
          21035     18
          21724     12
          21731     24
          21791     24
Name: 商品數量, dtype: int64
```

程式碼 5-4-8　以訂單編號及商品編號為索引，統計商品數量

上面程式碼中的 groupby（['訂單編號', '商品編號']）是將第一個 '訂單編號' 作為最外層的索引，第二個 '商品編號' 作為次一層的索引。所以從輸出可看出是先以訂單編號為準，再整合該訂單內的所有商品編號。此處請注意！「商品數量」的加總數字並沒有項目名稱，是由 sum 聚合函數產生出來的新資料。

接下來將「訂單編號」轉換到資料框最左邊的位置，依每筆訂單編號順序排列（列索引），並將所有的「商品編號」都放到最上面那一整列（行索引）。並將每筆訂單編號內的每個商品編號的數量加總放進中間格子中：

```
# 將訂單編號移動到行（利用 unstack 函式）
w2 = w1.unstack().reset_index().fillna(0).set_index('訂單編號')

# 確認尺寸
print(w2.shape)

# 確認結果
display(w2.head())
```

```
(392, 1542)
```

訂單編號	10002	10120	10125	10135	11001	15036	15039	16012	16048
536370	48.0000	0.0000	0.0000	0.0000	0.0000	0.0000	0.0000	0.0000	0.0000
536852	0.0000	0.0000	0.0000	0.0000	0.0000	0.0000	0.0000	0.0000	0.0000
536974	0.0000	0.0000	0.0000	0.0000	0.0000	0.0000	0.0000	0.0000	0.0000
537065	0.0000	0.0000	0.0000	0.0000	0.0000	0.0000	0.0000	0.0000	0.0000
537463	0.0000	0.0000	0.0000	0.0000	0.0000	0.0000	0.0000	0.0000	0.0000

程式碼 5-4-9　將訂單編號移動到新資料框的最左邊一行

當資料框具有索引層級的時候，就能用 unstack 函式將資料框的表格進行重排。也就是將 groupby 函式最外層的索引搬到最左邊，將次一層的索引搬到最上方。

接下來再用 fillna 函式將未定義值的資料框元素皆設定為 0，並重新設定此資料框的索引為「訂單編號」。由上面輸出新資料框 w2 的維度，可知「訂單編號」共有 392 個（這才是來自法國的有效訂單數量），包括的「商品編號」共有 1,542 種。

我們再將上面的輸出結果捲到右邊，就可以看到同一個訂單中其他商品的數量，例如訂單編號 536370 的商品編號 21724 訂了 12 個，商品編號 21731 訂了 24 個：

21723	21724	21725	21731	21733	21739	21746	21747	21749	21754	21755
0.0000	12.0000	0.0000	24.0000	0.0000	0.0000	0.0000	0.0000	0.0000	0.0000	0.0000
0.0000	0.0000	0.0000	0.0000	0.0000	0.0000	0.0000	0.0000	0.0000	0.0000	0.0000
0.0000	0.0000	0.0000	0.0000	0.0000	0.0000	0.0000	0.0000	0.0000	0.0000	0.0000
0.0000	0.0000	0.0000	0.0000	0.0000	0.0000	0.0000	0.0000	0.0000	0.0000	0.0000
0.0000	0.0000	0.0000	72.0000	0.0000	0.0000	0.0000	0.0000	0.0000	0.0000	0.0000

圖 5-4-6 將前面的輸出捲到右邊

但要成為關聯分析的輸入資料，必須再經過一道加工。我們需要將 0 轉換成 False（沒買），大於 0 的數值轉換成 True（有買），才能做成像圖 5-4-5 的右表那樣的形式。而這只要用資料框的 apply 函式，並指定 lambda 表達式為 lambda x: x>0，即可將資料框中每個元素 x 大於 0 的傳回 True、小於等於 0 的傳回 False 即可：

```
# 根據統計結果為正數或 0 來設定 True/False
basket_df = w2.apply(lambda x: x>0)

# 確認結果
display(basket_df.head())
```

訂單編號	10002	10120	10125	10135	11001	15036	15039	16012	16048
536370	TRUE	FALSE	FALSE	FALSE	FALSE	FALSE	FALSE	FALSE	FALSE
536852	FALSE	FALSE	FALSE	FALSE	FALSE	FALSE	FALSE	FALSE	FALSE
536974	FALSE	FALSE	FALSE	FALSE	FALSE	FALSE	FALSE	FALSE	FALSE
537065	FALSE	FALSE	FALSE	FALSE	FALSE	FALSE	FALSE	FALSE	FALSE
537463	FALSE	FALSE	FALSE	FALSE	FALSE	FALSE	FALSE	FALSE	FALSE

程式碼 5-4-10　將各元素設定為 True / False 值

NOTE 此處得到的 basket_df 在 5.4.6 小節呼叫 apriori 演算法時就會用到。

建立「商品編號」與「商品說明」的對照表字典

由於分析結果會用「商品編號」顯示，如果我們也希望顯示對應的是哪一項商品，那就要建立「商品編號」與「商品說明」對照的字典（如果只需要「商品編號」，則可跳過這一步）。

我們先從資料框中提取「商品編號」與「商品說明」這兩個項目，並將內容都轉換為字串，然後設定「商品編號」做為索引：

```
# 只提取「商品編號」與「商品說明」
w3 = df2[['商品編號', '商品說明']].drop_duplicates()  ← 重複的不要再提取

# 將商品編號與商品名稱全部轉換成字串
w3['商品編號'] = w3['商品編號'].astype('str')
w3['商品說明'] = w3['商品說明'].astype('str')

# 以商品編號為索引
w3 = w3.set_index('商品編號')  ← 設為索引
display(w3.head())             ← 顯示前 5 筆
```

商品編號	商品說明
85123A	WHITE HANGING HEART T-LIGHT HOLDER
71053	WHITE METAL LANTERN
84406B	CREAM CUPID HEARTS COAT HANGER
84029G	KNITTED UNION FLAG HOT WATER BOTTLE
84029E	RED WOOLLY HOTTIE WHITE HEART.

程式碼 5-4-11 提取「商品編號」與「商品說明」

不過當初在建立訂單時，可能會有商品名稱不一致或漏寫的問題，造成同一個商品編號卻有不同商品說明，因此我們用前 5 個「商品編號」到資料框中搜尋看看：

```
# 提取開頭的 5 個商品編號
item_list1 = w3.index[:5]

# 針對 w3 的搜尋結果
display(w3.loc[item_list1])
```

商品編號	商品說明
85123A	WHITE HANGING HEART T-LIGHT HOLDER
85123A	?
85123A	wrongly marked carton 22804
85123A	CREAM HANGING HEART T-LIGHT HOLDER
71053	WHITE METAL LANTERN
71053	WHITE MOROCCAN METAL LANTERN
84406B	CREAM CUPID HEARTS COAT HANGER
84406B	incorrectly made-thrown away.
84406B	?
84406B	Nan
84029G	KNITTED UNION FLAG HOT WATER BOTTLE
84029G	Nan
84029E	RED WOOLLY HOTTIE WHITE HEART.
84029E	Nan

程式碼 5-4-12 用商品編號搜尋對照的商品說明

由上面的輸出可看出同一個「商品編號」卻找到多個「商品說明」，顯然「商品說明」中有些是誤植。我們要做的處理是讓一個編號只對照到一個說明。

觀察這些「商品說明」發現，我們可以先過濾明顯不對的部分（用小寫或符號的內容），只保留全部大寫的。在此要用到 map 函式，並指定 lambda 表達式為 lambda x: x.isupper( ) 只傳回大寫的資料：

```
# 只提取大寫的文字

# 複製以方便處理
w4 = w3.copy()

# 只留下全是大寫名稱的列
w4 = w4[w4['商品說明'].map(lambda x: x.isupper())]

# 利用剛才建立的 item_list1 確認結果
display(w4.loc[item_list1])  ← item_list1 中是前 5 個商品編號
```

商品編號	商品說明
85123A	WHITE HANGING HEART T-LIGHT HOLDER
85123A	CREAM HANGING HEART T-LIGHT HOLDER
71053	WHITE METAL LANTERN
71053	WHITE MOROCCAN METAL LANTERN
84406B	CREAM CUPID HEARTS COAT HANGER
84029G	KNITTED UNION FLAG HOT WATER BOTTLE
84029E	RED WOOLLY HOTTIE WHITE HEART.

程式碼 5-4-13 只保留商品說明是大寫的

我們發現其中仍然有同一個「商品編號」對照到數個「商品說明」的問題，例如 85123A 就對照到 2 個說明，但基本上那些說明都算是正確的，因此我們再刪減的策略就是選擇比較長的商品說明來建立對照字典（item_dict）：

```
# 提取最長的商品說明

# 複製一份以方便處理
w5 = w4.copy()
```

→ 接下頁

```
# 將算出的商品說明長度新增到「字數」行
w5['字數'] = w5['商品說明'].map(len)
                                    map(len) 會算出商品說明的長度

# 將同一個商品編號的不同字數說明排序
w5 = w5.sort_values(['商品編號', '字數'],
     ascending=[True, False])

# 提取各商品編號排第 0 個位置的商品說明，並代入 item_dict 字典
item_dict = w5.groupby('商品編號')['商品說明'].agg
(lambda x: x[0])

# 利用剛才建立的 item_list1 確認結果
display(item_dict.loc[item_list1])
```

商品編號	商品說明
85123A	WHITE HANGING HEART T-LIGHT HOLDER
71053	WHITE MOROCCAN METAL LANTERN
84406B	CREAM CUPID HEARTS COAT HANGER
84029G	KNITTED UNION FLAG HOT WATER BOTTLE
84029E	RED WOOLLY HOTTIE WHITE HEART.
Name: 商品說明 , dtype: object	

程式碼 5-4-14 選擇產品說明較長的

由輸出可知已將每個「商品編號」都只對照到一個「商品說明」，而且也建出對照的字典了。

在上面程式碼中，我們用 sort_values 函式設定 ['商品編號', '字數'] 這兩個要排序的項目，將全部資料先依 '商品編號' 由小到大排序（ascending=True），這樣的好處是將相同商品編號的所有資料集中在一起，再將 '字數' 由大至小排序（ascending=False）。然後，用 groupby 函式對 '商品編號' 分組，並用 agg 函式指定要取得 '商品說明' 中排在第 1 個位置（也就是索引 0（x:x[0]））的內容。

到此就完成「預處理資料」的步驟了。

在前面的監督式學習中，「預處理資料」後的下一個步驟是「分割資料」，請讀者複習圖 5-4-4 就會發現**關聯分析並沒有分割資料的步驟**，這是非監督式學習與監督式學習相當不同之處。關聯分析並不需要分割訓練資料，而是直接對整體資料進行分析，所以我們就直接進入「選擇演算法」步驟。

5.4.6 選擇演算法與分析

現在訓練資料都已準備就緒，可以準備建立模型了。本範例會匯入用於處理關聯分析的 mlxtend（machine learning extensions）套件：

```
# 載入套件
from mlxtend.frequent_patterns import apriori
from mlxtend.frequent_patterns import association_rules
```

程式碼 5-4-15　匯入關聯分析套件

由圖 5-4-4 的說明可知，關聯分析可分為 2 個階段：「先驗分析」與「建立關聯規則」。在 mlxtend 中，前者使用 apriori 演算法，後者使用 association_rules 演算法。

先驗分析

我們接下來進行「先驗分析」。這個階段會計算每種商品或商品組合的**支持度**（support），也就是在所有資料中出現的頻率（請複習 5.4.3 小節）。並挑出支持度大於閾值的商品或商品組合（本範例設定的閾值是 0.06），意思就是先將每 100 次訂購中出現頻率不到 6 次的商品或商品組合都過濾掉（所以叫先驗）。這看似複雜的動作都可用 mlxtend 套件的 apriori 演算法完成：

```
# 先驗分析
freq_items1 = apriori(basket_df, min_support = 0.06,
    use_colnames = True)

# 確認結果
display(freq_items1.sort_values('support',
    ascending = False).head(10))

# 確認 itemset 數量
print(freq_items1.shape[0])
```

	support	itemsets
61	0.7653	(POST)
52	0.1888	(23084)
14	0.1811	(21731)
37	0.1709	(22554)
39	0.1684	(22556)
114	0.1658	(POST, 23084)
24	0.1582	(22326)
82	0.1582	(POST, 21731)
4	0.1531	(20725)
89	0.1480	(POST, 22326)

134 ←── 經過閾值 0.06 過濾後得到的 134 種商品或商品組合

程式碼 5-4-16　先驗分析

在上面的程式碼中，apriori 演算法第 1 個參數是經過 True/False 編碼過的資料框 basket_df（請複習 5.4.5 小節）。第 2 個參數 min_support=0.06 是設定最小支持度的閾值，此值介於 0~1。第 3 個參數 use_colnames=True 是保留 basket_df 的各項目名稱（在此例是「商品編號」）。然後用 sort_values 函式指定用支持度 'support' 由大到小排序，並顯示前 10 高支持度的商品或商品組合。

編註： 在輸出中會看到有一個「商品編號」是 POST，此資料位於 basket_df 最後一個，此外還有 C2、M 的商品編號，應該並非真正的商品編號，可忽略。

建立關聯規則

第 2 階段是「建立關聯規則」。我們要為經過先驗分析後得到的商品或商品組合（freq_items1）建立關聯規則，使用的是 mlxtend 套件的 association_rules 演算法，並指定要用**信賴度**（confidence）或**增益值**（lift）設定 association_rules 演算法的參數：

```
# 建立關聯規則
a_rules1 = association_rules(freq_items1, metric = "lift",
    min_threshold = 1)

# 按增益值排序
a_rules1 = a_rules1.sort_values('lift',
    ascending = False).reset_index(drop=True)

# 確認結果
display(a_rules1.head(10))

# 確認規則數量
print(a_rules1.shape[0])
```

	antecedents	consequents	antecedent support	consequent support	support	confidence
0	(23254)	(23256)	0.0714	0.0689	0.0638	0.8929
1	(23256)	(23254)	0.0689	0.0714	0.0638	0.9259
2	(22727)	(22728, 22726)	0.0944	0.0740	0.0638	0.6757
3	(22728, 22726)	(22727)	0.0740	0.0944	0.0638	0.8621
4	(POST, 22726)	(22727)	0.0842	0.0944	0.0714	0.8485
5	(22727)	(POST, 22726)	0.0944	0.0842	0.0714	0.7568
6	(22726)	(22728, 22727)	0.0969	0.0740	0.0638	0.6579
7	(22728, 22727)	(22726)	0.0740	0.0969	0.0638	0.8621
8	(22727)	(22726)	0.0944	0.0969	0.0791	0.8378
9	(22726)	(22727)	0.0969	0.0944	0.0791	0.8158

→ 接下頁

	lift	leverage	conviction
0	12.9630	0.0589	8.6905
1	12.9630	0.0589	12.5357
2	9.1333	0.0568	2.8552
3	9.1333	0.0568	6.5657
4	8.9894	0.0635	5.9770
5	8.9894	0.0635	3.7650
6	8.8929	0.0566	2.7068
7	8.8929	0.0566	6.5472
8	8.6430	0.0699	5.5689
9	8.6430	0.0699	4.9162

程式碼 5-4-17 建立關聯規則

上面程式碼中的 association_rules 演算法，我們指定 metric="lift" 表示指定用增益值來建立關聯規則，並指定 min_threshold = 1 表示增益值最低為 1，然後將結果指派給 a_rules1。再用 sort_values 函式將增益值由大到小排序，並顯示增益值最高的 10 個。

編註： 如果要依據信賴度建立關聯規則，則指定 metric="confidence"。

由結果可見，lift（增益值）最高是 12.9630 有 2 個，分別是商品編號 23254 與 23256，表示這兩個商品有很強的關聯性。此外，22727 與 22726、22728 之間的 lift 值也有 9.1333，表示也有很強的關聯性。

我們接著利用前面建好的商品編號對照字典 item_dict，查出關聯性最強的這幾個商品的說明：

```
# 列出關聯性較高商品的商品編號
item_list = ['23254', '23256', '22726', '22727', '22728']

# 確認商品說明
for item in item_list:
    print(item, item_dict[item])
```


→ 接下頁

```
23254 CHILDRENS CUTLERY DOLLY GIRL
23256 CHILDRENS CUTLERY SPACEBOY
22726 ALARM CLOCK BAKELIKE GREEN
22727 ALARM CLOCK BAKELIKE RED
22728 ALARM CLOCK BAKELIKE PINK
```

程式碼 5-4-18 與商品名稱連結

商品編號 23254、23256 分別是女孩和男孩的餐具組，22726、22727 與 22728 是同系列不同顏色的鬧鐘，這些的確都像是商店進貨時會一起購入的組合。

編註： 此範例分析出來的最受歡迎商品組合看起來似乎理所當然，那又何必花功夫建關聯分析模型呢？其實當商品品項非常多的時候，你就很難特別聚焦在某幾項商品上，而 AI 讓你不用多花時間去猜去想，直接幫你找出來放在眼前。甚至你還可以繼續找出增益值高或是信賴度高的其它商品組合，也許會有意外的發現。

不過正如本節開頭時說的，單單知道此分析的結果對工作並不能馬上產生效果，重點應該是要根據這些資訊去思考如何擬定有效的商業策略。以本次取得的資訊為例，這家電商或許可以將關聯性強的商品組合起來，並訂出優惠方案向客戶推廣，但效果如何就必須等到真正實施之後才會知道。

本節建立關聯分析模型至此基本上已算完成。習慣前幾節監督式學習模型的讀者，應該注意到最後幾個步驟做的事有很大的不同。監督式學習在「選擇演算法」之後，還有「訓練」、「預測」及「評估」等步驟，但關聯分析模型在「選擇演算法」後只經過「分析」步驟就結束了，這也是非監督式學習與監督式學習的差異。

5.4.7 調整

在 5.4.3 小節中說過，設定支持度的閾值對一開始的先驗分析相當重要。現在就以本範例來實際驗證這一點。我們將 apriori 演算法的最低支持度閾值 min_suppport 由原先的 0.06 改為 0.065，然後來看看會得到甚麼分析結果：

```
# 先驗分析
freq_items2 = apriori(basket_df, min_support = 0.065,
    use_colnames = True)

# 建立關聯規則
a_rules2 = association_rules(freq_items2, metric = "lift",
    min_threshold = 1)

# 按增益值排序
a_rules2 = a_rules2.sort_values('lift',
    ascending = False).reset_index(drop=True)

# 確認結果
display(a_rules2.head(10))
```

	antecedents	consequents	antecedent support	consequent support	support	confidence
0	(22727)	(POST, 22726)	0.0944	0.0842	0.0714	0.7568
1	(POST, 22726)	(22727)	0.0842	0.0944	0.0714	0.8485
2	(22726)	(22727)	0.0969	0.0944	0.0791	0.8158
3	(22727)	(22726)	0.0944	0.0969	0.0791	0.8378
4	(22726)	(POST, 22727)	0.0969	0.0867	0.0714	0.7368
5	(POST, 22727)	(22726)	0.0867	0.0969	0.0714	0.8235
6	(22728, POST)	(22727)	0.0893	0.0944	0.0663	0.7429
7	(22727)	(22728, POST)	0.0944	0.0893	0.0663	0.7027
8	(22728)	(22727)	0.1020	0.0944	0.0740	0.7250
9	(22727)	(22728)	0.0944	0.1020	0.0740	0.7838

程式碼 5-4-19　將 min_support 值改變後的關聯分析

結果在前面分析中排在第 1、2 位的 23254、23256 之間的關聯居然消失了！為什麼會出現這種結果呢？我們可以從這兩次先驗分析的結果 freq_items1 與 freq_items2 中，提取包括 23254、23256 的列來看看：

```
# 調查對象的集合
t_set = set([23254, 23256]) ◄── 將這兩個編號組合

# 從第 1 次的分析 freq_item1 中提取對應的列
idx1 = freq_items1['itemsets'].map(
    lambda x: not x.isdisjoint(t_set))
item1 = freq_items1[idx1]

# 從第 2 次的分析 freq_item2 中提取對應的列
idx2 = freq_items2['itemsets'].map(
    lambda x: not x.isdisjoint(t_set))
item2 = freq_items2[idx2]

# 確認結果
display(item1)
display(item2)
```

	support	itemsets
58	0.0714	(23254)
59	0.0689	(23256)
118	0.0638	(23256, 23254)

	support	itemsets
53	0.0714	(23254)
54	0.0689	(23256)

程式碼 5-4-20　從先驗分析結果中提取包括目標商品編號的列

上面程式碼用到的 isdisjoint 函式是用來判斷兩個集合是否有相同的元素，x.isdisjoint (t_set) 就表示 t_set 集合中是否包含 x 集合中的元素。如果不包含則傳回 True，有包含則傳回 False，因此 not x.isdisjoint (t_set)) 就表示不包含傳回 False，有包含傳回 True。

由輸出結果可看到原本 (23256, 23254) 的支持度是 0.0638，但當閾值改為 0.065 之後，因為 0.0638 小於 0.065，這個商品組合在先驗分析階段就被 apriori 演算法給排除了，當然就不會有後續的結果。

如果將此結論套用到 5.4.1 小節提到便利商店中低單價又低銷售量的商品分析中，恐怕得將 min_support 的值設得非常低，才能在關聯分析中看到商品 X、Y 的組合。但若一味降低 min_support，又可能讓計算時間過長且產生太大的分析量。因此閾值的設定必須在實際進行分析的階段，透過試誤法（trial and error）來尋找。

5.4.8 關係圖的視覺化

本節分析的關聯規則（商品之間的關係性）可以用「關係圖」的概念來呈現。在 Python 中可以用 networkx 套件完成關係圖的視覺化。不過繪製圖形的程式碼有點複雜，就不在書中說明，請讀者參考範例檔的註解。我們直接來看畫出來的結果：

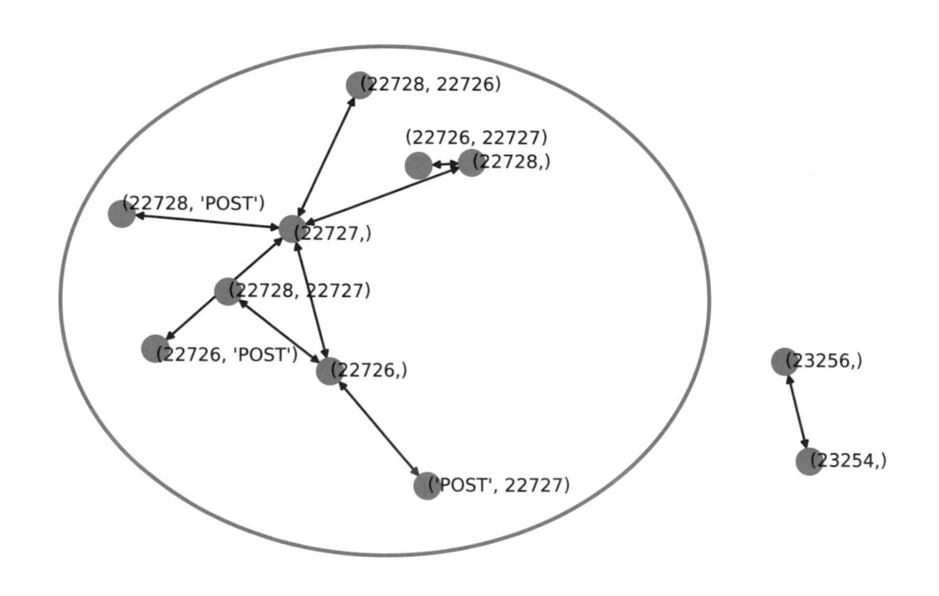

圖 5-4-7　關聯分析結果的關係圖

NOTE 建立此圖時，各節點的配置是以亂數決定，因此實作時的節點配置可能會與書本內容不同，但節點之間的關係仍相同，因此由圖形得到的結論也一樣。

如上圖所示，增益值較高的商品與商品組合可以分成 3 個群組。其中筆者用藍線圈出的那一群節點的商品，可以考慮舉辦「任選 2 件享折扣」的活動，預期會有不錯的成效。

5.4.9 更高階的分析 – 協同過濾

行銷領域中也有 1 種模型與本節介紹的「關聯分析」相當類似，稱為「**協同過濾**」(Collaborative filtering)。這是一種高階的分析方法，現階段還無法簡單呼叫套件函式立刻得到結果，但由於它還是相當重要的模型，因此以下僅針對其概念稍做介紹。

關聯分析的對象是在商品，目的是找出商品之間的關聯性，而協同過濾分析的對象是客戶個體。雖然 2 種分析都是從表 5-4-1 開始，不過協同過濾會先根據此資料確認個體間的相似程度，接下來要找出哪些是這些相似個體曾經購買或可能購買的商品，然後將分析出來的商品推薦給這些個體。

各位看到這裡應該發現了，這就是目前全球電商都在做的事情。而且推薦商品的正確率只要稍微提高，就能使整體銷售金額大幅增長。從這個角度來看，此領域應該是目前應用機器學習最熱門的領域之一了！

雖然光靠本書不能讓讀者立刻擁有實作的能力，但本節介紹的關聯分析，依然可作為讀者邁向協同過濾的第一步。

專欄　「尿布與啤酒」僅是都市傳說

「尿布與啤酒」是只要談到關聯分析，就一定會被拿出來講的經典故事。其大意是有一間超市在進行關聯分析之後，發現「買尿布的男人幾乎也會買啤酒」，因此就將啤酒擺放到尿布附近，結果啤酒的銷售量也獲得了提升。

此故事之所以吸引人，很大程度是因為這 2 種商品組合的意外性。但在經過各種調查之後，便能發現其中的內容查無實證，只能被歸類為「都市傳說」。

實際上，要將這 2 種商品擺在一起是可以做到，但銷售量因而提升這點卻無法獲得證實。就算這 2 種商品之間真的有關聯，在真實世界的商店中將啤酒擺放到尿布附近，還是會破壞同類商品陳列的整體性，而且我們也沒有看過哪間商店如此陳列。

非監督式學習的分析結果，必須擬定策略實施才會真正具有意義，因此我們很樂於知道商店真正如此實施後的成效。

5.5 根據客群制定銷售策略－分群、降維模型

本章來到最後 1 個範例，我們要介紹同屬非監督式學習的「分群」(Clustering) 與「降維」(Dimension reduction)，這兩者在資料分析的使用率非常高，讀者務必熟悉，以便日後在實務工作上靈活運用。

範例檔：ch05_05_clustering.ipynb

5.5.1 問題類型與實務工作場景

在 5.4 節的「關聯分析」是將所有客戶視為一個整體（也就是不考慮個體差異），「協同過濾」是以個體為單位，找出不同個體間的相似性再針對個體做銷售推廣。

「分群」的觀念不像「關聯分析」以整體為對象那麼概括，也不像「協同過濾」以個體為對象分得那麼細，而是將相似性高的個體分成一個群，並以群為對象分析各群的特性。本節範例是分析超市消費者，將具有相似消費習慣的消費者分群，再根據分析結果針對各該群人擬定銷售策略。

「降維」是在資料項目（也就是特徵、變數）太多時，在不致於影響原本資料重要特性的條件下將相似性較高或關聯性較強的一些項目整併起來，藉以降低資料維數。

分群和降維經常結合在一起使用，像本節範例就是在分群之後，再利用降維的方法降到 2 維或 3 維，將結果用人類可見的 2D 或 3D 圖形呈現出來（雖然數學可以用很高的維度運算，但人類無法想像超過 3 維是長甚麼樣子）。也有些情況會反過來做，先將資料項目降維成比較容易分析的數量再進行分群，例如有一個日本人起源的研究，成功區分出南方血統與北方

血統，就是將人類高達 30 億個 DNA 序列降維之後再進行分群而得出的結果。

分群與降維的組合運用也可以協助像是分析消費者問卷之類的工作。我們可以先假設消費者的偏好，例如「室內派 vs 戶外派」或「穩健型 vs 積極型」作為分析的兩個座標軸（**編註：** 將室內派、戶外派視為橫軸的兩端，將穩健型、積極型視為縱軸的兩端，如此即可將消費者特性用四個象限區分開來，類似的分析方式我們經常看到），再依據這兩個主軸去設計問卷的題目。將來在分析調查結果時，即使經過降維處理，也不會脫離主軸。業主就可以針對落在某象限的該群消費者擬定銷售策略，例如向偏好「戶外派」且「積極型」的消費者推薦他們會感興趣的戶外運動用品等。

光用說的還不太好理解，以下就用範例來實作吧！

5.5.2 範例資料說明與使用案例

本節範例使用的是「量販店客戶資料集」（Wholesale customers Data Set），網址如下圖所示：

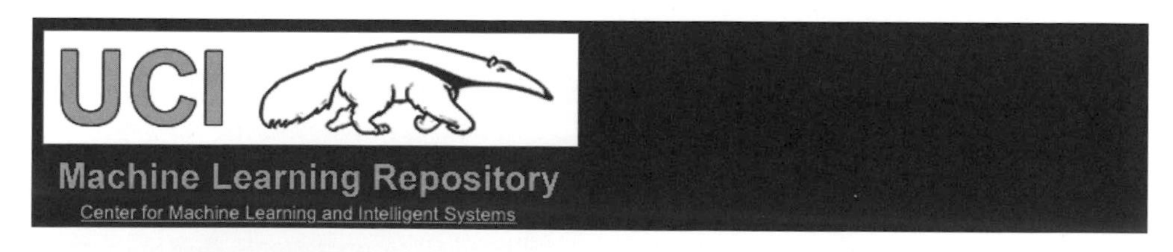

Wholesale customers Data Set

Download: Data Folder, Data Set Description

Abstract: The data set refers to clients of a wholesale distributor. It includes the annual spending in monetary units (m.u.) on diverse p

Data Set Characteristics:	Multivariate	Number of Instances:	440	Area:	Business
Attribute Characteristics:	Integer	Number of Attributes:	8	Date Donated	2014-03-31
Associated Tasks:	Classification, Clustering	Missing Values?	N/A	Number of Web Hits:	336166

取自 https://archive.ics.uci.edu/ml/datasets/wholesale+customers

圖 5-5-1　Wholesale customers Data Set 的網頁

資料集各項目的說明如下，我們將其改為中文。其中除「銷售通路」與「地區」之外的幾個項目，是每位客戶在不同商品種類上的年度消費額。此資料集共包括 440 位客戶的資料：

銷售通路（Channel）標籤有 2 個：Horeca（旅館 / 餐廳 / 咖啡廳）、Retail（零售）

地區（Region）標籤有 3 個：Lisbon（里斯本）、Oporto（波爾多）、Others Region（其他）

生鮮食品（Fresh）

乳製品（Milk）

食物雜貨（Grocery）

冷凍食品（Frozen）

清潔劑、家庭用紙（Detergents paper）

熟食（Delicatessen）

5.5.3 模型的概要

分群

說到「分群」，讀者可能會想這和 5.1 節介紹的「分類」有什麼不同？其實兩者的差別簡單來說就在於分類是在已知標準答案下訓練模型（監督式學習），而分群是在未知標準答案下訓練模型（非監督式學習）。要在未知標準答案下做分群處理當然是比較困難，而且也無法像分類模型計算出正確率。即便如此，分群在行銷上仍然很有幫助，使用率相當高。

處理分群問題也有幾種不同的演算法，本範例選擇的是最常使用的 K-Means（也稱 K- 平均）演算法，不過篇幅有限，演算法的理論就不細說。

降維

降維是利用數學的向量投影，將資料點轉換到另一個座標空間，目的是在保留資料最大的特性下將資料維度降低，下圖即為其概念：

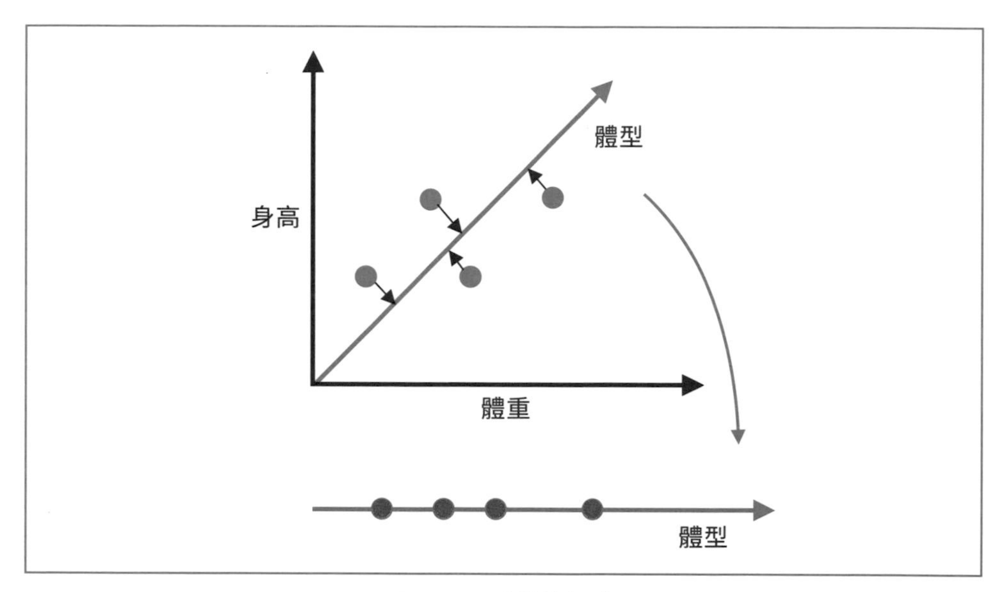

圖 5-5-2 降維的概念

上圖以「體重」為 x 軸、「身高」為 y 軸，並將 4 個人的身高與體重繪製成散佈圖（即圖中 4 個藍點）。這 4 個點雖然是在 2 維的圖中，但仔細觀察就會發現這些點其實可以用一條直線近似，也就是藍色直線箭頭。我們可以讓原本 2 維的點投影在這條直線上轉換成 1 維的點，也就是圖下方的 1 維直線箭頭。而 4 個藍點投影在直線上的點就是圖上 4 個灰點。意思就是將原本 2 維的「體重」與「身高」，改用 1 維的「體型」取代，這就是降維的轉換概念。

機器學習模型在實務應用上的輸入資料，可能會有數十個項目（變數）或甚至更多。當維度高到某個程度時，要判斷每筆資料的狀態就會變得非常困難。如果能夠將這些資料項目數降為 2~3 個，就可以繪製成散佈圖，有助於分析出資料的特性。

5.5.4 從載入資料到確認資料

接下來就開始實作。本次使用的資料集是用 CSV 的格式放在網路上，我們可用 read_csv 函式將其載入，之後再將資料框中的項目名稱替換成中文。

載入資料

首先是指定資料集所在的網址並載入「量販店客戶資料集」：

```
# 載入資料
url = 'https://archive.ics.uci.edu/ml/machine-learning-databases\
/00292/Wholesale%20customers%20data.csv'

df = pd.read_csv(url)

# 將項目名稱替換成中文
columns = ['銷售通路', '地區', '生鮮食品', '乳製品',
           '食品雜貨', '冷凍食品', '清潔劑_家庭用紙', '熟食']
df.columns = columns
```

程式碼 5-5-1　載入資料

確認資料

下一個步驟是「確認資料」，我們先來看看資料的內容以及資料筆數：

```
# 確認資料
display(df.head())

# 確認 shape
print(df.shape)
```

→ 接下頁

	銷售通路	地區	生鮮食品	乳製品	食品雜貨	冷凍食品	清潔劑 _ 家庭用紙	熟食
0	2	3	12669	9656	7561	214	2674	1338
1	2	3	7057	9810	9568	1762	3293	1776
2	2	3	6353	8808	7684	2405	3516	7844
3	1	3	13265	1196	4221	6404	507	1788
4	2	3	22615	5410	7198	3915	1777	5185

```
(440, 8)
```

程式碼 5-5-2　確認資料

由輸出可知資料總數有 440 筆。

接著確認缺失值：

```
# 確認缺失值
print(df.isnull().sum())
```

```
銷售通路          0
地區              0
生鮮食品          0
乳製品            0
食品雜貨          0
冷凍食品          0
清潔劑 _ 家庭用紙  0
熟食              0
dtype: int64
```

程式碼 5-5-3　確認缺失值

由輸出可知這是一份沒有缺失值的乾淨資料（萬一有缺失值，可參考 4.2 節的方式處理）。

接下來確認銷售通路與地區分佈：

```
# 確認銷售通路的標籤值
print(df['銷售通路'].value_counts()) ←— 輸出通路別的資料數
print()  ←— 空一行隔開

# 確認地區的標籤值
print(df['地區'].value_counts())  ←— 輸出地區別的資料數
```

```
1     298      ←— 第 1 個銷售通路有 298 筆資料
2     142      ←— 第 2 個銷售通路有 142 筆資料
Name: 銷售通路, dtype: int64

3     316      ←— 第 3 個地區有 316 筆資料
1      77      ←— 第 1 個地區有 77 筆資料
2      47      ←— 第 2 個地區有 47 筆資料
Name: 地區, dtype: int64
```

程式碼 5-5-4　確認銷售通路與地區項目的標籤值

銷售通路項目中的標籤含意：

1. Horeca（旅館 / 餐廳 / 咖啡廳）298
2. Retail（零售）142

地區項目中的標籤含意：

1. Lisbon（里斯本）77
2. Oporto（波爾多）47
3. Other Region（其他）316

最後來看一下這 440 筆資料在各項目消費金額的直方圖（排除銷售通路與地區）：

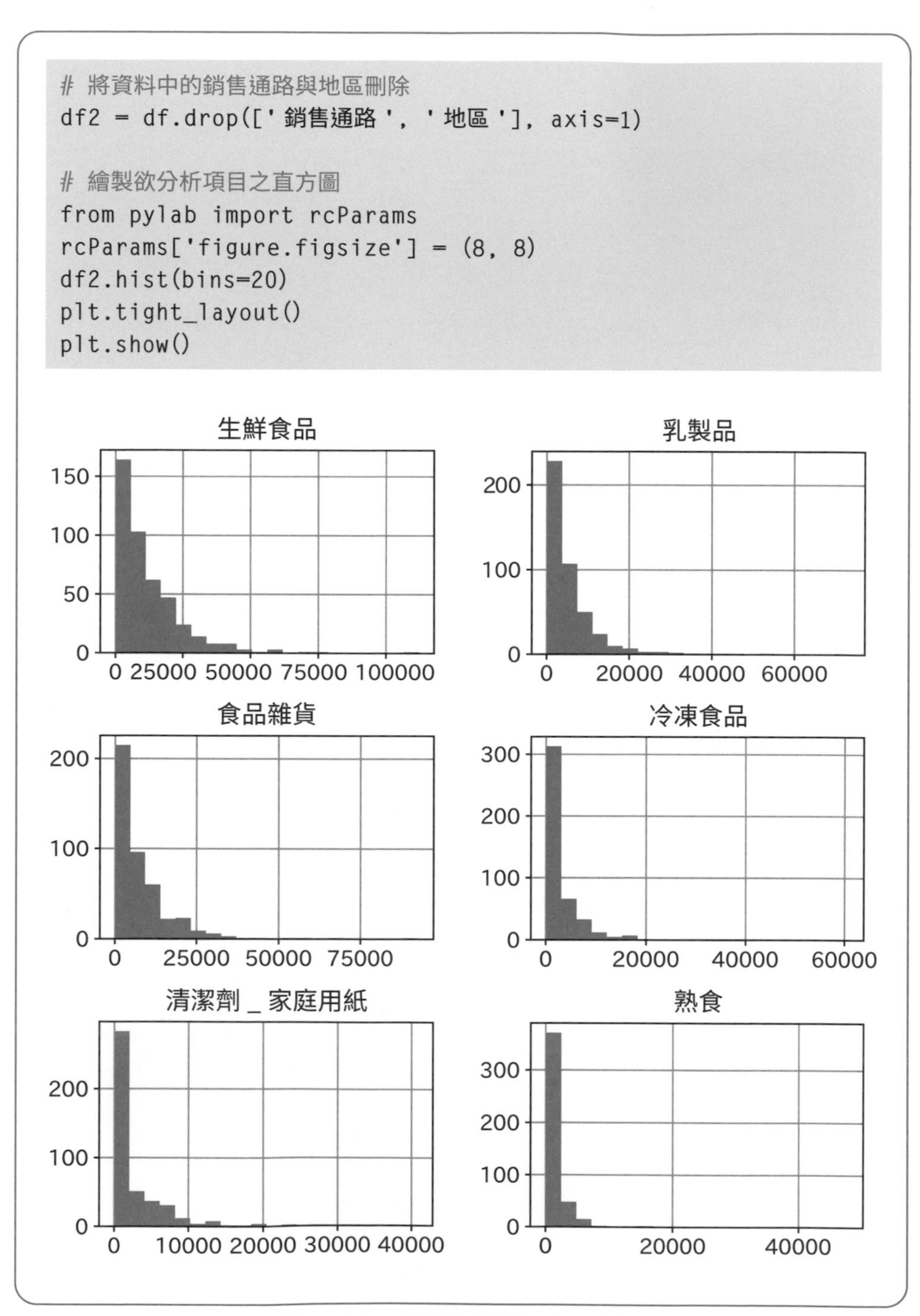

```
# 將資料中的銷售通路與地區刪除
df2 = df.drop(['銷售通路', '地區'], axis=1)

# 繪製欲分析項目之直方圖
from pylab import rcParams
rcParams['figure.figsize'] = (8, 8)
df2.hist(bins=20)
plt.tight_layout()
plt.show()
```


程式碼 5-5-5　繪製分析對象項目的直方圖

在繪製圖形的準備階段，我們先刪除不需要的「銷售通路」與「區域」項目，並指派給 df2 資料框。此資料框在之後進行分群與降維時，可直接當成輸入資料用。

此處大概瞭解一下資料在各種項目的分布狀況。由直方圖可知在這 6 種項目中，都是消費金額少的客戶數最多，消費金額越大的客戶數越少，相當符合一般的認知。

5.5.5 執行分群

資料確認完畢之後，就可以進入下一個步驟。前面的實作都會在此時進行「預處理資料」，但這次並不需要。因為這份資料沒有缺失值，原本就是乾淨的狀態，而且剛才在直方圖時也已刪除「銷售通路」與「地區」，就不需要預處理。

接下來原本的「分割資料」也不需要執行，因為這是非監督式學習的特性，直接用全部的資料下去訓練。

所以我們要做的是「選擇演算法」。本例使用的演算法是處理分群問題最常使用的 K-Means 演算法。使用此演算法建立分群模型時，必須在初始階段決定好要分成幾個群，並用 n_clusters 參數指定給演算法，此處設定分 4 個群：

```
# 不需預處理資料與分割資料

# 選擇演算法
from sklearn.cluster import KMeans

# 定義群組數
clusters=4          ←── 我們設定分 4 個群
```

→ 接下頁

```
# 定義演算法
algorithm = KMeans(n_clusters=clusters, ←將分群數指定給演算法
    random_state=random_seed)
```

程式碼 5-5-6 選擇 K-Means 演算法

編註：K-Means 會因分群數、亂數而有不同結果

K-Means 會因設定的亂數與群數而產生不同的分群結果。上面程式碼中的 random_seed 是設為 183，本節後面的結果都是基於此亂數種子與分 4 群而來。基本上，不管群數與亂數設定多少，重點是模型找出分群的結果後，我們能否分析出各群的特性並做合理的解釋，如果想不出道理也不用硬解釋，更換群數與亂數重建演算法試試看。此範例的群數與亂數也是作者試出來的一種分群結果，換成讀者自己的資料集也必須經過嘗試才行，並非一成不變。

非監督式學習的訓練與預測會同時進行，我們將全部資料（df2）送入 K-Means 的 fit_predict 函式，即可一次完成訓練與預測。其傳回的結果是每筆資料被分到那一個群（因為我們設定分 4 群，群號會用 0、1、2、3 來區分）：

```
# 執行訓練與預測
y_pred = algorithm.fit_predict(df2)

# 確認部分結果
print(y_pred[:20])   ← 只看前 20 筆資料的分群結果

[3 3 3 3 0 3 3 3 3 1 1 3 0 1 0 3 1 3 3 3]
```

程式碼 5-5-7　執行訓練與預測

上面輸出的是前 20 筆資料的分群結果，表示索引 0~3 的資料都分在群 3，索引 4 的資料分在群 0，依此類推。讀者也可改為 print(y_pred) 看到全部 440 筆資料的分群結果。

5.5.6 分析分群結果

分群很快就完成了，但重點是該如何運用這個結果呢？在此將用實作說明概念。

計算各群的平均值

首先是計算各群中各項目的平均值，目的是觀察各群的特性。我們會用資料框的 groupby 函式將 y_pred 中每一群的資料集合起來算平均值：

```
# 計算各群的平均值
df_cluster = df2.groupby(y_pred).mean() ←將同群的集合起來算平均
display(df_cluster)
```

	生鮮食品	乳製品	食品雜貨	冷凍食品	清潔劑_家庭用紙	熟食
0	36156.3898	6123.6441	6366.7797	6811.1186	1050.0169	3090.0508
1	5134.2198	11398.0769	17848.7582	1562.7802	7768.9231	1900.2418
2	20031.2857	38084.0000	56126.1429	2564.5714	27644.5714	2548.1429
3	8973.3958	3128.0883	3907.4276	2790.2085	1079.2297	1052.5477

程式碼 5-5-8　計算每一群中各項目的平均值

繪製各群的長條圖

單純列出各群各項目的平均值，還是很難掌握各群的傾向，所以我們再將此結果繪製成長條圖：

```
# 繪製各群的長條圖
df_cluster.plot(kind='bar',stacked=True,
    figsize=(10, 6),colormap='jet')
plt.show()
```

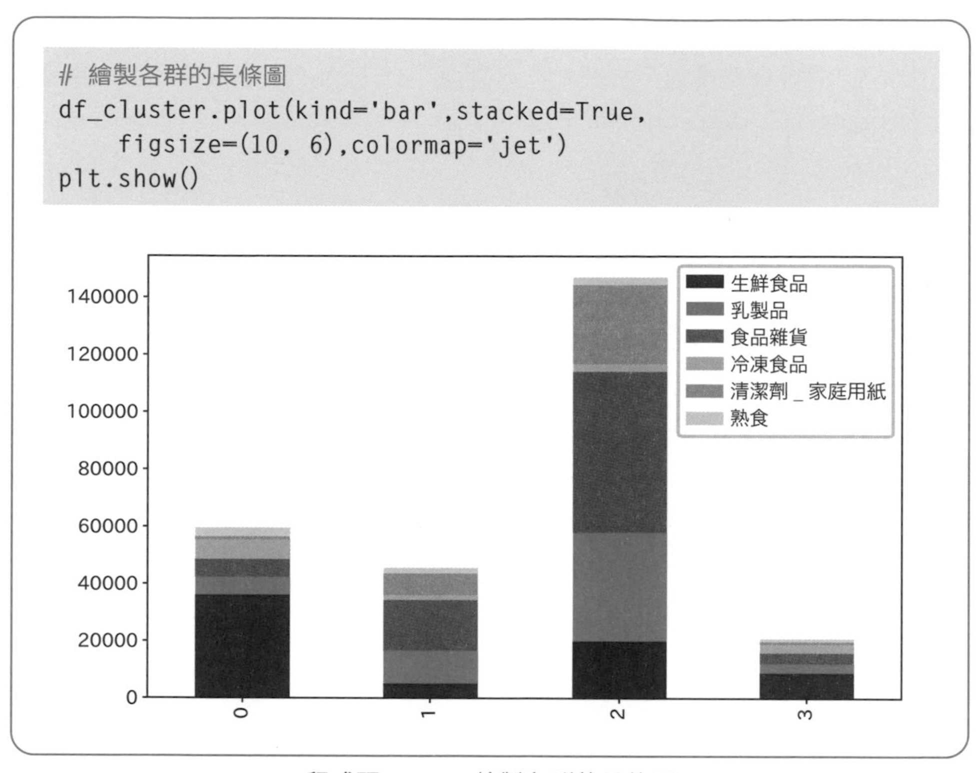

程式碼 5-5-9　繪製各群的長條圖

由這張圖，我們大致可以掌握到各群的傾向（或許每個人有自己的解讀方式）：

- 群 2 整體平均消費金額最高，稱為「**大量群組**」
- 群 3 所有項目的平均消費金額都很少，稱為「**少量群組**」
- 群 0、1 在平均消費金額加總沒有太大差異，但由項目明細可看出各自的特性
- 群 0 生鮮食品的平均消費金額明顯最高，稱為「**生鮮群組**」
- 群 1 食品雜貨的平均消費金額較高，稱為「**食雜群組**」

由此分析的結果看來，我們希望**將消費者依特性區分**的目的達成了。但若一開始在「選擇演算法」時設定了不合適的群數與亂數，就不一定能想出合理的解釋，那麼就應該改變分群數或亂數，並重新建立分群模型進行分析，以試誤法找出最適合的設定值。

話說回來，從這次的分析結果，能推論出什麼資訊或策略呢？

我們發現在這次的分析結果中最具特色的就是「生鮮群組」(群 0)。此群的整體平均消費金額雖然遠少於「大量群組」，但生鮮食品的平均消費金額卻接近「大量群組」的 2 倍，可見這群消費者對此類商品的需求相當高。針對這種特性的客群，我們就可以考慮引進具有特色的生鮮食品並舉辦特賣活動吸引他們消費。

各群與銷售通路及地區之間的關係

由於前面的分析尚未使用到「銷售通路」與「地區」這 2 個項目，因此我們也想看看與分群的結果之間會有什麼樣的關係。我們可以再依各群繪製「銷售通路」與「地區」的筆數分布圖來呈現：

```
# 確認群與銷售通路和地區之間的關係

# 只提取銷售通路和地區到 df3
df3 = df[['地區', '銷售通路']]

# 設定圖形大小
rcParams['figure.figsize'] = (6,3)

# 繪製各群的圖形
for i in range(clusters):
    fig, ax = plt.subplots()
    w = df3[y_pred==i]
    print(f'==== 群{i} ====')
    w.hist(ax=ax)          ← 畫出直方圖
    plt.tight_layout()     ← 調整排版
    plt.show()
```

→ 接下頁

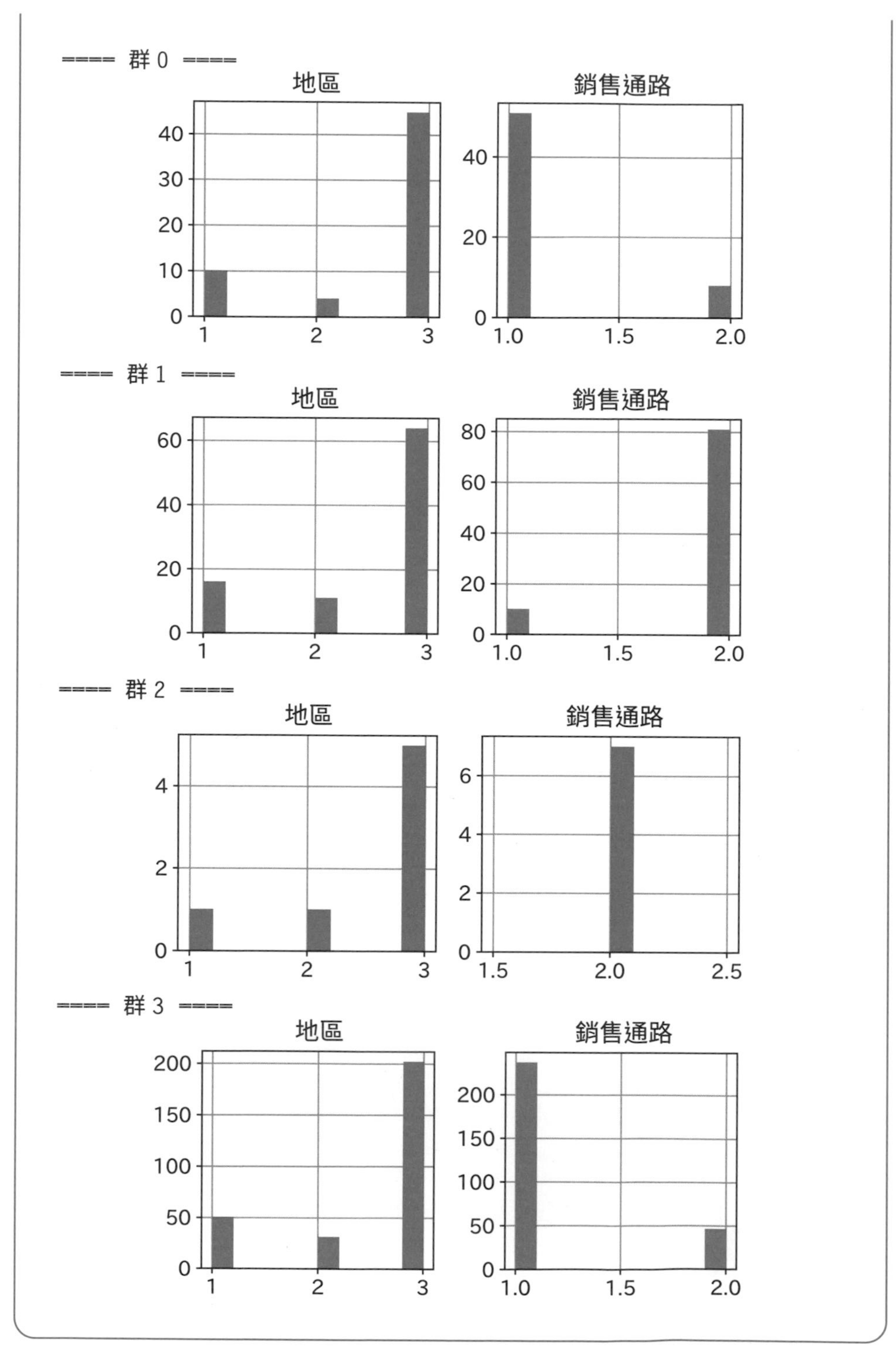

程式碼 5-5-10 繪製各群的筆數分布圖

我們由繪製出來的圖形解讀出以下事情：

- 群 0（生鮮）、群 3（少量）在銷售通路 1（旅館 / 餐廳 / 咖啡廳）消費遠多於通路 2。
- 群 1（食雜）、群 2（大量）在銷售通路 2（零售）消費遠多於通路 1。
- 每一群在 3 個地區的比重都差不多，看不出群與地區的相關性。

掌握各群與銷售通路之間的關聯性，對銷售策略的制定可能也有幫助，我們會在 5.5.8 小節介紹。

5.5.7 執行降維

經過以上的實作與說明，相信各位對分群的功能與用途都有些基本概念了。接下來，我們要再以同樣的資料集嘗試非監督式學習的「降維」處理方式。因為前面已經將訓練資料（df2）準備好，所以直接從「選擇演算法」步驟開始進行。

降維與其它模型一樣也有幾種不同的演算法，但篇幅有限，我們不一一介紹，以下範例是選擇非監督式學習最常用的 PCA（Principal Component Analysis，亦稱**主成分分析**）演算法，目的是將高維度資料投影到最容易鑑別的低維度空間，並仍然保留資料最重要的特性。

PCA 必須在初始階段指定要降到的資料維度，由於本次的目的是繪製 2 維散佈圖，因此設定 n_componets=2（只保留最重要的 2 個主成分）。我們接著要用 scikit_learn 套件中的 PCA 演算法來處理降維：

```
# 選擇演算法
from sklearn.decomposition import PCA

# 生成模型
# 為繪製散佈圖，降低至 2 維
pca = PCA(n_components=2)
```

程式碼 5-5-11　選擇降維演算法

PCA 模型的初始設定完成之後，就可以繼續呼叫演算法的 fit_transform 函式，用 df2 資料集訓練 PCA 模型，並傳回降維後的結果：

```
# 執行訓練與轉換
d2 = pca.fit_transform(df2)

# 顯示部分結果
print(d2[:5,:])  ←— 僅顯示前 5 筆輸出

[[  650.0221  1585.5191]
 [-4426.805   4042.4515]
 [-4841.9987  2578.7622]
 [  990.3464 -6279.806 ]
 [10657.9987 -2159.7258]]
```

程式碼 5-5-12　利用 PCA 進行降維

編註： 原本資料集有 440 筆資料，每筆資料有 8 個項目 (請看 5.5.2 小節)，經過降維後仍然是 440 筆資料，但每筆資料的項目已降到 2 項 (已經跟原本的 8 個項目名稱無關)。我們可以用 print(d2.min(axis=0), d2.max(axis=0)) 察看這 2 項的最小值與最大值，可知第 1 項的數值範圍 [-13019.908, 103863.4253]，第 2 項的數值範圍 [-14003.5946, 99226.7341]，讀者可對照程式碼 5-5-13 輸出的橫軸與縱軸。

5.5.8 降維的運用方式

降維與分群一樣可以立即得到執行結果，但重點是能分析出甚麼以用來擬定策略，讀者可透過本處的示範來理解該如何運用。

繪製散佈圖

我們要結合分群的結果繪製在降維後的散佈圖。由於原本的 8 維輸入資料都已降成 2 維資料，就可以繪製出 2D 散佈圖。這時若將分群的結果也納入（前面已分出 4 群），就更能深入了解各群的特性。以下會用每筆資料分群的結果 y_pred 套進降維的座標圖中，並用不同顏色與符號顯示各群的散佈圖：

- 生鮮群組用灰色小圓點
- 食雜群組用淺藍色叉叉
- 大量群組用藍色星星
- 少量群組用黑色加號

```
# 繪製以顏色區分各群的散佈圖

plt.figure(figsize=(8,8))
marks = ['.', 'x', '*', '+']                          ← 有 4 種符號
labels = ['生鮮', '食雜', '大量', '少量']              ← 有 4 個群
colors = ['grey', 'lightblue', 'blue', 'black']       ← 標出顏色

for i in range(clusters):                     clusters=4 (0-3)
  plt.scatter(d2[y_pred==i][:,0], d2[y_pred==i][:,1],
    marker=marks[i], label=labels[i], s=100, c=colors[i])
plt.legend(fontsize=14)
plt.show()
```

→ 接下頁

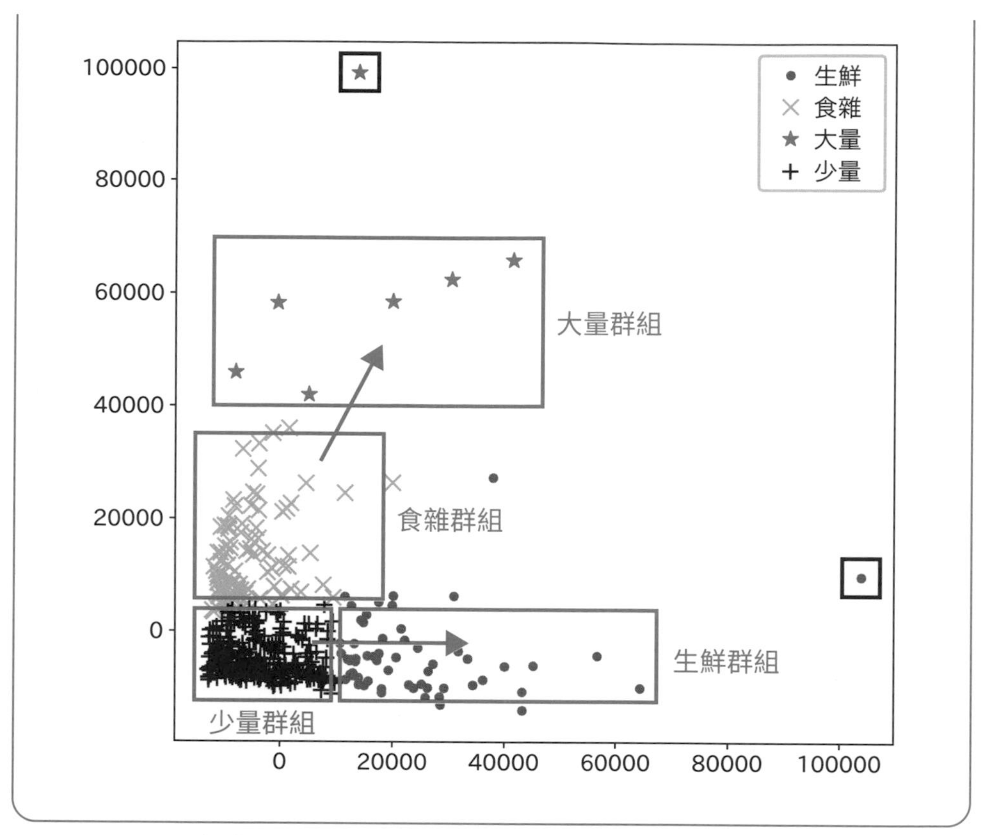

程式碼 5-5-13　繪製以顏色與符號區分各群的散佈圖

上面的程式碼是依照各群 clusers=0~3 的順序，先將 y_pred 中分在群 0 的所有資料點套到對應的 d2 座標，也就是 [d2[y_pred==i][:,0], d2[y_pred==i][:,1]，再接續畫群 1、群 2、群 3，將總共 440 個資料點全部畫上去。

由上圖可見，原本整體消費金額較低的「少量群組」都集中在左下角同 1 個區塊。而「食雜群組」也在一定程度上呈現出聚集的狀態。「大量群組」位於「食雜群組」之上，可判斷是單純比「食雜群組」消費金額更高的群組。

如果將此散佈圖與程式碼 5-5-10 各群與銷售通路之間的關係合在一起觀察，可以發現和同一個銷售通路有密切相關的群組之間，或許有可能出現轉移。例如群 0、3 都習慣在銷售通路 1 消費，或許群 3（少量）的部分消費者有轉移到群 0（生鮮）的潛力。再如群 1、2 都習慣在銷售通路 2 消費，或群 1（食雜）的部分消費者有轉移到群 2（大量）的潛力。請看上圖的兩個藍色箭頭。

以上的客群轉移只是我們分析時的假設，如果朝此方向推動並持續觀察並發現確實有轉移現象，而且也深入調查並掌握到消費者會轉移的原因，則接下來只要以同樣的機制去推動其它消費者，促使他們往圖中箭頭所指的方向轉移，就有可能獲得更高的業績與利潤。

檢視離群值（異常值）

在程式碼 5-5-13 繪製出來的圖形當中，上方與右側各有 1 個用黑線框起來的資料點，和其它點都頗有距離，被視為「離群值」或「異常值」。這是降維後才得以將資料視覺化，便於檢視各資料的狀況。

接下來，就以上述分析結果為基礎，來檢視這 2 個離群值吧！首先檢視圖中右側「生鮮群組」的離群值，看起來 d2 的橫軸值（主成分 x）大於 100000，因此我們可以查出這一筆資料：

```
# 確認生鮮群組的離群值
display(df[d2[:,0] > 100000])
```

	銷售通路	地區	生鮮食品	乳製品	食品雜貨	冷凍食品	清潔劑_家庭用紙	熟食
181	1	3	112151	29627	18148	16745	4948	8550

程式碼 5-5-14　確認生鮮群組的離群值

我們先用 d2[:,0] > 100000 去判斷 True/False，再挑出 True 的那一筆的索引（181），套進原始資料集 df 中，即可提取該筆全部 8 項資料。我們從輸出可知他在生鮮食品的消費金額高達 11 萬，若和程式碼 5-5-5 的「生鮮食品」直方圖比較，橫軸最右邊的那一筆消費額應該就是他貢獻的。

接下來確認散佈圖上方「大量群組」的離群值。看起來 d2 的縱軸值（主成分 y）大於 80000，因此我們可以查出這一筆資料：

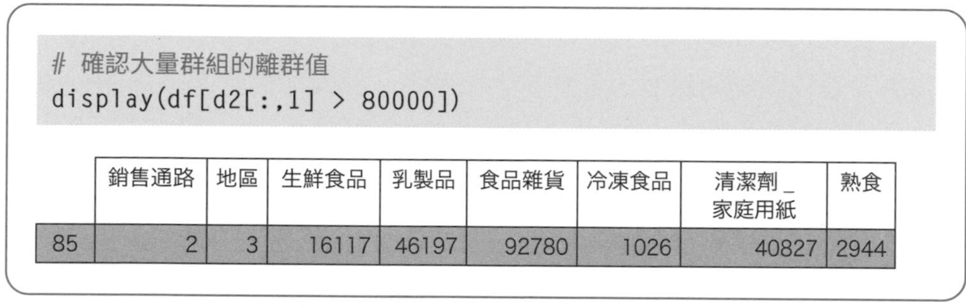

```
# 確認大量群組的離群值
display(df[d2[:,1] > 80000])
```

	銷售通路	地區	生鮮食品	乳製品	食品雜貨	冷凍食品	清潔劑_家庭用紙	熟食
85	2	3	16117	46197	92780	1026	40827	2944

程式碼 5-5-15　確認大量群組的離群值

我們用 d2[:,1] > 80000 去判斷 True/False，再挑出 True 的那一筆的索引（85），套進原始資料集 df 中，即可提取該筆全部 8 項資料。若和程式碼 5-5-5 的「食品雜貨」直方圖、「清潔劑_家庭用紙」直方圖比較，該兩個直方圖橫軸最右邊的那一筆消費額應該就是這位客戶貢獻的。

最後，我們用 describe 函式算出 df2 資料框中 6 種商品類型的統計資訊，來驗證剛才的推測：

```
# 確認統計資訊
display(df2.describe())
```

→ 接下頁

	生鮮食品	乳製品	食品雜貨	冷凍食品	清潔劑_家庭用紙	熟食
count	440.0000	440.0000	440.0000	440.0000	440.0000	440.0000
mean	12000.2977	5796.2659	7951.2773	3071.9318	2881.4932	1524.8705
std	12647.3289	7380.3772	9503.1628	4854.6733	4767.8544	2820.1059
min	3.0000	55.0000	3.0000	25.0000	3.0000	3.0000
25%	3127.7500	1533.0000	2153.0000	742.2500	256.7500	408.2500
50%	8504.0000	3627.0000	4755.5000	1526.0000	816.5000	965.5000
75%	16933.7500	7190.2500	10655.7500	3554.2500	3922.0000	1820.2500
max	112151.0000	73498.0000	92780.0000	60869.0000	40827.0000	47943.0000

程式碼 5-5-16　顯示統計資訊

上面輸出的統計資訊代表的意義請讀者複習程式碼 4-1-4 的說明。我們可以看出「生鮮食品」的最大值 112151 與程式碼 5-5-14 索引 181 客戶的花費吻合。索引 85 客戶則是「食品」和「清潔劑 _ 家庭用紙」的最大貢獻者，這表示我們剛才的推測都正確。這 2 筆資料的客戶應該都有特別的原因，才會出現這樣的結果。

如果利用分群將一定程度上具有相似性的群體視為一個目標客群，那麼像索引 85、181 這種特殊案例（離群值）就很可能成為分析群組特性時的雜訊。若要避免雜訊出現，就要先將特殊案例排除，再重新進行分析。而降維的其中一種使用方式，就是像這樣根據結果繪製出散佈圖來找出雜訊。

但！處理離群值時還有一種不同的觀點，值得多加留意！

我們現在深入探討的這 2 位客戶，從統計和機器學習的角度來看都算是離群值，但是從商業角度來看，他們都有比一般客戶更高的消費額，對店家來說其實是「Super VIP」，若由專員拜訪接受訂單並宅配到府，或許他們的消費額還會再提高。這也是在降維後才容易看出來的隱藏資訊，而現今機器學習還不能處理這樣的事情，必須靠人為發掘。

MEMO

第 6 章

AI 專案成敗的重要關鍵

6.1 選擇機器學習的適用問題
6.2 取得並確認工作資料
專欄 機器學習模型的自動建構工具 AutoML

第 6 章 AI 專案成敗的重要關鍵

本書到目前為止，已詳細說明如何利用 Python 實作機器學習模型的開發流程，但如第 1 章第 1-6 頁所述，實際開發模型之前仍有（A）選擇機器學習的適用問題、（B）取得並確認工作資料及（C）資料加工等工作需執行。

其中的（C）並非 AI 專案獨有，其他工作也經常會做，我們很容易就能想到有哪些資料項目需要處理。但（A）與（B）包括許多 AI 專案特有的問題點需考量，這是決定專案成敗的重要因素，因此本章融合讀者在前面幾章學過的知識，以重點式說明（A）、（B）。

6.1 選擇機器學習的適用問題

筆者過去在 IT 系統開發領域的專業背景，體認到 AI 系統開發與 IT 系統在本質上相異的 3 項特徵，即為（A）的關鍵：

- 選擇適合解決問題的模型
- 取得標準答案是監督式學習的首要工作
- 勿對 AI 抱持 100% 的期待

6.1.1 選擇適合解決問題的模型

AI 系統開發的首要任務就是掌握當前實務工作面臨的問題，並找出其中有機會應用 AI 的範圍。這部分的前期工程與一般 IT 系統並無不同，但兩者之間仍有一個決定性的差異：通常開發 IT 系統時，所有相關人員都是從一開始就對要做的事情有共識，但開發 AI 系統時並非如此。

一般來說，**越不了解 AI 的人就越容易抱持「AI = 無所不能的強大系統」的印象**。但經過前面幾章，相信讀者也能理解到其實適用 AI 的領域並不如想像中寬廣。即使很容易上手的**監督式學習**模型，也有取得正確答案的難度在。

因此一開始執行 AI 專案時，應從通用性較高且已累積許多具體成效的事務開始著手，例如協助業務行銷提高業績，再逐漸擴展到公司與自身適合藉由 AI 輔助的工作上，進展才會比較順利。

另外也可以運用 5.4、5.5 節中介紹的**非監督式學習**，其優點就是不需取得標準答案，但缺點則是**效果不如監督式學習那麼容易察覺**，需要完整執行「**分析結果**」→「**得到資訊**」→「**擬定策略**」→「**統計成效**」的過程，才能真正看到其帶來的效益。

6.1.2 取得標準答案是監督式學習的首要工作

如果要採用監督式學習，那麼就必須考慮「**是否能取得訓練所需的標準答案呢？**」

從 5.1 節的銷售預測和 5.2、5.3 節的每日租借量預測都算是簡單的問題。因為這些案例都能立刻得知結果（也就是正確答案），通常也會記錄在工作資料中，而且大多都能直接當成訓練資料使用。

不過，同樣適用分類模型的也有難度較高的應用領域。例如第 3 章的乳癌判定範例就是其中之一。因為這類問題是將機器學習應用到只有具備高度專業者才能做出判斷的領域，而且標準答案通常不易取得，因為有能力建立標準答案的專家人數有限，因此很難收集到足夠的訓練資料。更何況專家之間對於相同案例卻有不同見解的情況也不罕見。可想而知，若標準答案本身便未有定論，機器學習模型的正確率就無法獲得提升。

另外還有 1 種狀況是可以取得大量訓練資料，但是在下個步驟就會再碰到難題。舉例來說，假設工廠想在製造過程中利用 AI 取代人工檢測瑕疵品的問題，由於只需區分「正常」與「異常」看來很適合用分類模型。但實際做商品異常檢測時，會被判定為「異常」的商品原本就佔極少數，因此訓練資料中「正常」與「異常」的數量比例相當不平衡。然而，分類演算法大多建立在各類訓練資料是在適當平衡的前提下，而且當「異常」的數量很少時，以「異常」為「陽性」的精確性（Precision）與召回率（Recall）通常也會較低。這種情況的解決方式之一是對數量很少的「異常」資料進行擴增，這就需要用到高階的建模技術。

6.1.3 勿對 AI 抱持 100% 的期待

讀者在看完第 5 章的幾個實例之後，應該都能理解期待機器學習模型達到 100% 正確率基本上不可行，這 1 點可說是 AI 系統與 IT 系統最大的不同，因為我們可期待（應該說所有人都理所當然地認為）後者在經過充分測試之後便能 100% 沒問題。因此，在原本人類可以 100% 做好的工作，替換成 AI 模型反而達不到，就會讓人懷疑何必推動 AI 化？因此在導入前就必須先瞭解 AI 模型的能耐，才將適合的工作交給 AI。

建出合理的模型之後，該如何結合到現行的工作流程當中？這個問題有幾種解決方式，例如：

- 控制機器學習模型中用於判斷的閾值，使其重視召回率大於精確性（5.1 節的作法）。

- 將機器學習模型判斷為異常的商品交由人工進行二次判斷，以彌補正確率下降的問題。

我們可以將 AI 的角色設定在找出有可能為瑕疵品的商品上，再交由人工確保整體的正確率。這種做法雖然只有部分流程可應用到 AI，但相較於全人工檢查，仍可達到縮減工時的目標。不過實際上在建立檢測瑕疵品的模型時，較常見的做法並不是以模型取代人工，而是根據「重要性分析」的結果找出改善品質的做法，這點讀者要記在心裡。

前期階段的評估是否完整，會直接影響到 AI 專案在最後關頭的成功與否，因此執行時請務必謹慎考慮。

6.2 取得並確認工作資料

如果 6.1 節（A）的問題都能全數解決，這個專案就很有機會成形。通過這一關之後就是取得實際訓練所需的資料以進行**概念驗證**（PoC：Proof of Concept）。以下簡單說明此階段須注意的重點。

6.2.1 確認資料來源

第 5 章在實例中使用的資料主要來自 UCI 公開資料集。當中雖然有 CSV 檔案、ZIP 檔案及 Excel 表格等多種資料格式，但在載入時基本上都已經是乾淨的表格資料。

這種資料該如何建立呢？我們以 5.2 節及 5.3 節「共享單車資料集」為例來看看。這份表格資料中的日期與租借量，都可以從公司本身的工作資料調出來。而天氣、氣溫及濕度等氣象資料則不可能是由單車公司自行記錄，應該是從氣象局取得的。

其實在準備訓練資料時就可以預想到「共享單車租借量應該與天氣有關，因此預測租借量的模型中需要納入氣象資料」，這些都是相對簡單的工作。比較困難的是如果公司沒有記錄這些資料，就必須去找資料來源、取得方式（從氣象局或民間氣象公司）及所需成本等，這些都是「確認資料來源」的工作內容。

6.2.2 跨部門資料整合問題

在 6.2.1 小節講到的氣象資料是屬於公司的外部資料，實際上專案需要取得外部資料的機會並不多，一般使用的都會是公司其他部門的資料，而且通常擁有資料的部門基於業務機密都不會提供。如果真的遇到這種問題，就必須開會討論或透過上級去協調了。

不過近年來已有越來越多大企業設置類似「資料長」（CDO，Chief Data Officer）的高階主管職位，負責監管企業內的資料。如果公司內有類似這樣的角色存在，就能以此人為中心共同解決問題了。

6.2.3 資料的品質

資料收集完畢之後，很重要的就是確認資料的品質，這項工作的內容可以參考 4.1 節的說明。確認資料品質時的常見問題可分為以下幾種類型：

- **缺失值：**理論上不得為 NULL（NaN）的項目卻是 NULL
- **不適當的標籤值：**以標籤值為輸入選擇的項目卻未選擇
- **離群值：**資料中有理論上不應該出現的值

照理來說，這些有問題的資料在當初輸入的時候就應該被檢查出來了，之所以仍會出現，恐怕是負責管理資料的人員並不認為輸入錯漏會造成問題吧，畢竟大多數公司在資料輸入之後就不太會再用到了。但無論如何，這對於爾後需要以此資料作為機器學習訓練資料的人來說，確實是必須解決的問題，因此應該要去釐清該由哪個職位的人在哪個階段將資料清理乾淨，以達成整體流程的最佳化。

6.2.4 One-Hot 編碼的問題

接下來要談的是確認資料時必須特別注意的一個問題，我們以利用機器學習模型審查企業融資的案例來說明。在進行融資審查時，用來區分融資方行業別的「行業代碼」具有重要的參考意義。假設現在有 5,000 個不同的行業代碼，乍看之下這個機器學習模型只需要準備 1 個代表「行業代碼」的輸入項目即可，但各位應該都了解事實並非如此。

這類無法明確規範大小關係的標籤值，都必須進行 One-Hot 編碼。而編碼後的資料項目數量會等於標籤值的數量，因此在本例中的行業代碼就會轉換成 5,000 個項目。但一般而言，機器學習模型都會隨著輸入項目的增加而需要更大量的訓練資料，且正確率通常也較難提升。因此遇到這種情形，最好採用中分類取代原本的小分類，來降低整體標籤值的數量。

專欄 機器學習模型的自動建構工具 AutoML

各位讀完本書之後有什麼感想呢？

是不是覺得「雖然已經知道有哪些事情要做，但預處理資料、選擇演算法和調整這些步驟，感覺起來還是很困難」呢？其實這也是機器學習模型與資料科學一直以來都難以降低門檻的原因。

但現在有個好消息可以分享給各位。近幾年開始出現機器學習模型的自動建構工具，這代表許多開發工作（例如選擇演算法）都可以交由這類工具來自動化完成！目前可使用的工具數量不少，有 IBM AutoAI、DataRobot、Google AutoML Tables、Microsoft Automated ML 以及 H2O.ai Driverless AI 等。

編註： 除了作者提到的幾個自動化工具，目前已有更多公司朝這個方向走，例如 DATA Lab 基於深度學習開發者常用的 Keras 平台而有了 AutoKeras，有興趣者可參考《AutoML 自動化機器學習：用 AutoKeras 超輕鬆打造高效能 AI 模型》（旗標科技出版）。

→ 接下頁

未來在這類工具的普及之下，推動 AI 專案也會變得更加容易。但希望讀者了解，由本書獲得的知識與技能，即使在自動化工具協助之後也絕對有用。舉例來說，即使了解如何使用自動工具建立模型，也不見得了解其生成的混淆矩陣代表什麼意思。若未學過 One-Hot 編碼的概念，即使輸入的項目高達 5,000 個，也可能毫無警覺地直接送進機器學習模型。

而且更重要的是從本書學到的「調整」技能，例如控制閾值，都不是自動化工具會自動完成的。只有確實理解本書內容的讀者，才知道該如何活用這些最新的工具。今後，在實務工作中運用 AI 的能力會日益受到重視，接下來的時代正屬於能夠有效運用本書知識的各位！

講 座

講座 1　Google Colaboratory 基本操作
講座 2　機器學習的 Python 常用套件
　講座 2.1　NumPy 入門
　講座 2.2　Pandas 入門
　講座 2.3　Matplotlib 入門

Lecture

講座 1 Google Colaboratory 基本操作

Google Colaboratory（以下簡稱 Colab）是雲端服務，供使用者在雲端編輯、執行、測試 Python 程式，只要登入 Gmail 帳戶便可使用，而且 Python 程式會用到的套件皆已安裝好。使用者無須在自己的電腦中安裝任何軟體，在公司或家裡只要用瀏覽器（Google Chrome 或 Microsoft Edge 皆可）連上網路就可以使用。本書所有的實作範例皆在 Colab 執行。

本書用到的範例檔可由下載網址（https://www.flag.com.tw/bk/st/F2323）取得。解開 F2323.ZIP 檔，裡面會有數個 .ipynb 的檔案，這些都是 Jupyter Notebook 格式，稱為「筆記本」，可在 Colab 環境下執行。

進入 Colab 與載入筆記本檔案

接下來就要教讀者如何進入 Colab 開發環境。請用瀏覽器連上「https://colab.research.google.com」網址，就會出現下圖視窗。如果不想記長長的網址，也可以在瀏覽器搜尋 Colab，出現的第一個連結就是 Google Colab，點進去也會看到相同的視窗：

❶ 按此處將本書的範例筆記本上傳到 Colab

Examples Recent Google Drive GitHub Upload
Filter notebooks
Title Last opened First opened
Welcome To Colaboratory 11:29 AM 11:29 AM

也可以自己建一個新的筆記本

New notebook Cancel

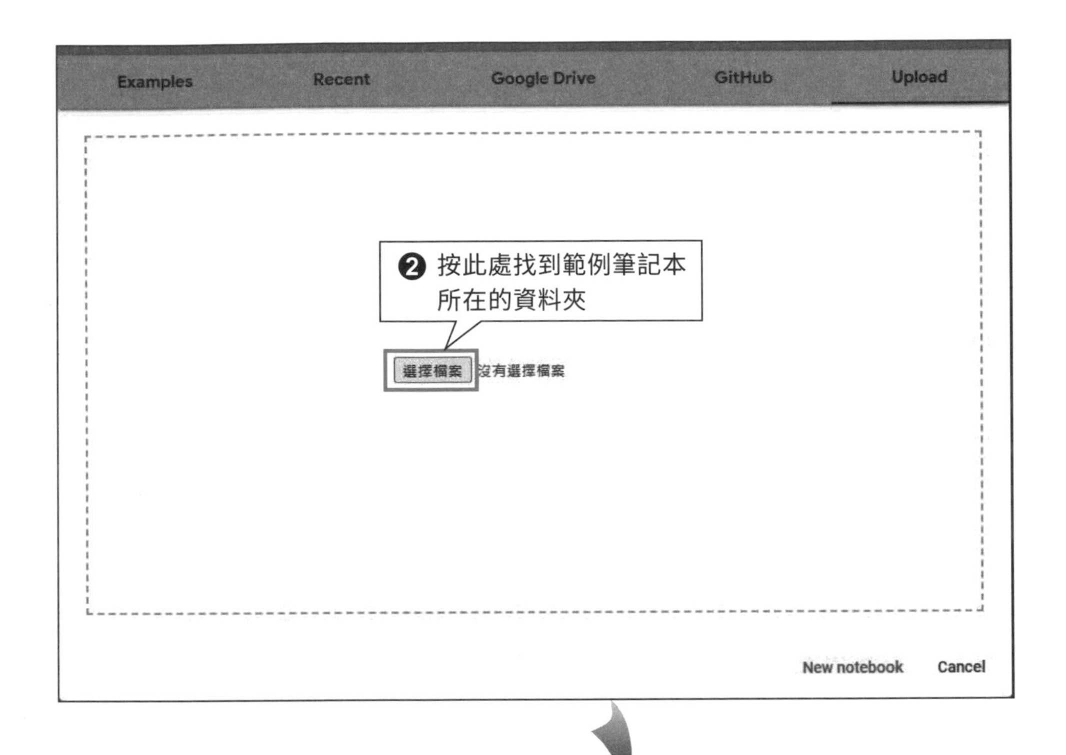
Examples
Recent
Google Drive
GitHub
Upload
❷ 按此處找到範例筆記本所在的資料夾
選擇檔案 沒有選擇檔案
New notebook
Cancel

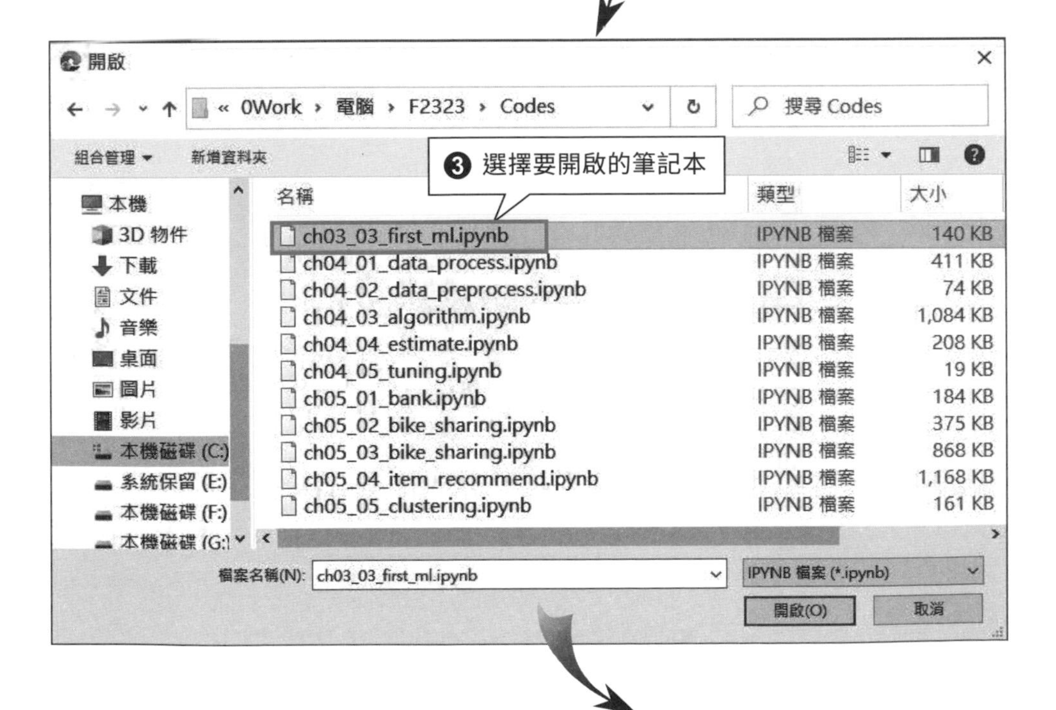
開啟
« 0Work › 電腦 › F2323 › Codes
搜尋 Codes
組合管理
新增資料夾
❸ 選擇要開啟的筆記本
本機
3D 物件
下載
文件
音樂
桌面
圖片
影片
本機磁碟 (C:)
系統保留 (E:)
本機磁碟 (F:)
名稱
類型
大小
ch03_03_first_ml.ipynb IPYNB 檔案 140 KB
ch04_01_data_process.ipynb IPYNB 檔案 411 KB
ch04_02_data_preprocess.ipynb IPYNB 檔案 74 KB
ch04_03_algorithm.ipynb IPYNB 檔案 1,084 KB
ch04_04_estimate.ipynb IPYNB 檔案 208 KB
ch04_05_tuning.ipynb IPYNB 檔案 19 KB
ch05_01_bank.ipynb IPYNB 檔案 184 KB
ch05_02_bike_sharing.ipynb IPYNB 檔案 375 KB
ch05_03_bike_sharing.ipynb IPYNB 檔案 868 KB
ch05_04_item_recommend.ipynb IPYNB 檔案 1,168 KB
ch05_05_clustering.ipynb IPYNB 檔案 161 KB
檔案名稱(N): ch03_03_first_ml.ipynb
IPYNB 檔案 (*.ipynb)
開啟(O)
取消

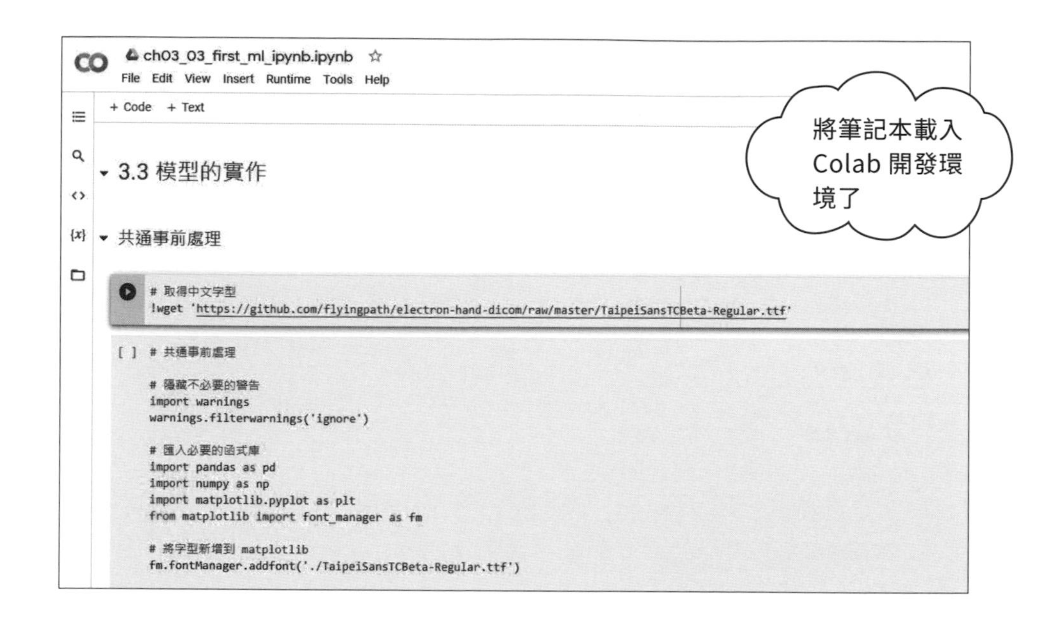

Colab 的基本操作

打開筆記本之後會出現幾個灰色的矩形區塊稱為「cell」，每個 cell 中的程式都可以依序單獨執行。滑鼠點到的 cell 可以進行編輯，按下 cell 左邊的 ▶ 可以執行 cell 中的程式，或者按 Shift + Enter 鍵也可以。執行結果會直接顯示於該 cell 的下方，如下圖：

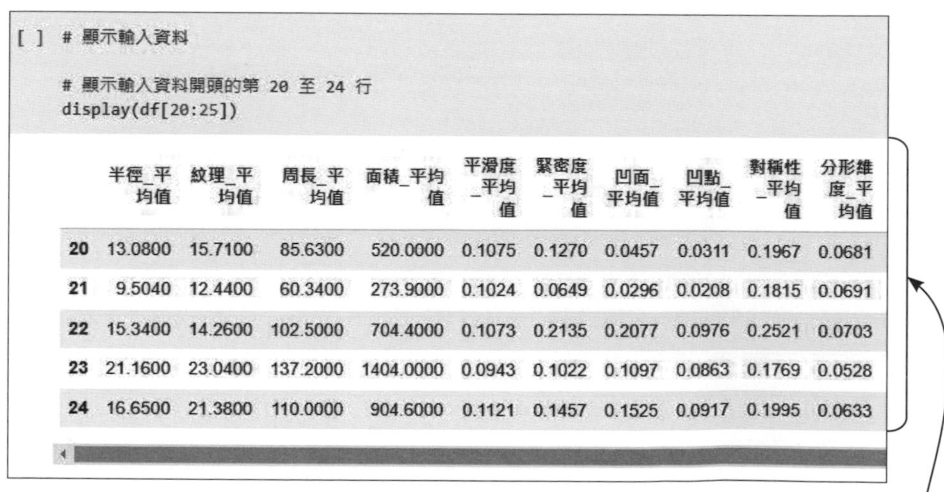

```
[ ] # 顯示輸入資料

    # 顯示輸入資料開頭的第 20 至 24 行
    display(df[20:25])
```

	半徑_平均值	紋理_平均值	周長_平均值	面積_平均值	平滑度_平均值	緊密度_平均值	凹面_平均值	凹點_平均值	對稱性_平均值	分形維度_平均值
20	13.0800	15.7100	85.6300	520.0000	0.1075	0.1270	0.0457	0.0311	0.1967	0.0681
21	9.5040	12.4400	60.3400	273.9000	0.1024	0.0649	0.0296	0.0208	0.1815	0.0691
22	15.3400	14.2600	102.5000	704.4000	0.1073	0.2135	0.2077	0.0976	0.2521	0.0703
23	21.1600	23.0400	137.2000	1404.0000	0.0943	0.1022	0.1097	0.0863	0.1769	0.0528
24	16.6500	21.3800	110.0000	904.6000	0.1121	0.1457	0.1525	0.0917	0.1995	0.0633

執行結果會在 cell 下方

因為 Colab 是雲端服務，如果一段時間未使用會自動斷連，當您再回來時會提醒是否要重新連線（Reconnect）。

Colab 很容易操作，以下列出幾個常用的功能：

- **一次執行全部的 cells：**可執行『**Runtime / Run All**』命令，或『**Runtime / Restart and Run All**』命令。
- **儲存檔案在雲端：**在 Colab 環境中寫的程式或做修改，可以執行『**File/Save**』命令儲存。
- **儲存檔案到本機：**要將筆記本從雲端存放到本機，可執行『**File / Download**』命令，選擇要下載筆記本的 .ipynb 檔或 Python 的 .py 檔。
- **插入新的 cell 或說明：**滑鼠移動到 cell 下方會出現下圖：

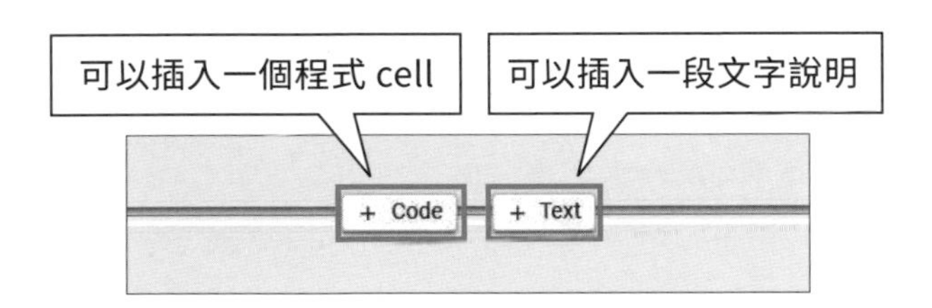

- **互動式表格：**輸出的資料表格可以變成互動式：

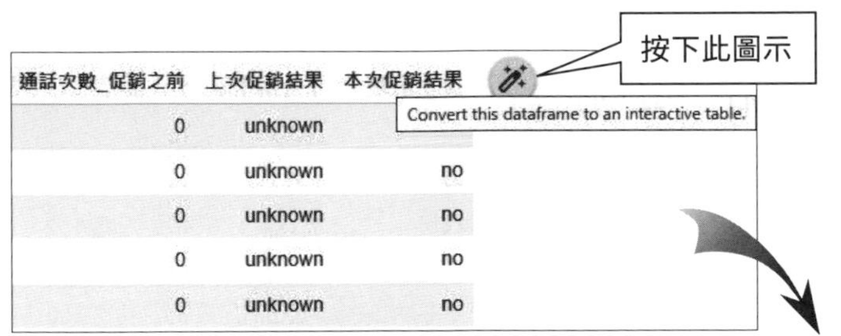

通話次數_促銷之前	上次促銷結果	本次促銷結果
0	unknown	
0	unknown	no
0	unknown	no
0	unknown	no
0	unknown	no

index	年齡	職業	婚姻	學歷	違約	平均餘額	房屋貸款
0	58	management	married	tertiary	no	2143	yes
1	44	technician	single	secondary	no	29	yes
2	33	entrepreneur	married	secondary	no	2	yes
3	47	blue-collar	married	unknown	no	1506	yes
4	33	unknown	single	unknown	no	1	no

Show 25 per page
Like what you see? Visit the data table notebook to learn more about interactive tables.

Lecture

講座 2 機器學習的 Python 常用套件

本書中的機器學習模型都是以 Python 實作。各章節在講解程式碼內容時，主要目的是讓各位理解整個處理流程，不會說明所有細節，尤其是 Python 普遍會用到的 NumPy（數學陣列運算套件）、Pandas（表格資料處理套件）與 Matplotlib（視覺化製圖套件），在機器學習程式中特別重要，以下分成三個小講座介紹它們的基本功能。

> **編註：** 這三個常用套件提供的函式功能相當多且複雜，每個都可以專書介紹，有興趣者可參考《NumPy 高速運算徹底解說》、《Python 資料分析必備套件！ Pandas 資料清理、重塑、過濾、視覺化》、《必學！ Python 資料科學 ‧ 機器學習最強套件》(旗標科技出版)。

講座 2.1 NumPy 入門

其實機器學習的程式大部分都是表格資料的操作，而 NumPy 就是一個可以將表格資料當作陣列計算的套件。由於機器學習需要處理大量的結構資料，就一定會用到 Numpy。

範例檔：l2_01_numpy.ipynb

匯入套件

在 Python 的程式中要用到外加的套件時，必須用 import 將套件匯入程式中，後面才能使用該套件提供的各種函式，以下即匯入 Numpy 套件：

```
# 匯入 Numpy 套件
import numpy as np

# numpy 的浮點數表示精度
np.set_printoptions(suppress=True, precision=4)
```

程式碼 L2-1-1　匯入套件

套件的名稱是全小寫的 numpy，為了後續程式的方便，通常會用 as 為此套件取一個別名，Numpy 慣用的別名是 np，只要在程式中看到 np 開頭的例如 np.set_printoptions() 就知道 set_printoptions 是 Numpy 套件中的函式。

定義 NumPy 資料

匯入套件之後，就可以開始定義 NumPy 資料了。

NumPy 中處理向量（1D 陣列）及矩陣（2D 陣列）資料很簡單，而且也可以處理更複雜的 3D 陣列或更高的陣列。在機器學習模型中最常見的是 1D、2D 陣列，因此下面的程式碼只會說明這兩種陣列的使用方式：

```
# 定義 NumPy 資料

# 定義 1D 陣列變數
a = np.array([1, 2, 3, 4, 5, 6, 7])

# 定義 2D 陣列變數
b = np.array([[1, 2, 3], [4, 5, 6], [7, 8, 9],[10,11,12]])
```

程式碼 L2-1-2　定義 NumPy 陣列

- 第 1 行程式是將 [1,2,3,4,5,6,7] 串列（list）用 array 函式轉換成 1D 陣列 a。
- 第 2 行程式是將兩層的串列（此串列中還有 4 個串列元素）用 array 函式轉換成 2D 陣列 b。

顯示內容

接著來看看該如何用 print 函式顯示 a、b 陣列的內容：

```
# 顯示內容
# 顯示 1 D 陣列變數
print(a)

# 顯示 2 D 陣列變數
print(b)
```

```
[1 2 3 4 5 6 7]
[[ 1  2  3]
 [ 4  5  6]
 [ 7  8  9]
 [10 11 12]]
```

程式碼 L2-1-3　顯示內容

1D 陣列的內容會以 [1 2 3 4 5 6 7] 的格式顯示，乍看之下雖然與串列相當類似，但原本串列元素之間會用逗號隔開，但在 NumPy 陣列中沒有逗號。2D 陣列的輸出與數學矩陣非常相似，而且為了讓外觀看起來接近矩陣，自動進行了換行與縮排處理。

確認元素數量

對陣列資料而言，確認陣列中的元素數量很重要，1D Numpy 陣列可以用 len、shape 函式取得，但 2D NumPy 陣列的元素數量需用 shape 屬性取得：

```
# 確認元素數量
# 顯示 1D 陣列變數
print(a.shape)

# 顯示 2D 陣列變數
print(b.shape)

# 利用 len 函式
print(len(a))
print(len(b))
```

```
(7,)
(4, 3)
7
4
```

程式碼 L2-1-4　確認 NumPy 陣列的元素數量

NumPy 陣列有 1 個 shape 屬性，在 1D 陣列中會顯示像（7,）這樣，表示有 7 個元素。在 2D 陣列則為（4, 3），第 1 個數字 4 代表陣列的列數，第 2 個數字 3 則為行數。1D 陣列也可以用 len 函式取得，但如果用在 2D 陣列，就只會傳回陣列的列數。

提取陣列特定行的資料

首先說明提取 2D 陣列特定行（縱向）資料的方法，這在機器學習程式中經常用到。這段程式碼列出 2 種提取 4 列 3 行 2D NumPy 陣列資料的方式：

```
# 提取特定行

# 0 行
c = b[:,0]        提取每一列的第 0 行資料
print(c)

# [0,1] 行
d = b[:,:2]       提取每一列第 0、1 行的資料
print(d)
```

```
b 陣列
[[ 1  2  3]
 [ 4  5  6]
 [ 7  8  9]
 [10 11 12]]
```

```
[ 1  4  7 10]
[[ 1  2]
 [ 4  5]
 [ 7  8]
 [10 11]]
```

程式碼 L2-1-5　提取 2D 陣列的特定行

以 b [:, 0] 提取時，注意逗號的位置。在逗號前是指定列元素、逗號後是指定行元素。本例未特別指定列元素即表示是所有的列。Python 的索引是從 0 開始，行元素為 0，也就是行的第 1 個元素。這一行程式碼的意思就是**從所有列元素的第 0 行中提取出來的資料指定給變數 c**。只要比較原陣列 b 與提取結果 [1 4 7 10] 即可瞭解。

同樣再看 b[:,:2]。這次列元素同樣為所有列，但行元素「:2」表示是提取索引 2 之前的索引 0、1 的元素。因此變數 d 會是從所有列元素的第 0 行與第 1 行中提取出來的資料。

reshape 函式

reshape 函式可在保持元素順序的情況之下，改變 NumPy 陣列的形狀，例如將 1D 陣列轉換成 2D 陣列：

```
# reshape 函式
l = np.array(range(12))←— 此陣列是 [0 1 2 3 4 5 6 7 8 9 10 11]
print(l)

# 轉換成 3 列 4 行
m = l.reshape((3,4))    ←— 改變形狀成 2D 陣列
print(m)

[ 0  1  2  3  4  5  6  7  8  9 10 11]
[[ 0  1  2  3]
 [ 4  5  6  7]
 [ 8  9 10 11]]
```

程式碼 L2-1-6　reshape 函式

由輸出可見，1D 陣列已被轉換成 3 列 4 行的 2D 陣列。

統計函式

NumPy 提供數種可對陣列型態資料做統計處理的函式：

```
# 統計函式
print(f'原始變數 : {a}')    ←— a 是前面的 1D 陣列 [1 2 3 4 5 6 7]
a_sum = np.sum(a)           ←— a 中元素數值加總
print(f'總和 : {a_sum}')
a_mean = np.mean(a)         ←— a 中元素算平均
print(f'平均值 : {a_mean}')
a_max = np.max(a)           ←— a 中元素最大值
print(f'最大值 : {a_max}')
a_min = a.min()             ←— a 中元素最小值
print(f'最小值 : {a_min}')
```

→ 接下頁

```
原始變數： [1 2 3 4 5 6 7]
總和： 28
平均值： 4.0
最大值： 7
最小值： 1
```

程式碼 L2-1-7　使用統計函式的使用範例

NumPy 變數之間的計算

在 2 個 NumPy 陣列變數之間進行計算也很簡單。首先是 2 個 NumPy 陣列的初始設定：

```
# 準備 2 個 NumPy 陣列 yt 與 yp
yt = np.array([1, 1, 0, 1, 0, 1, 1, 0, 1, 1])
yp = np.array([1, 1, 0, 1, 0, 1, 1, 1, 1, 1])
print(yt)
print(yp)
```

```
[1 1 0 1 0 1 1 0 1 1]
[1 1 0 1 0 1 1 1 1 1]
```

程式碼 L2-1-8　NumPy 陣列的初始設定

接下來，比較 2 個 NumPy 陣列 yt 與 yp 各元素是否相同，並將結果放到結構相同的 NumPy 陣列 w 中：

```
# 同時比較陣列中各元素
w = (yt == yp)  ← 自動比較兩陣列中相對應的元素
print(w)
```

```
[ True  True  True  True  True  True  True False  True  True]
```

程式碼 L2-1-9　比較陣列中各元素

上面程式碼可看出只需要 1 行 yt == yp 即可自動比較陣列中的各個元素。這段程式碼中的變數 w 是所有元素皆為布林值（Boolean）的 NumPy 陣列，元素值相同的會得到 True，不同的會得到 False。事實上，剛才說明的統計函式也可以應用在這類變數上。使用時，布林值會先自動轉換成整數值（True：1、False：0），再代入統計函式中：

```
# 再將此結果代入 sum 函式中
print(w.sum()) ←— 將 True=1, False=0 全部加起來

9
```

程式碼 L2-1-10　在布林值陣列上使用統計函式

這 10 個 NumPy 陣列元素當中有 9 個為 True，只有 1 個 False。因此將 True 轉換為 1，False 轉換為 0 後，所有元素相加的結果是 9。這個技巧用在判斷資料集中有多少缺失值時很好用，只要將資料中有缺失的元素設為 True，然後將全部的 True 加總，就知道有幾個缺失值了。

陣列擴張 (broadcasting) 功能

NumPy 陣列的變數即使元素數量不同，也可以進行變數間的計算，只要將陣列擴張到一樣大即可：

```
# 陣列擴張功能
print(a)  ←— a 是 1D 陣列 [1 2 3 4 5 6 7]
c = (a - np.min(a)) / (np.max(a) - np.min(a))
print(c)

[1 2 3 4 5 6 7]
[0.     0.1667 0.3333 0.5    0.6667 0.8333 1.    ]
```

程式碼 L2-1-11　NumPy 的陣列擴張功能

這段程式碼的計算對象是 NumPy 陣列 a，其值為 [1 2 3 4 5 6 7]。而第 2 行程式碼中的 np.min (a) 與 np.max (a) 則分別為 1 與 7 的純量，正常來看 a - np.min (a) 應該不能相減！不過 Numpy 會將兩個純量 1、7 自動擴展成與陣列 a 相同大小的陣列 [1 1 1 1 1 1 1] 與 [7 7 7 7 7 7 7]，如此就可以相減並得出結果，就是因為陣列擴張功能發揮作用。這段程式碼也是 4.2.5 小節在預處理資料時實際使用的標準化算法。

此外，本節開頭程式碼 L2-1-1 在 arrayset_printoptions 中設定 precision=4（精確到小數點後 4 位），因此在這裡的輸出只會顯示 4 位小數，若未做此設定則預設會精確到 8 位小數。

生成數值陣列

接著要介紹如何生成數值陣列，這在繪製圖形時指定 x 軸的範圍時很好用。本例是用 Numpy 的 linspace 函式在 [-5, 5] 之間分成 10 等份，就必須生成 11 個點（含頭尾）：

```
# 生成數值陣列
x = np.linspace(-5, 5, 11) ←— 在區間內生成 11 個點
print(x)
```

```
[-5. -4. -3. -2. -1.  0.  1.  2.  3.  4.  5.]
```

程式碼 L2-1-12　生成數值陣列

講座 2.2 Pandas 入門

Pandas 是 Python 程式中處理資料表格最常用的套件，其主要使用的資料結構有 2 種，分別為 Dataframe（或稱資料框）與 Series，兩者的關係如下：

DataFrame (資料框)

	col_a	col_b	col_c
0	1	2	1
1	4	5	2
2	7	8	2
3	10	NaN	1
4	13	10	2

columns (項目名稱)

values (資料值)，如同是 Numpy 的 2D 陣列

index (列索引)

Series

圖 L2-2-1 資料框與 Series 的關係

各位可以將資料框想像成是和 Excel 一樣的表格資料。它是由位於上方的項目名稱、最左一行的 index（列索引）與資料值（values）組成的結構化資料。一般習慣將資料框變數取名為 df。我們可以用下面這 3 種方式提取資料框個別部分的資料：

行名（項目名稱）：df.columns

列名：df.index

資料值：df.values

另外 1 種資料結構 Series 可視為**從資料框中提取出來的特定行**。上圖對於理解接下來要講的各種資料框功能很有幫助，請各位務必記住其意思。

編註：行與列不要弄混了。台灣的習慣是將英文的 one row (橫向) 稱為一列，one column (直向) 稱為一行，也就是「橫列直行」。但中國大陸與日本則是「直列橫行」。因此讀者在網路上查閱資料時要注意這個差別。

範例檔：l2_02_pandas.ipynb

定義資料框

接下來要在程式中定義資料框。這次除了上一節說過的 NumPy 套件之外，還會再匯入 Pandas 套件，如同匯入 Numpy 取別名為 np，匯入 Pandas 套件也習慣取別名為 pd。除此之外，我們也匯入 display 函式，可以將資料框的內容在輸出時排列成容易查看的格式，在本書的實作範例中經常使用：

```
# 匯入套件
# NumPy 套件
import numpy as np  ←— 取別名為 np

# pandas 套件
import pandas as pd ←— 取別名為 pd

# 資料框顯示用函式
from IPython.display import display

# 資料框中的顯示數值精度
pd.options.display.float_format = '{:.4f}'.format ←— 4 位小數

# 顯示資料框中的所有項目
pd.set_option("display.max_columns",None)
```

程式碼 L2-2-1　匯入套件

上面最後一行是設定當顯示的項目數超過視窗範圍時，可以用水平捲動的方式看到後面的內容。

資料框是由 2D NumPy 陣列（values）組成的，因此定義資料框之前先建出 NumPy 陣列：

```
# 定義 2D NumPy 陣列
b = np.array([[1, 2, 1], [4, 5, 2], [7, 8, 2],
    [10,np.nan, 1], [13, 10, 2]])

# 確認結果
print(b)
```

```
[[ 1.   2.   1.]
 [ 4.   5.   2.]
 [ 7.   8.   2.]
 [10.  nan  1.]
 [13.  10.  2.]]
```

程式碼 L2-2-2　定義 2D NumPy 陣列

由 print 函式的輸出可以確認變數 b 被定義成 5 列 3 行的 Numpy 陣列。其中 1 個元素的值是 np.nan，這在 NumPy 中是 NULL（沒有值）的意思。由於接下來要介紹的功能中包括對 NULL 值的處理，所以此範例刻意加進來以便說明。

前置作業完成後，就可以開始定義資料框。首先以 pd.DataFrame 生成資料框，並指定每一行的名稱為 col_a、col_b、col_c。接著利用資料框的 type 函式確認其資料型態確實是 Dataframe。然後用 display 函式將此資料框內容整齊的輸出：

```
# 定義資料框
df = pd.DataFrame(b, columns=['col_a', 'col_b', 'col_c'])

# 顯示資料型態
print(type(df))

# 利用 display 函式顯示表格
display(df)
```

	col_a	col_b	col_c
0	1.0000	2.0000	1.0000
1	4.0000	5.0000	2.0000
2	7.0000	8.0000	2.0000
3	10.0000	nan	1.0000
4	13.0000	10.0000	2.0000

程式碼 L2-2-3　定義資料框

資料框中的 NULL 值是以 nan 表示。由於 nan 的資料型態為浮點數，因此原本是整數的值也會受其影響而跟著全部變成浮點數的資料型態。

我們接下來要用前面講過的方法來顯示資料框中的行名、列名、資料值：

```
# 顯示資料框各部分

# 行名
print('行名', df.columns)

print('列名', df.index)

# 資料值
print('資料值\n', df.values)
```

→ 接下頁

```
行名 Index(['col_a', 'col_b', 'col_c'], dtype='object')
列名 RangeIndex(start=0, stop=5, step=1)
資料值
 [[ 1.   2.   1.]
 [ 4.   5.   2.]
 [ 7.   8.   2.]
 [10. nan   1.]
 [13. 10.   2.]]
```

程式碼 L2-2-4　顯示資料框的各部分

由輸出可見，df.columns 中確實為行名串列 ['col_a','col_b','col_c']。而 df.index 的輸出雖然比較難懂，不過其含意是「由 0 開始，小於 5 的整數陣列」，因此也符合程式碼 L2-2-3 輸出中的列名串列。最後，df.values 的結果也與定義資料框時使用的變數 b 完全一致。讀者可以與圖 L2-2-1 做比對。

從檔案中載入資料

本書在實作範例中使用的資料都是屬於公開資料集，而實務工作中要使用資料框時，通常也是從整理過的 CSV 或 Excel 等檔案載入資料。因此接下來我們要說明從檔案中載入並生成資料框的方法。

載入 CSV 資料檔

第 1 段程式碼 L2-2-5 是從 CSV 檔案載入資料的方法：

```
# 從 CSV 檔案載入
# 從網址載入
csv_url = 'https://github.com/makaishi2/sample-data\
/raw/d2b5d7e7c3444d995a1fed5bdadf703709946c75/data/df-sample.csv'
```

→ 接下頁

```
# 載入資料
df_csv = pd.read_csv(csv_url)

# 確認結果
display(df_csv)
```

程式碼 L2-2-5　以 CSV 檔案生成資料框

由於 display 函式的輸出結果與程式碼 L2-2-3 的輸出相同，就不重複列出。載入 CSV 格式檔時用的是 Pandas 的 read_csv 函式。只要呼叫此函式，便可連同項目名稱一起生成資料框。由於這段程式碼是從網路上直接載入 CSV 格式檔，因此參數指定的是網址。但該參數其實也可以指定本地端資料檔案名稱。

編註： 要匯入本地端資料檔案 (例如 CSV 格式或 Excel 檔)，如果檔案與程式放在同一個資料夾，只要指定檔案名稱即可，例如 pd.read_csv ('my.csv')。如果不在同一個資料夾，則請指定完整路徑。

編註： 如果是用 Colab 環境，因為是在雲端執行，自己電腦中的 CSV 或 Excel 檔就必須先上傳到 Colab 才行 (請參考講座 1)。

本書的實作範例通常會在下載 CSV 資料之後，將項目名稱替換成中文，作法如下。但如果讀者準備的資料本身項目名稱就已經是中文，或者不需要換成中文，則可省略這個步驟：

```
# 載入檔案後變更行名
columns = ['A 行', 'B 行', 'C 行']
df_csv.columns = columns

# 確認結果
display(df_csv)
```

→ 接下頁

	A 行	B 行	C 行
0	1.0000	2.0000	1.0000
1	4.0000	5.0000	2.0000
2	7.0000	8.0000	2.0000
3	10.0000	nan	1.0000
4	13.0000	10.0000	2.0000

程式碼 L2-2-6　替換項目名稱

由輸出可見，將 df_csv.columns 指定成新的行名串列之後，只有項目名稱被替換，資料值（values）並不會改變。

載入 Excel 資料檔

除了 CSV 格式檔以外，也可以從 Excel 載入表格資料。從 Excel 載入資料可以使用 Pandas 的 read_excel 函式。其參數與載入 CSV 時相同，除了網址，也可以指定成本地端檔案：

```
# 從 Excel 檔案載入

# 從網址載入
excel_url = 'https://github.com/makaishi2/sample-data\
/raw/d2b5d7e7c3444d995a1fed5bdadf703709946c75/data/df-sample.
xlsx'

# 載入資料
df_excel = pd.read_excel(excel_url)

# 確認結果
display(df_excel)
```

程式碼 L2-2-7　從 Excel 檔案載入

本次輸出同樣因為與之前相同而省略。

定義 Series

接下來要介紹 Pandas 的另一種資料型態 Series，它如同 1D NumPy 陣列，因此在定義 Series 之前先定義 1D NumPy 陣列：

```
# 定義 1D NumPy 陣列
a = np.array(['male', 'male', 'female', 'male', 'female'])

# 確認結果
print(a)

['male' 'male' 'female' 'male' 'female']
```

程式碼 L2-2-8　定義 1D NumPy 陣列

雖然之前的 NumPy 陣列皆以數值為元素，但其實字串也可以為其元素。接下來，我們用上面的 1D 陣列 a 來定義 Series：

```
# 定義 Series
ser = pd.Series(a, name='col_d')
print(type(ser))
print(ser)

<class 'pandas.core.series.Series'>
0      male
1      male
2    female
3      male
4    female
Name: col_d, dtype: object
```

程式碼 L2-2-9　定義 Series

type 函式的輸出是 <class 'pandas.core.series.Series'>，確定是 Series 資料型態。用 print 函式確認 Series 的內容時，可以看到由 0 到 4 的 index（索引）也包括在資料結構當中。

Series 的另一種建立方法是從資料框中提取其中一行：

```
# 利用資料框生成 Series
ser2 = df['col_b'] ←── 提取 col_b 這一行
print(type(ser2))
print(ser2)

<class 'pandas.core.series.Series'>
0     2.0000
1     5.0000
2     8.0000
3        nan
4    10.0000
Name: col_b, dtype: float64
```

程式碼 L2-2-10　利用資料框生成 Series

第 1 行程式的 df['col_b'] 是將資料框的變數 df 視為字典，以鍵 'col_b' 來取得值。如此一來，就能用 df 中的 col_b 行生成 Series 了。各位可以再回顧一下本節開頭的 圖 L2-2-1，確認這兩者的關係。

資料框與 NumPy 的關係

資料框與其內部的 2D Numpy 陣列可以相互轉換。以下程式便是在假設資料框為 df、2D NumPy 陣列為 ar 時，以其中一方的變數建出另外一方的做法：

```
# 資料框與 2D NumPy 陣列的關係
# 從資料框中取得 2 D NumPy 陣列
ar = df.values ←── 提取 values 的部分

# 利用 2 D NumPy 陣列生成資料框
df0 = pd.DataFrame(ar)
```

程式碼 L2-2-11　資料框與 NumPy 陣列的關係

用 shape 與 len 函式看看資料框與 NumPy 陣列的另一個關係：

```
# 資料框的 shape 與 len 函式
# shape 與 len 函式會直接傳回內部 NumPy 的結果

print(df.shape)
print(len(df))
```

```
(5, 3)
5
```

程式碼 L2-2-12　資料框的 shape 與 len 函式

資料框的 shape 屬性與代入 len 函式的結果，都會與內部 NumPy 陣列的結果相同。由此可知這 2 種功能在處理資料框與 NumPy 陣列時的做法相同。

提取部分資料框

在對資料框做的處理中，非常高的比例都是在提取資料框的部分內容。有時是沿著行的方向，有時則是沿著列的方向。以下將依序說明這兩者的實作方式。

首先來看看該如何沿著「行」的方向（直向）提取資料：

```
# 利用行串列提取部分表格
cols = ['col_a', 'col_c']  ←— 準備提取這兩個項目
df2 = df[cols]  ←— 將 df 中兩個項目資料取出後指派給 df2
display(df2)
```

	col_a	col_c
0	1.0000	1.0000
1	4.0000	2.0000
2	7.0000	2.0000
3	10.0000	1.0000
4	13.0000	2.0000

程式碼 L2-2-13　利用行串列提取部分表格

第 1 步先將欲提取的行名串列定義為 cols。接著便可利用 cols 以 df[cols] 取得指定的那 2 行。機器學習在提取輸入資料時經常使用此方法。

前面程式碼 L2-2-10 說過以 df['col_b'] 提取資料並生成 Series 的方法，其生成結果的 values 為 1D 陣列，經常用在將機器學習訓練資料中的標準答案提取為 NumPy 陣列時：

```
# 將資料框的特定行提取為 NumPy 陣列
y = df['col_a'].values
print(y)

[ 1.  4.  7. 10. 13.]
```

程式碼 L2-2-14　將資料框的特定行提取為 NumPy 陣列

接著我們來看看如何沿著「列」的方向提取資料！首先是利用 head 函式，此函式會沿著列的方向鎖定資料框中前 N 列，若未指定參數時的預設值是 5。由於本範例使用的資料框中只有 5 列資料，因此我們指定 head 函式的參數為 2。傳回結果也符合預期：

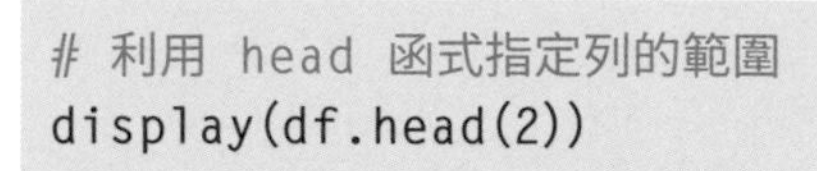

```
# 利用 head 函式指定列的範圍
display(df.head(2))
```

	col_a	col_b	col_c
0	1.0000	2.0000	1.0000
1	4.0000	5.0000	2.0000

程式碼 L2-2-15 利用 head 函式指定列的範圍

接下來介紹另一種提取列的方法，寫法為 df[0:2]，指的是「從第 0 列到第 1 列」的意思。執行結果與前面呼叫 head（2）的結果相同：

```
# 以數值指定列的範圍
display(df[0:2])
```

	col_a	col_b	col_c
0	1.0000	2.0000	1.0000
1	4.0000	5.0000	2.0000

程式碼 L2-2-16　以數值指定列的範圍

提取部分資料框的做法就介紹到此，最後來挑戰一個較為複雜的範例吧！若要針對上述資料框「只提取行 col_a 中為奇數值的所有列」該如何做呢？當我們想依照標準答案的值將訓練資料分組時，就可使用此做法。

第 1 步先建出「當 col_a 的值為奇數時為 True，偶數時為 False」的 Series 資料：

```
# idx：判定「col_a 為奇數」
idx = (df['col_a'] % 2 == 1) ←— col_a 的每個元素除以 2，
print(idx)                          餘數為 1 的為 True

0     True
1    False
2     True
3    False
4     True
Name: col_a, dtype: bool
```

程式碼 L2-2-17　進行「col_a 為奇數」的判定

程式碼 df['col_a'] % 2 == 1 中的 % 是求餘數的算符。經過計算後，利用 Numpy 的擴增功能會將 idx 指定成維度等於原始資料框的列數，如此 idx 內的每個元素都是 True/False 的 Series 資料。

第 2 步是提取 idx 中為 True（即 col_a 是奇數）對應到原本資料框中所有的列：

```
# 利用 idx 對應到「列」
df3 = df[idx] ←—只有 df 資料框中 idx 為 True 的列才放進 df3
display(df3)
```

	col_a	col_b	col_c
0	1.0000	2.0000	1.0000
2	7.0000	8.0000	2.0000
4	13.0000	10.0000	2.0000

程式碼 L2-2-18　利用 idx 對應原本資料框中的「列」

上面是為了方便說明才將程式碼拆解為 2 個步驟，實作時通常合併成 1 行程式就完成了：

```
# 合併為 1 行程式
df4 = df[df['col_a'] % 2 == 1]  ← 比較簡潔，但需要想一下
display(df4)
```

程式碼 L2-2-19　將兩步驟以 1 列程式碼就能做到

刪除與新增資料框的行與列

接著說明如何在資料框中刪除與新增某特定行。首先來看刪除資料框中特定行的作法：

```
# 刪除行
df5 = df.drop('col_a', axis=1)
display(df5)
```

	col_b	col_c
0	2.0000	1.0000
1	5.0000	2.0000
2	8.0000	2.0000
3	nan	1.0000
4	10.0000	2.0000

程式碼 L2-2-20　刪除資料框中的行

呼叫資料框的 drop 函式時，重點是要下 axis=1 參數（axis=1 是刪除行，axis=0 是刪除列），表示找到 col_a 行名後，沿著該行將整行刪除。這種刪除行的處理方式通常用在想從訓練資料中剔除標準答案，僅留下輸入資

料時。請注意！我們將刪除 col_a 行的資料框指派給 df5，而原本的 df 資料框仍然是完整的資料。

看到上面的 col_b 中有一個缺失值嗎？資料框針對缺失值準備了一個 dropna 函式，可將含有缺失值的行或列刪除，以下我們示範刪除一個列：

```
# 刪除含有缺失值的列
df6 = df.dropna(subset = ['col_b'])
display(df6)
```

	col_a	col_b	col_c
0	1.0000	2.0000	1.0000
1	4.0000	5.0000	2.0000
2	7.0000	8.0000	2.0000
4	13.0000	10.0000	2.0000

程式碼 L2-2-21　刪除含有缺失值的列

dropna 函式中的參數 subset = ['col_b'] 用於指定某個行名或是列名，不過未指定 axis 參數，預設為 axis=0，因此該行程式的意思是「若行名 col_b 下的某列有缺失值時，則將該列刪除」，所以上面的輸出將索引 3 的那一列刪除了。

編註： dropna 函式若不加參數 (預設 axis=0)，就是將含有缺失值的列刪除。若指定 axis=1，則會將含有缺失值的行刪除。讀者可以自行將上面的程式碼分別修改為 df.dropna() 與 df.dropna(axis=1) 就能看出差異了。

有時候需要將兩個資料框拼接在一起 (水平合併)，就會用到資料框的 concat 函式，指定 axis=1 參數指定沿著行的方向拼接，也就是將 ser 接在 df 的右側 (ser 的內容請看程式碼 L2-2-9)。這段程式碼雖然是以 Series 資料為例，但拼接資料框的做法也相同：

```
# 拼接行
df7 = pd.concat([df, ser], axis=1)  ←── ser 水平拼接在 df 右側
display(df7)
```

	col_a	col_b	col_c	col_d
0	1.0000	2.0000	1.0000	male
1	4.0000	5.0000	2.0000	male
2	7.0000	8.0000	2.0000	female
3	10.0000	nan	1.0000	male
4	13.0000	10.0000	2.0000	female

程式碼 L2-2-22 拼接資料框的行

計算資料框中 values 的常用函式

接下來要說明的是可以針對資料框中的 values（資料值）使用的函式。

資料框的統計函式

計算資料框中某特定行名（項目）資料數值的統計函式。例如指定計算 col_a 的平均值、最大值與最小值：

```
# 針對特定行的統計函式
a_mean = df['col_a'].mean()  ←── 計算 col_a 整行數值的平均
a_max = df['col_a'].max()    ←── 找出 col_a 整行數值的最大值
a_min = df['col_a'].min()    ←── 找出 col_a 整行數值的最小值

print(f'平均值：{a_mean}  最大值:{a_max}  最小值:{a_min}')
```

```
平均值： 7.0  最大值:13.0  最小值:1.0
```

程式碼 L2-2-23 針對特定行的統計函式

如果要得到整個資料框中的統計數值，不特別指定某行或某列即可：

```
# 對整個資料框呼叫 mean 函式
print(df.mean()) ←— 算出資料框中所有 values 的平均

col_a    7.0000
col_b    6.2500
col_c    1.6000
dtype: float64
```

程式碼 L2-2-24　對整個資料框呼叫 mean 函式

另外也可以用 describe 函式一口氣獲得更多統計資訊。此函式經常用於查看資料框整體的狀況：

```
# 取得各項目的統計資訊
display(df.describe())
```

	col_a	col_b	col_c
count	5.0000	4.0000	5.0000
mean	7.0000	6.2500	1.6000
std	4.7434	3.5000	0.5477
min	1.0000	2.0000	1.0000
25%	4.0000	4.2500	1.0000
50%	7.0000	6.5000	2.0000
75%	10.0000	8.5000	2.0000
max	13.0000	10.0000	2.0000

程式碼 L2-2-25　呼叫 describe 函式

計算資料框中某特定值的數量

利用資料框建模或進行資料分析時，常需要計算某特定值的數量，此時可用到 value_counts 函式。下面的程式碼用 value_counts 函式來確認 df7 資料框的 col_d 行中，male 與 female 的值各有幾個。本例使用的資料只有 5 列，即使手動計算也很快，但當整體資料量很多時，此函式就非常有用了：

```
# 計算項目值的數量
df7['col_d'].value_counts() ←— 算出 col_d 裡面的值各有幾個

male      3
female    2
Name: col_d, dtype: int64
```

程式碼 L2-2-26　計算項目值的數量

確認資料框中的缺失值數量

我們接著要介紹確認缺失值的方法。實際在進行機器學習專案時，準備的訓練資料都是乾淨齊全的狀態其實很少見，通常都會包含一些缺失值。因此取得資料之後，首先要做的就是確認缺失值的多寡。以下說明確認步驟，在 4.2 節預處理資料時會詳細介紹如何處理缺失值。

我們可以用資料框呼叫 isnull 函式，此函式可看出整個資料框中是否有元素是 NULL（缺失值）。若為 NULL 即傳回 True，否則傳回 False。由輸出可知此資料框內只有 1 個缺失值：

```
# 檢查 NULL 值
display(df.isnull())
```

	col_a	col_b	col_c
0	False	False	False
1	False	False	False
2	False	False	False
3	False	True	False
4	False	False	False

程式碼 L2-2-27　呼叫 isnull 函式

再來，我們還可以用行或列為單位確認缺失值的數量，也就是呼叫 isnull 函式再連續呼叫 sum 函式，同樣可以指定 axis 參數，預設 axis=0 是以行名（項目）為單位，統計各行有多少缺失值。本例中只有 col_b 這一行有 1 個缺失值。讀者可嘗試改為 sum（axis=1），則會統計各列的缺失值有幾個：

```
# 以行為單位統計缺失值的數量
print(df.isnull().sum())

col_a     0
col_b     1
col_c     0
dtype: int64
```

程式碼 L2-2-28　統計各行的缺失值數量

將資料分組的 groupby 函式

資料框中還有一個很有用的 groupby 函式，可以將資料依照指定的方式分組。例如下面的例子是用 col_d 中的值（male/female）將 df7 資料框（請看程式碼 L2-2-22）中的 5 列資料分成 male 與 female 兩個組，並算出這兩個組的各行平均值：

```
# 利用 groupby 函式計算 col_d 各組的平均值
df8 = df7.groupby('col_d').mean()
display(df8)
```

col_d	col_a	col_b	col_c
female	10.0000	9.0000	2.0000
male	5.0000	3.5000	1.3333

程式碼 L2-2-29　groupby 函式的使用範例

我們可以從程式碼 L2-2-22 的輸出驗算程式碼 L2-2-29 的結果：

female 組：

col_a 的平均值為 (7+13)/2=10.0

col_b 的平均值為 (8+10)/2=9.0

col_c 的平均值為 (2+2)/2=2.0

male 組：

col_a 的平均值為 (1+4+10)/3=5.0

col_b 的平均值為 (2+5)/2=3.5（其中有 1 個缺失值，因此只算 2 個數值）

col_c 的平均值為 (1+2+1)/3=1.3333

建立字典的 map 函式

如果資料框中有字串的值，都必須轉換成數值才能當作機器學習的訓練資料。因此像是 male/female 的資料就必須先轉換為數值才行。我們想將 male 轉換為 1，female 轉換為 0，就可以定義 {'male': 1, 'female': 0} 為字典，再將該字典作為 map 函式的參數，即可將字串（male/female）依據字典自動轉換成數值（1 / 0）：

```
# 利用 map 函式將 male/female 替換成 1/0
df9 = df7.copy() ←── 將 df7 複製一份指派給 df9
mf_map = {'male': 1, 'female': 0} ←── 定義一個字典
df9['col_d'] = df9['col_d'].map(mf_map)←── map 函式用字典做轉換
display(df9)
```

	col_a	col_b	col_c	col_d
0	1.0000	2.0000	1.0000	1
1	4.0000	5.0000	2.0000	1
2	7.0000	8.0000	2.0000	0
3	10.0000	nan	1.0000	1
4	13.0000	10.0000	2.0000	0

程式碼 L2-2-30　map 函式的使用範例

講座 2.3 Matplotlib 入門

在 Python 程式中要將資料或運算結果做視覺化呈現時，就需要用到繪圖套件，其中最常用且功能齊全的繪圖套件就是 matplotlib。因為有很多種不同的繪圖方式，必須掌握使用的技巧才行。此處是以「**能夠簡單完成就盡量不要複雜化**」的原則來介紹這些繪圖方式。

範例檔：l2_03_matplotlib.ipynb

繪製圖形的方式

matplotlib 的繪圖方式可分為以下 3 種：

1. **使用 plt 的簡單方式：**使用 plt.xxx 系列函式是最簡單的繪圖方式。
2. **使用 ax 變數的方式：**若簡單方式無法達到需求，則可利用 ax.xxx 函式做到更精細的設定與一次畫出多張圖。
3. **利用資料框的方式：**pandas 資料框（dataframe）與 matplotlib 的關係相當密切，資料框函式也可以呼叫 matplotlib。

編註： 用 plt.xxx 與 ax.xxx 在觀念上的區別

使用 matplotlib 套件的程式中經常看到用 plt.xxx 或 ax.xxx 這兩種呼叫函式的方式，初學者常常不知道有甚麼區別。

小編將 plt、ax 分別比喻為成衣、訂製服。成衣是依照一般大眾的身材製作，消費者只要挑選花色與尺寸即可，但能夠修改的幅度很有限。而訂製服可以量身訂做，包括各種細節的要求，當然難度也就比較高。

→ 接下頁

我們可以將 plt 的繪圖方式視為建立一個畫布，然後將想要的東西告訴 matplotlib，它就會依照既定的樣式幫你放進畫布。而 ax 繪圖方式可視為畫布的座標系，裡面每個位置要放甚麼、怎麼放都由自己安排。

解決 matplotlib 套件不支援中文的問題

由於 matplotlib 套件不能將日文與中文繪製到圖上，因此有人開發出 matplotlib 的日文套件 japanize-matplotlib（兩者都要匯入程式）。不過，此套件用在繪製中文字時，會用對應的日文漢字取代，但如果漢字沒有的中文字就會變成空框。因此，想要完整繪製中文字就必須另有作法。方法請參考 3.3 節 3-10 頁的詳細說明，在此就不重複了。

使用 plt 的簡單方式

我們用書中用到的公開資料集來做繪圖示範。

繪製散佈圖（scatter 函式）

散佈圖可以呈現資料的分布狀況，是相當常用的視覺化圖形。本例使用的是「鳶尾花資料集」：

```
# 準備資料
import seaborn as sns ←—— 匯入 seaborn 套件
df_iris = sns.load_dataset("iris") ←—— 載入鳶尾花資料集放入資料框

# 確認結果
display(df_iris.head()) ←—— 顯示資料框內容
```

→ 接下頁

```
# 散佈圖 x 座標用 Series
xs = df_iris['sepal_length'] ←— 以花瓣長度為 x 軸

# 散佈圖 y 座標用陣列 Series
ys = df_iris['sepal_width'] ←— 以花瓣寬度為 y 軸
```

	sepal_length	sepal_width	petal_length	petal_width	species
0	5.1	3.5	1.4	0.2	setosa
1	4.9	3.0	1.4	0.2	setosa
2	4.7	3.2	1.3	0.2	setosa
3	4.6	3.1	1.5	0.2	setosa
4	5.0	3.6	1.4	0.2	setosa

程式碼 L2-3-2　準備鳶尾花資料集

上面最後 2 行程式碼是指定散佈圖的 x、y 軸變數，將變數 xs 指定為項目 sepal_length 的資料，變數 ys 指定為項目 sepal_width 的資料。接下來就要設定畫布並將資料點畫在畫布上：

```
# 設定畫布大小
plt.rcParams['figure.figsize'] = (6, 6)

# 散佈圖
plt.scatter(xs, ys) ←— 將資料點畫進畫布

# 顯示圖形
plt.show() ←— 將畫布顯示出來
```

→ 接下頁

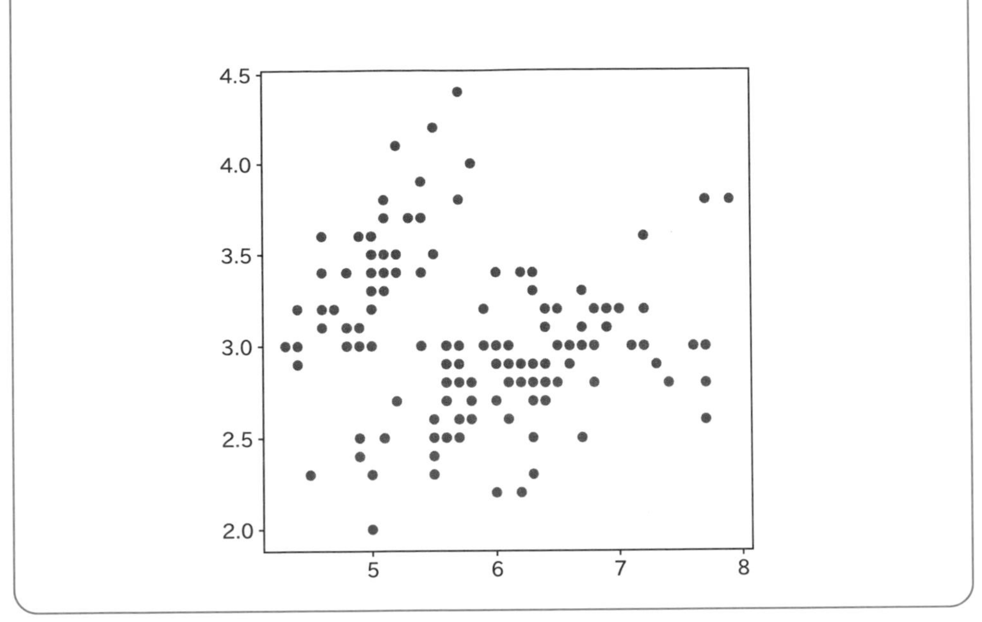

程式碼 L2-3-3　繪製散佈圖

我們用 plt.rcParams['figure.figsize'] = (6, 6) 設定畫布的尺寸，單位是英吋。第一個 6 是畫布寬度，第二個 6 是畫布高度。如果沒有設定畫布尺寸，預設會是 (6.4, 4.8)。

此外，上面的程式碼中沒有設定畫布的解析度，預設是 72 dpi（每英吋 72 個點），因此 (6, 6) 代表這張畫布是 (6×72, 6×72) 個像素。我們若用 lt.rcParams['figure.dpi'] = 100 指定畫布的解析度，則畫布會是 (6×100, 6×100) 個像素。dpi 設得越大，則整張畫布與圖上的散佈點也會越大。

其實上面程式碼的核心只有 plt.scatter 函式那一行。意思就是以準備好的 x 座標與 y 座標的 Series 資料 xs 與 ys（原始資料分別為鳶尾花資料集的 sepal_length 與 sepal_width 資料）為參數來呼叫 scatter 函式。

用 plt 系列函式繪製圖形時，x 軸與 y 軸的比例皆會自動調整，座標軸上的刻度也會自動顯示，算是非常簡單的繪圖方式。

繪製數學函數圖形（plot 函式）的簡單方式

要繪製數學函數圖形可以使用 plot 函式，除了能繪製出點的位置之外，還可以用線段將連續的點與點連接起來，就很容易畫出 y=f(x) 的圖形，其中 x 是橫軸，y 是縱軸。

```
# 準備資料

# 定義 sigmoid 函數
def sigmoid(x, a):
    return 1/(1 + np.exp(-a*x))

# 繪製圖形用 x 座標串列
xp = np.linspace(-3, 3, 61)
```

程式碼 L2-3-4　繪製圖形的準備

這段程式碼中出現機器學習 / 深度學習教學中經常用到的 sigmoid 函數。x 軸的數值範圍用 linspace 函式將區間 [-3, 3] 切割為 60 等份（含頭尾共 61 個點）。

sigmoid 函數中的 a 值通常指定為 1，但本講座希望以改變 a 值的方式產生 2 個圖形並將其重疊在同一張圖上，因此才刻意讓 a 值可以在呼叫 sigmoid 函數時再指定。

資料準備完畢之後，就可以開始實際繪製函數圖形了：

```
# 設定大小
plt.rcParams['figure.figsize'] = (6, 6)

# 繪製函數圖形
plt.plot(xp, sigmoid(xp, 1.0))  ←── 將 x 軸的值與 a=1 傳入

# 顯示圖形
plt.show()
```

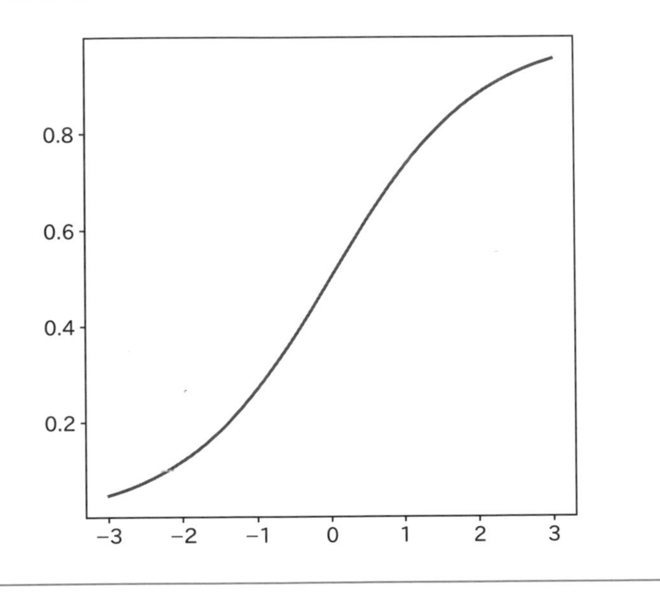

程式碼 L2-3-5　繪製函數圖形

這次同樣只需要 1 行 plt.plot(xp, sigmoid (xp, 1.0)) 就可以將函數圖形畫在畫布上，然後再將畫布顯示出來。

繪製數學函數 (plot 函式) 的複雜範例

前面畫的圖都很簡單，現在稍微增加一點難度。我們想將兩個函數圖形畫在同一張畫布上，並加上標示出這兩個函數的圖例 (legend)，並為橫軸與縱軸加上標籤 (xlabel、ylabel)：

```
# 設定大小
plt.rcParams['figure.figsize'] = (6, 6)

# 繪製帶有標籤的圖形 #1
plt.plot(xp, sigmoid(xp, 1.0),          ← a=1
        label='sigmoid 函數 1', lw=3, c='k')  ← 線粗 3,
                                              顏色 black
# 繪製帶有標籤的圖形 #2
plt.plot(xp, sigmoid(xp, 2.0),          ← a=2
        label='sigmoid 函數 2', lw=2, c='b')  ← 線粗 2,
                                              顏色 Blue
# 顯示網格
plt.grid()

# 顯示圖例
plt.legend()  ← 會將圖例放在畫布中

# 顯示軸
plt.xlabel('x 軸')  ← 顯示在 x 軸上的文字
plt.ylabel('y 軸')  ← 顯示在 y 軸上的文字

# 顯示圖形
plt.show()
```

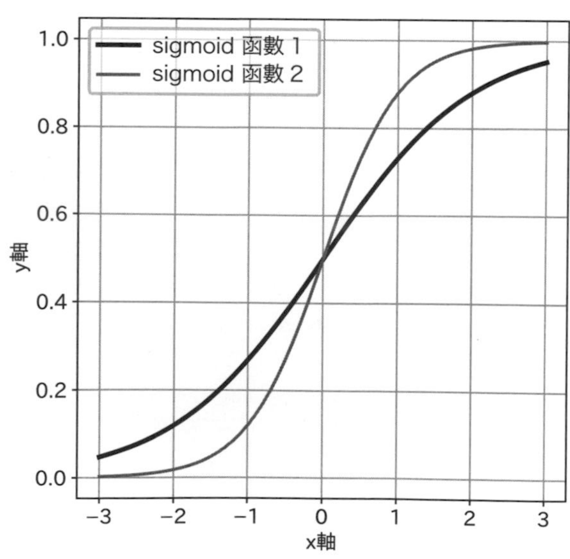

程式碼 L2-3-6　繪製複雜的圖形

比較這一次的圖形與上一次的可以發現有幾點不同：

- 有 2 個函數圖形畫在同 1 張畫布中
- 圖形的線條粗細不同（用 lw（line width）參數設定）
- 每個函數圖都有指定的顏色（黑色 k, 藍色 b）
- 顯示了網格（grid）
- x 軸與 y 軸上都有標籤文字（xlabel, ylabel）
- 顯示出圖例（legend）

各位可以參考程式碼的註解，了解這些改變分別是呼叫哪些函式得到的結果。雖然這些設定會使程式碼變得較長，但了解含意之後就會發現其實都只是簡單的功能組合而已。我們在書中範例使用的繪圖程式，基本上也都是採取此方式組合出來的。

使用 ax 變數（1）：精細的繪圖設定

單靠 plt.xxx 函式可能無法滿足我們對細節的要求，例如想要指定 x、y 軸標籤的樣式（包括字型、斜度），座標刻度、格線疏密⋯，ax 變數的繪圖方式就派上用場了！那麼 ax 是甚麼？它就是放在畫布中的子圖座標系，要畫出子圖就必須透過 ax 呼叫繪圖函式。一張畫布中可以只有一張子圖，也可以有多張子圖，每個子圖也可以設定不同的座標系。

利用 ax 變數繪製時間序列圖

適合利用 ax 變數的第 1 種情況是做更細節的設定。我們以繪製時間序列圖為例來說明，此處用到的是 5.3 節最後面專欄的冰淇淋消費金額範例：

```
# 準備資料

# 載入冰淇淋消費金額資料集
df_ice = pd.read_excel('https://github.com/makaishi2\
/sample-data/blob/master/data/ice-sales.xlsx?raw=true',
    sheet_name=0)

# 確認結果
display(df_ice.head())
```

	年月	支出
0	2015-01-01	401
1	2015-02-01	345
2	2015-03-01	480
3	2015-04-01	590
4	2015-05-01	928

程式碼 L2-3-7　準備時間序列資料

資料準備就緒之後，就可以開始繪製時間序列圖。我們會先用 plt.subplots 函式建立畫布與其中的子圖（sub plot），此子圖尺寸為（12, 4），其傳回值有兩個：fig 變數代表這張畫布，ax 變數代表畫布中的子圖座標系（注意！此範例的畫布中只有一個子圖，後面的範例會示範在畫布中包含多個子圖）然後就可以針對子圖座標系的各個部位做設定：

```
# 取得變數 ax
# 同時也指定畫布中的子圖大小
fig, ax = plt.subplots(figsize=(12, 4))

# 繪製圖形, x 軸是年月, y 軸是支出金額
ax.plot(df_ice['年月'], df_ice['支出'], c='b')
```

→ 接下頁

```
# 日期設定用套件
import matplotlib.dates as mdates

# 設定 x 軸的日期刻度間隔為每 3 個月，
days = mdates.MonthLocator(bymonth=range(1,13,3))
ax.xaxis.set_major_locator(days)

# 將 x 軸標籤旋轉 90 度
ax.tick_params(axis='x', rotation=90)

# 顯示網格
ax.grid()

# 顯示圖形
plt.show()
```

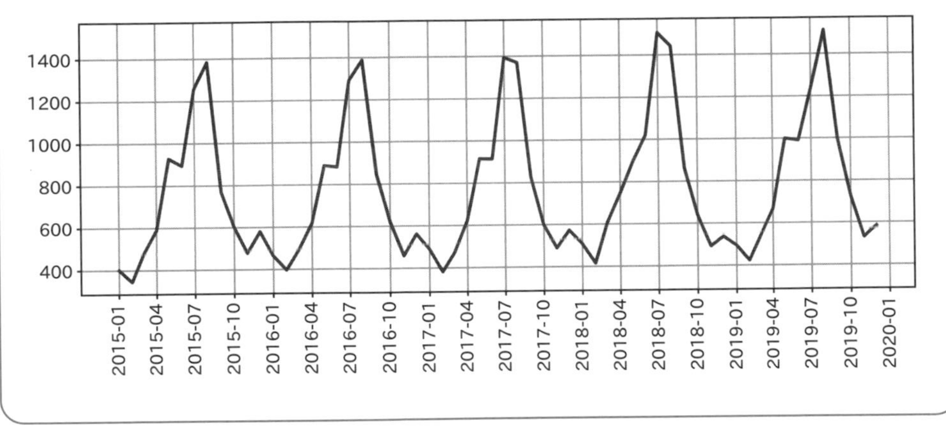

程式碼 L2-3-8　繪製時間序列圖

由上圖可看出我們將 x 軸的刻度間隔改為 3 個月，且轉了 90 度角。

利用 ax 變數 (2)：一次畫出多張圖

如果我們需要將多張圖表排列在一起時，也可以用 ax 變數做到。讀者可先看看程式碼 L2-3-10 的執行結果，那 20 張手寫數字圖（子圖）其實是畫在同一個畫布中。

繪製多張子圖

我們用機器學習中相當知名的 MNIST 手寫數字訓練資料為例。我們要用 scikit-learn 套件提供的 fetch_openml 函式取得資料集：

```
# 準備資料
# 手寫數字資料
# 請注意，這會需要花點時間
from sklearn.datasets import fetch_openml
mnist = fetch_openml('mnist_784', version=1, as_frame=False)

# 影像資料
image = mnist.data
# 標準答案
label = mnist.target
```

程式碼 L2-3-9　載入手寫影像資料集

編註： fetch_openml 是 scikit-learn 套件的函式，之前的版本讀取進來預設會存成 Numpy 陣列，不過新版 scikit-learn 預設會存成資料框，因此我們在 fetch_openml 函式中加入 as_frame=False 參數表示不要存成資料框，仍維持 Numpy 陣列即可。如果此處讓其存成資料框，之後也可以用 pandas 的 to_numpy 函式轉成 Numpy 陣列。

我們接下來要建出一個長寬（10,3）的畫布，並用 for 迴圈在畫布中用 subplot 函式依序建出 2 列 10 行共 20 個子圖，且設定每個子圖的索引為 1~20。然後依序將每個子圖的標準答案（數字）設為各子圖上方的標題（Title）：

```
# 指定畫布大小
plt.figure(figsize=(10, 3))
```

→ 接下頁

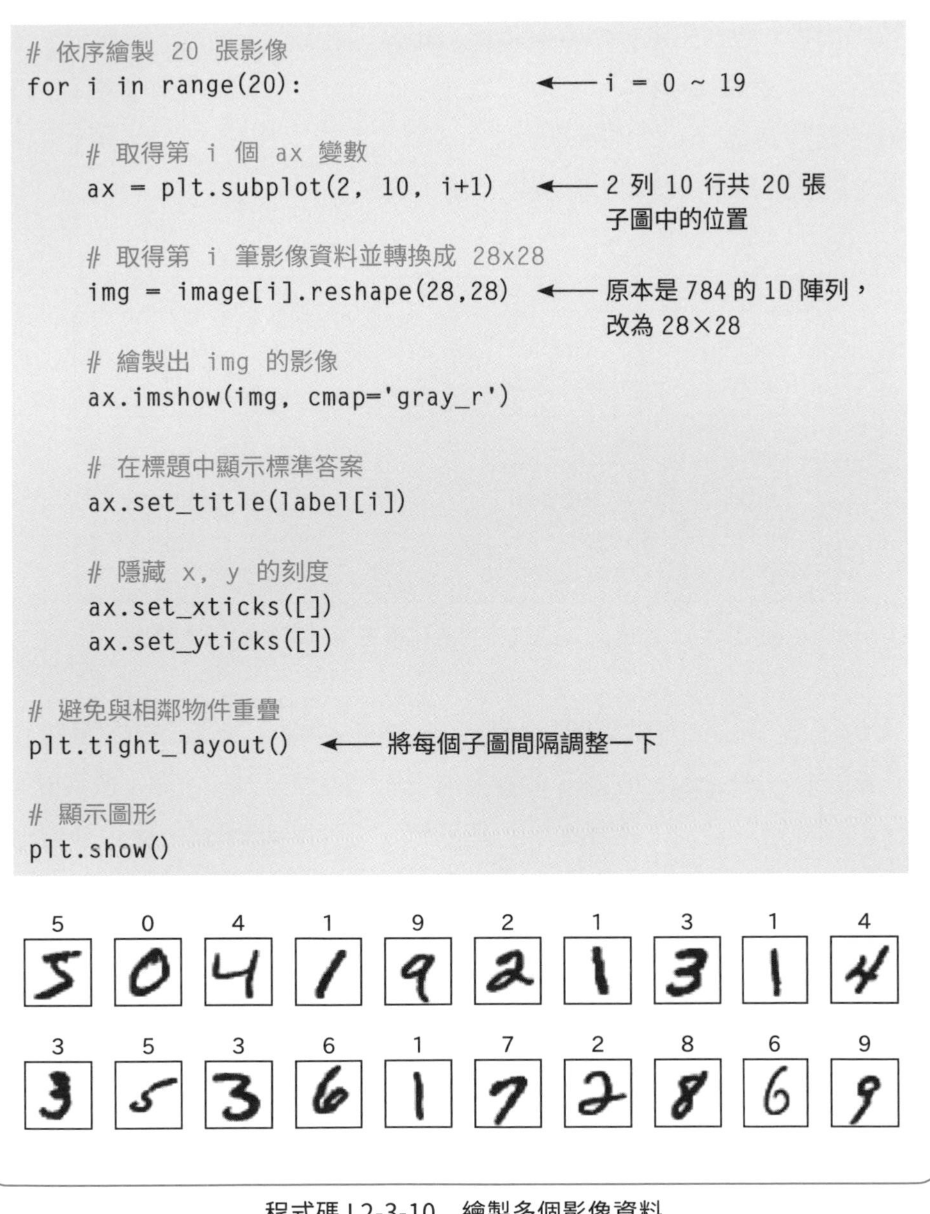

```
# 依序繪製 20 張影像
for i in range(20):

    # 取得第 i 個 ax 變數
    ax = plt.subplot(2, 10, i+1)

    # 取得第 i 筆影像資料並轉換成 28x28
    img = image[i].reshape(28,28)

    # 繪製出 img 的影像
    ax.imshow(img, cmap='gray_r')

    # 在標題中顯示標準答案
    ax.set_title(label[i])

    # 隱藏 x, y 的刻度
    ax.set_xticks([])
    ax.set_yticks([])

# 避免與相鄰物件重疊
plt.tight_layout()

# 顯示圖形
plt.show()
```


程式碼 L2-3-10　繪製多個影像資料

這段程式碼的重點在於 for 迴圈一開頭執行的 ax = plt.subplot（2, 10, i+1）。第 1 次迴圈是 ax=plt.subplot（2, 10, 1），表示是 2 列 10 行共 20 個子圖中索引為 1 的子圖，並將其座標系傳給 ax，然後用 ax 對該子圖做後續處理（包括指定標準答案當作 Title，並隱藏子圖的座標軸刻度等），然後第 2 次迴圈 ax=plt.subplot（2, 10, 2）進行下一張子圖的處理。以此類推，直到全部 20 張子圖都處理完成就全部顯示出來。這個過程可參考下圖（灰底是畫布，每個小方塊是一個子圖）：

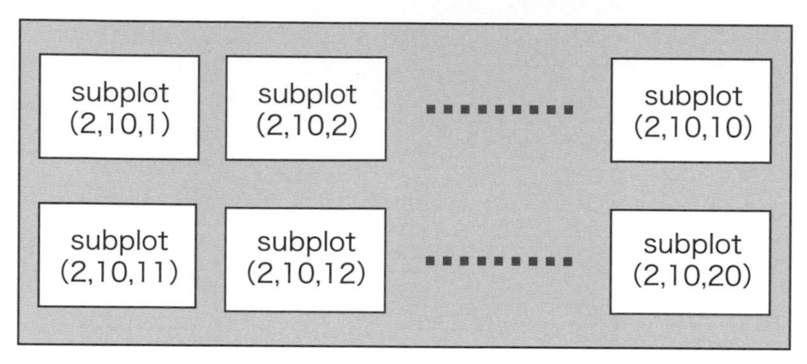

圖 L2-3-1　subplot 函式的參數與畫布中各子圖的對應關係

原本每張圖 image[i] 的資料都是 784 個元素的 1D Numpy 陣列，經過 image[i].reshape（28,28）會轉換成 28（垂直）×28（水平）像素的 2D NumPy 陣列 img。只要將此 2D 陣列傳入 imshow 函式，便可繪製出影像資料。

利用資料框的方式

最後要說明的是如何利用資料框來繪製圖形。

利用資料框繪製直方圖

首先來看利用資料框繪製直方圖（histogram）的實作。此處用的範例資料為程式碼 L2-3-2 載入的鳶尾花資料集。以下程式是直接將 df_iris 資料框呼叫 hist 直方圖函式就可自動畫出來：

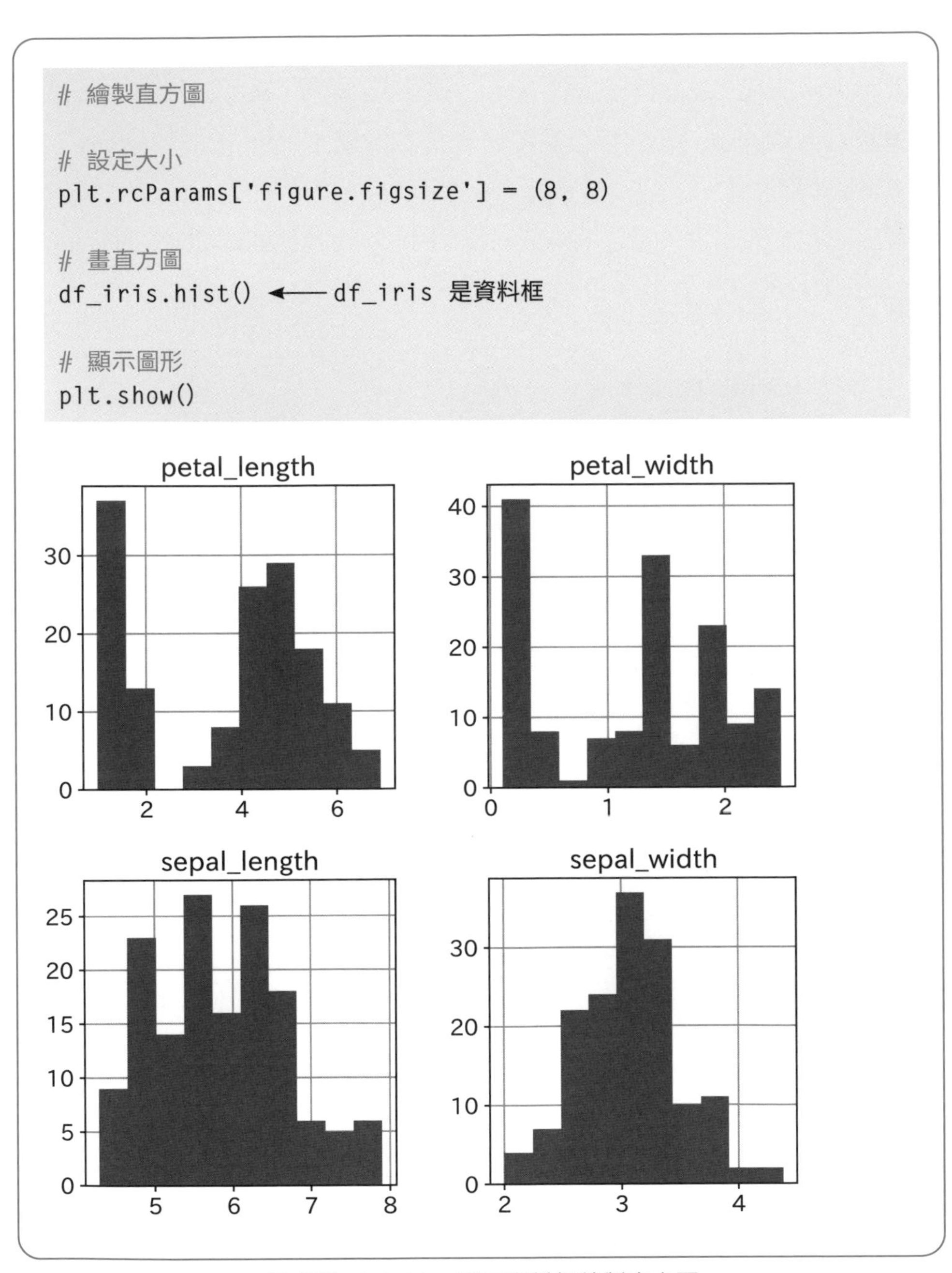

```
# 繪製直方圖

# 設定大小
plt.rcParams['figure.figsize'] = (8, 8)

# 畫直方圖
df_iris.hist() ←── df_iris 是資料框

# 顯示圖形
plt.show()
```


程式碼 L2-3-11　利用資料框繪製直方圖

這段程式碼繪製出包括 4 個數值資料項目的直方圖。我們可以看到除了設定畫布大小的程式碼之外，就只有 df_iris.hist 而已。hist 函式是資料框用於繪製直方圖的函式，其背後實際負責畫圖的就是 matplotlib。此外，比較本範例與程式碼 L2-3-2 的輸出，可發現最右側的項目 species（品種）沒有出現在直方圖中，這是因為資料框的 hist 函式只能處理數值項目，而 species 項目的值都是字串。

利用 Series 繪製長條圖

上一個範例是用資料框直接呼叫繪圖函式。同為 pandas 資料結構之一的 Series，也一樣可以直接繪圖：

```
# 準備資料

# 統計 df_iris['sepal_width'] 中各值的數量，
# 並取得數量最多的前 5 種
counts_ser = df_iris['sepal_width'].value_counts().iloc[:5]

# 確認結果
print(counts_ser)
```

```
3.0    26
2.8    14
3.2    13
3.4    12
3.1    11
Name: sepal_width, dtype: int64
```

程式碼 L2-3-12　利用 value_counts 統計數量

因為剛才繪製直方圖時，已將鳶尾花資料集載入資料框 df_iris 當中，因此這段程式碼直接從 df_iris 提取 sepal_width（花萼寬度）項目的資料，並用 value_counts 函式統計 sepal_width 各寬度值的數量，找出數量最多的前 5 個寬度並指定給 counts_ser Series 資料。

資料準備就緒之後，就可以將 sepal_width 前 5 多的寬度繪製成長條圖（bar chart）：

```
# 利用 value_counts 的結果繪製長條圖

# 設定大小
plt.rcParams['figure.figsize'] = (4, 4)

# 利用 Series 資料繪製長條圖
counts_ser.plot(kind='bar')

# 顯示圖形
plt.show()
```

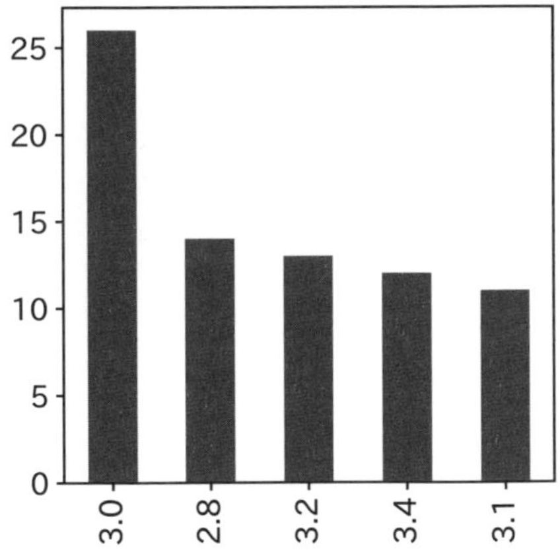

程式碼 L2-3-13　利用 value_counts 的結果繪製圖形

這段程式碼的重點同樣只有 1 行 counts_ser.plot(kind='bar')，其中 bar 是指長條圖。此外也可以改為 hist（直方圖）、pie（餅圖）、line（折線圖）… 等，可依資料特性選擇適合的圖形。

MEMO

銷售AI化！看資料科學家如何思考

用Python打造能賺錢的機器學習模型

銷售AI化！

看資料科學家

如何思考

用Python打造

能賺錢的機器學習模型